900MHz×4コア知能炸裂！
画像認識からハイパー計算まで遊べ

コンピュータ電子工作の素
ラズベリー・パイ
解体新書

**CPU，ネットワーク
拡張I/Oの性能まる見え**

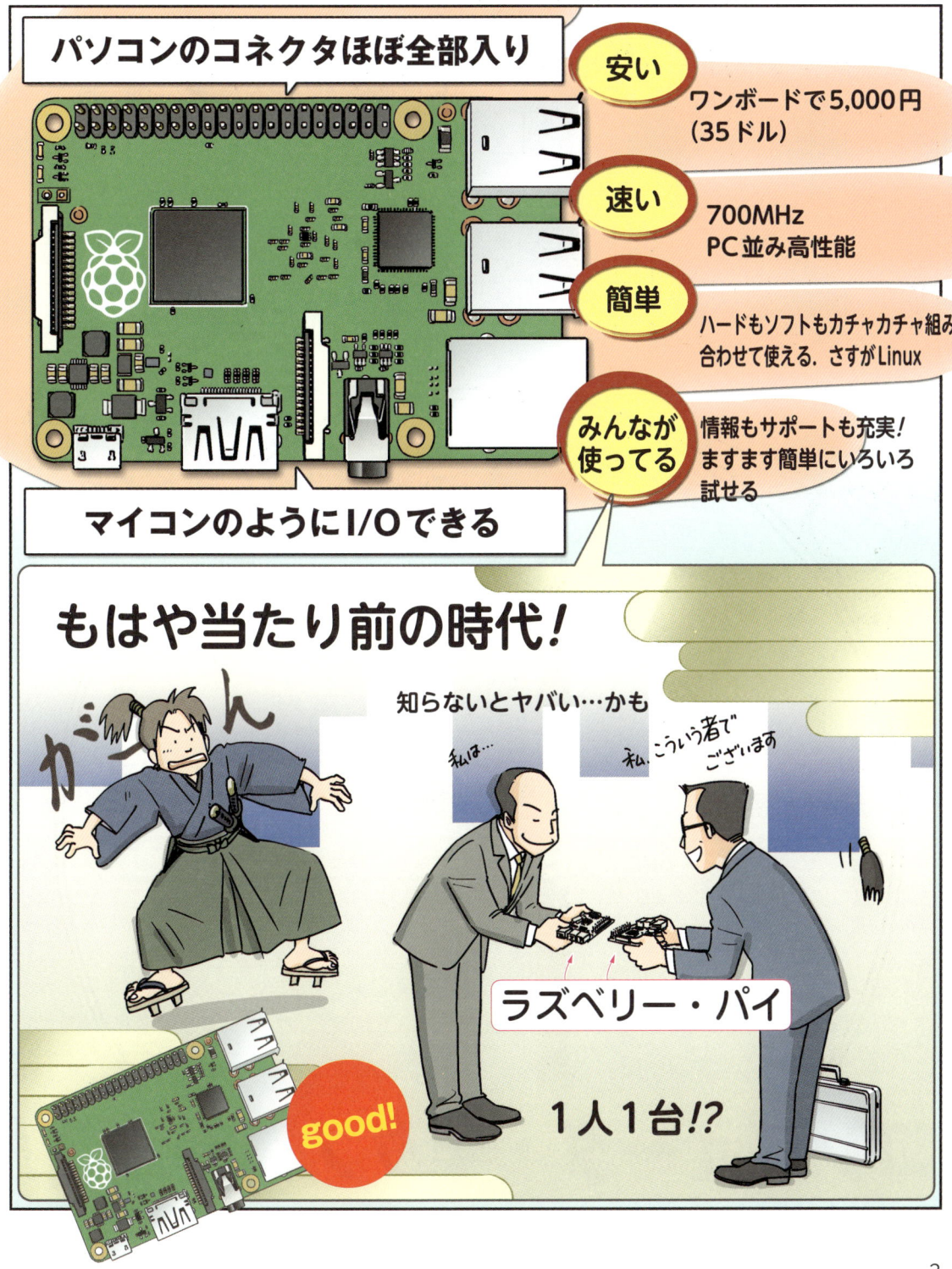

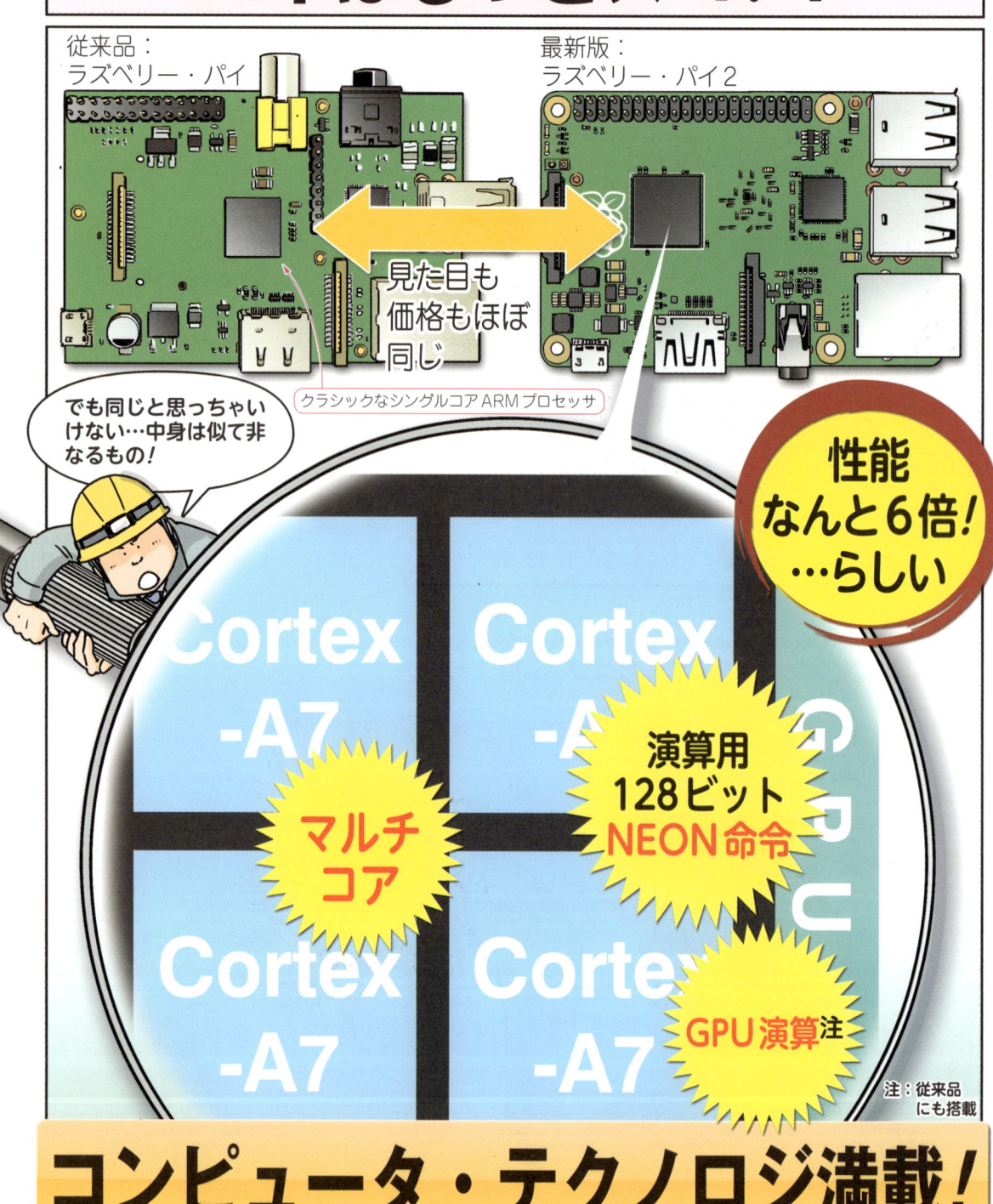

イントロダクション

6倍にパワーUP!
Linux/Windows/Android組み換え自由!
900MHz 4コア！I/Oコンピュータ「ラズベリー・パイ2」

山本 隆一郎

　ラズベリー・パイ（Raspberry Pi）は，世界の定番Linuxボードです．ARMプロセッサを搭載し，USBやイーサネット，HDMIなどコンピュータとして必要な機能のほか，GPIO/I²C/SPI/I²S/PWMが使えるというワンチップ・マイコン的な側面も備えています．

　2015年に発売された新型ラズベリー・パイ2（写真1）は，CPUに900MHzで動作する4コアCortex-A7と，LPDDR2メモリを1Gバイト搭載し，大きく性能がアップしました．初代シリーズでは，CPUが700MHz動作の1コアARM11，メモリが512M（または256M）バイトです．両者をLinuxマシン用ベンチマークで比較すると，新型は6倍の処理速度です．

　このマルチコア化とCPUアーキテクチャの刷新のおかげで，画像認識などの重いプログラムも動かせるようになりました．自作プログラムやアプリケーションだけでなく，EclipseやQt Creatorなどの統合開発環境も十分動かせます．しかも，Linuxだけでなく，機器向けWindows 10 IoTや，Androidも十分動く性能です．

（編集部）

(a) 表

写真1　性能6倍にパワーUP! 世界の定番コンピュータ・ボード4コア搭載ラズベリー・パイ2 Model B
正式名は Raspberry Pi 2 Model B

イントロダクション　900MHz 4コア！I/Oコンピュータ「ラズベリー・パイ2」

ラズベリー・パイは世界の定番

● ボード・コンピュータの革命児

　ラズベリー・パイの人気は衰えることを知りません．プレスリリースによると，全世界の総出荷台数は2015年2月末時点で500万台を越えたようです．

　ラズベリー・パイは，子供向けのプログラミング教育用コンピュータとしてデビューしました．しかし，比較的高性能なLinuxボードでありながら安価なため，本来の目的を越えて，瞬く間にコンピュータ愛好家に広まりました．当初のもくろみであったコンピュータの初心者よりも，むしろ，組み込みLinuxの教材や，ロボットの頭脳，企業の試作，デザイナによるアート作品まで，さまざまな用途に利用されています．

　ユーザが増えれば増えるほど，Web上に使い方のノウハウが広まり，それが相乗効果を生んで，ラズベリー・パイはある意味，組み込みCPUボードのデファクト・スタンダードとして広まる勢いです．

● 1コアARM11→4コアCortex-A7にパワー・アップ！

　当初のラズベリー・パイ（2012年2月発売）は，安価で必要最小限の機能を持つ写真2の教育用コンピュータでした．構成も1970～80年代頃のコンピュータに近く，マウスとキーボード，TVモニタだけを用意すればスタンドアロンでプログラム学習に使える構成でした．教育用コンピュータらしく，ビデオ出力機能にアナログTVに表示するためのコンポジット出力が用意されていました．

　写真3のラズベリー・パイ1 Model B+（2014年7月発売）と，ラズベリー・パイ2 Model B（2015年2月発

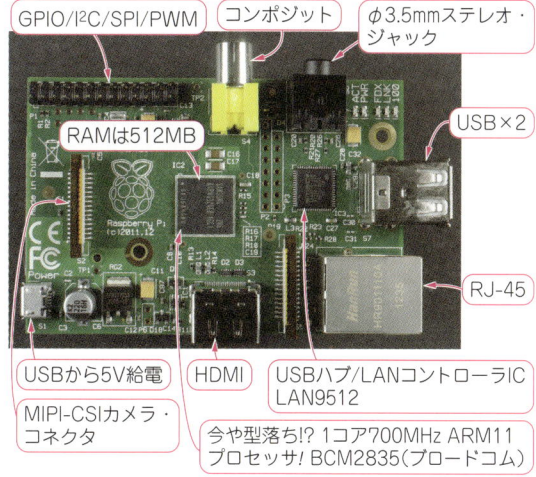

写真2　初代ラズベリー・パイ…教育用コンピュータとして発売された
正式名はRaspberry Pi Model B

売）は，コンポジット出力端子を省略し，LANコネクタとUSB2.0ポート×4を持つ実用的なCPUボードに仕上がっています．しかも，ラズベリー・パイ2では，CPUが最高900MHzで動作する4コアCortex-A7に，RAMは1Gバイトになりました．ちょっと前のスマートフォンやタブレットと同等のレベルです．ラズベリー・パイの公式サイトでは，ラズベリー・パイ2のCPU速度は1と比較して最大6倍とうたわれています[1]．

　これまでラズベリー・パイというと，Linuxボードでは比較的ローエンドの，I/O操作には十分だけれど高度な処理をするには不向きな印象のCPUボードでした．しかし，ラズベリー・パイ2のレベルにまで到達すると，画像処理や音声認識，複雑な判定処理もラクになります．

（b）裏

写真3　ラズベリー・パイ1 Model B+…最新ラズベリー・パイ2と見た目がそっくりだがCPUは従来の700MHz動作ARM11のまま
正式名はRaspberry Pi Model B+

ハードウェア

最新ラズベリー・パイ2と従来品のハードウェアを解説します．ラズベリー・パイ2と1のそれぞれの構成を図1と図2に，仕様を表1(p.10)に示します．

● CPUコア数4倍，RAMは2〜4倍

CPUボードの外形は両方とも同じ名刺サイズながら，CPUやRAMがアップグレードしています．

CPUコアは，クロックが700MHzから900MHzと若干(？)高速になり，1コアから4コアにマルチコア化されています．RAMも1Gバイトになり，ラズベリー・パイ1の256Mバイトや512Mバイトから比べると，2〜4倍の容量です．

このことから，ラズベリー・パイ1と2の違いは，単純にシングルコアの性能アップよりも，マルチコアを生かした活用にご利益がありそうです．

演算性能は従来品の6倍

仕様からラズベリー・パイ2は，1に比べて性能向上が図られているようですが，実際にどれぐらい処理速度が向上したのでしょうか．

CPUコアのクロック周波数が高くなったというだけでは，ラズベリー・パイの公式サイトでうたっている6倍の速度性能が本当にあるとも思えません．マルチコア化やメモリ容量のサイズアップが具体的にどれぐらいの効果があるのか調べてみます．

シンプルにCPUコアの整数演算速度をみるために，数あるベンチマークの中からUnixBench(詳しくは第5章参照)を使って処理速度を比較してみました．結果を表2(p.10)に示します．

▶同じコア数1で比べてみる…2倍の性能差

まずは，シングルコアのみで，ラズベリー・パイ1と2の性能差を見てみます．

1コアで計測した場合のINDEX値の比較では，ラズベリー・パイ1 Model B+ が75.7で，ラズベリー・

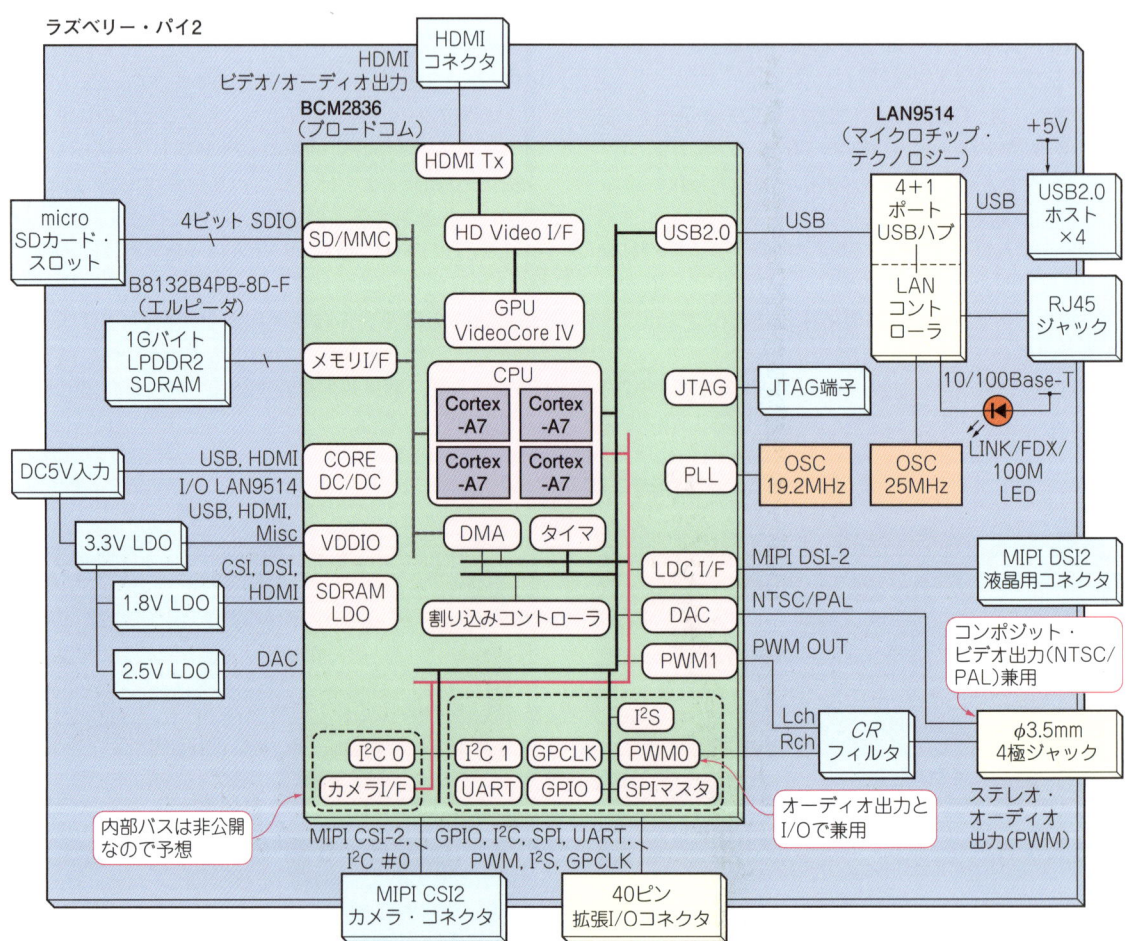

図1(3)　基本は元祖と変わらないが4コアCortex-A7で性能6倍！ 最新ラズベリー・パイ2の構成

パイ2 Model Bが170.8でした．およそ2倍強の速度差が出ています．

これはCPUのクロックアップによる効果もありますが，CPUコアのアーキテクチャがラズベリー・パイ1ではARM11ファミリのARM1176JZF-Sであるのに対して，ラズベリー・パイ2ではCortex-A7アーキテクチャを採用している性能アップの効果も大きいと考えられます．

また，ベンチマークの動作環境も関係がありそうです．ラズベリー・パイ1では1コアでLinuxのさまざまなプロセスが起動している上でベンチマークを動かしています．対して，ラズベリー・パイ2では通常のLinuxプロセスが4コアに分散して動作している上で，比較的空いているCPUリソースでベンチマークをしているという有利さもあります．

▶ 4CPUコアの効能…なんと6倍にパワーUP!

ラズベリー・パイ2の4コアを並列で動作させてベンチマークしてみると，INDEX値が438.2でした．ラズベリー・パイ1と比較して，約6倍弱のスコアが出ています．

この結果を見ると，公式サイトの6倍という数値はあながち間違いではなく，妥当な宣伝文句といえます．

ご利益①：重たいプログラムを動かし放題

● マルチコアは使わないと宝の持ち腐れ

ラズベリー・パイ2はマルチコアを生かしてこそ，本領が発揮されます．逆にいえば，マルチコアを生かした使い方をしなければ，従来のラズベリー・パイの6倍の性能向上は得られず，せいぜい2倍程度のご利益になります．ラズベリー・パイ2を購入したユーザが，「期待した前評判ほど早さが体感できなかった」，とつぶやいている場合は，このあたりに原因がありそうです．

では，マルチコアを生かした使い方とはどのようなものでしょうか？また，マルチコアを生かすにはどのようなコツがいるのでしょうか？いくつか事例を挙げて解説します．

■ 例1…顔認識プログラムをマルチコア化で性能2倍！

マルチコアは例えば，画像処理を行う場合に有効です．例として，ラズベリー・パイ2にUSBカメラを接続して，OpenCVを使った顔認識を行ってみます．

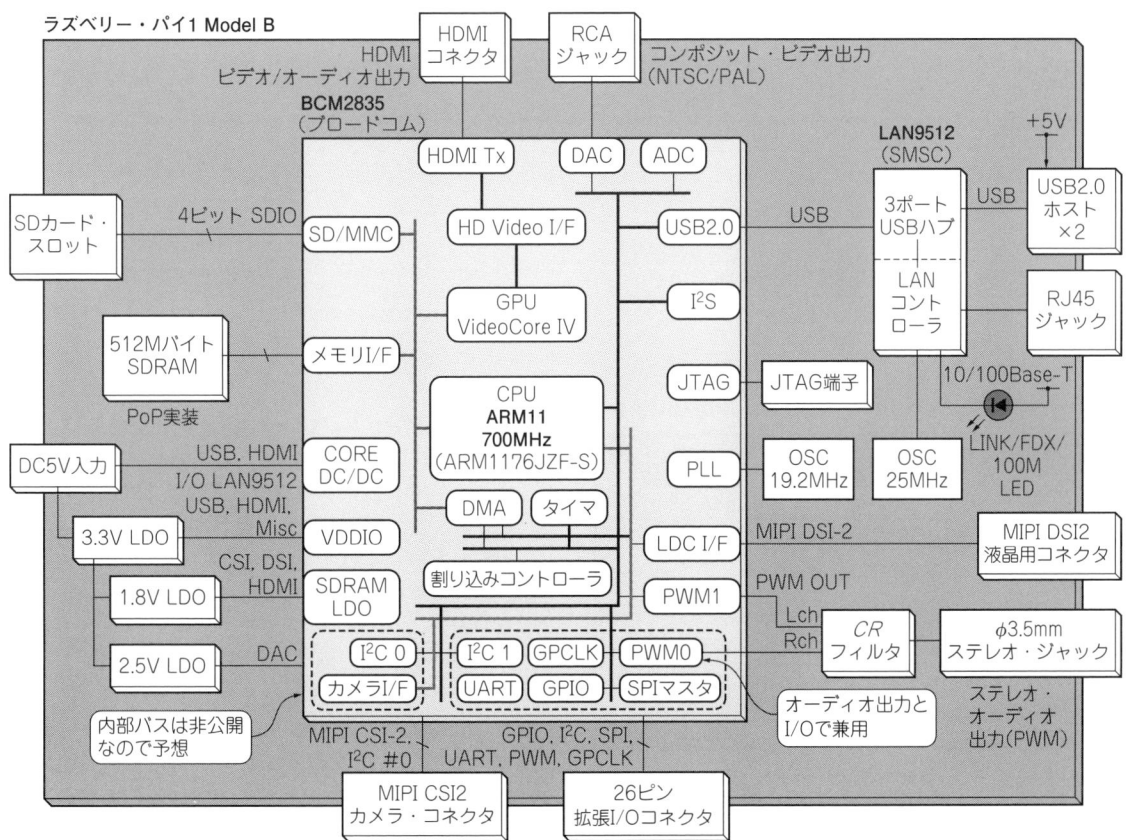

図2[(3)] 1コアARM11搭載元祖ラズベリー・パイの基本構成

表1 ラズベリー・パイのスペック

項目			仕様				
世代			第1世代				第2世代
シリーズ名			Raspberry Pi 1				Raspberry Pi 2
モデル名			Model A	Model A +	Model B	Model B+	Model B
メーカ名			ラズベリー・パイ財団				
プロセッサ		プロセッサ名	BCM2835				BCM2836
		メーカ名	ブロードコム				
	CPU	コア名	ARM1176JZF-S				Cortex-A7
		コア数	1				4
		動作クロック	700MHz				900MHz
	GPU	コア名	VideoCore IV（ブロードコム）				
		動作クロック	250MHz				
		内蔵機能	OpenGL ES 2.0（描画性能24GFLOPS），MPEG-2，VC-1[注1]，1080/30p H.264/MPEG-4 AVC High Profile ハードウェア・デコード・エンコード				
メモリ	種類		SDRAM（GPUと共有）				LPDDR2 SDRAM
	容量［バイト］[注2]		256M	512M[注2]		512M	1G
	対応ストレージ		SD[注3]/MMC	microSD	SD[注3]/MMC		microSD
インタフェース	USB 2.0 ポート		1		2		4
	拡張コネクタ		GPIO/SPI/I²C/I²S/PWM/3.3V 出力/5V 入力/GND				
	拡張コネクタ・ピン数		26	40	26		40
	カメラ入力		15ピン MIPI-CSI				
	映像出力		HDMI，コンポジット RCA（PAL/NTSC）				
	音声入力		I²C, I²S				
	音声出力		φ3.5mm ジャック，HDMI, I²S				
LAN	イーサネット		−	−			10/100BASE-T
	LAN コントローラ		−	−	LAN9512（マイクロチップ）		LAN9514（マイクロチップ・テクノロジー）
消費電力［W］			1.5	1	3.5	3	4.5〜5.5
電源電圧			5V				
電源入力			microUSB または GPIO				
重量［g］			45	23	45		45
大きさ[注4]［mm］			85.6 × 56.5	65 × 56.5			85.6 × 56.5
価格			$25	$20	$35		
入手先			個人向け：KSY，秋月電子通商，千石電商，marutsu，スイッチサイエンスなど．法人向け：RS コンポーネンツ				

注1：使用にはライセンスが必要，注2：発売時は256M，注3：SDIOにも対応，注4：突起部を除く

表2 性能約6倍…Linuxベンチマークの定番UnixBenchの結果

項目	ラズベリー・パイ1	ラズベリー・パイ2	
SoC	BCM2835（ブロードコム）	BCM2836（ブロードコム）	
CPUコア	ARM1176JZF-S	Cortex-A7	
クロック動作周波数	700MHz	900MHz	
動作コア数	1	4	
RAM容量［バイト］	512M	1G	
UnixBenchのIndex値	75.7	170.8	438.2
性能比	100%	226%	579%

● 1コア動作…1フレームの認識処理時間は300ms

　OpenCVで普通にプログラミングをして1プロセス1スレッドのシングルコアで動作させた場合は，筆者の作成した環境では，カメラ画像1フレームあたりの認識処理速度は約270〜300msでした（図3）．

　プログラム内部処理の時間を個別に計測してみると，USBカメラから画像を取得してリサイズする処理に約100ms，顔認識処理に約160msかかっていました．それぞれ時間のかかる処理ですが，1スレッドの直列処理では順に処理を行うため，合計で300ms弱の処理時間です．これでは1秒間に約3フレームの処理速度となり，とても実用的とはいえません．

イントロダクション　900MHz 4コア! I/Oコンピュータ「ラズベリー・パイ2」

図3　画像処理プログラムはシングルコア動作だと1フレーム300msかかる

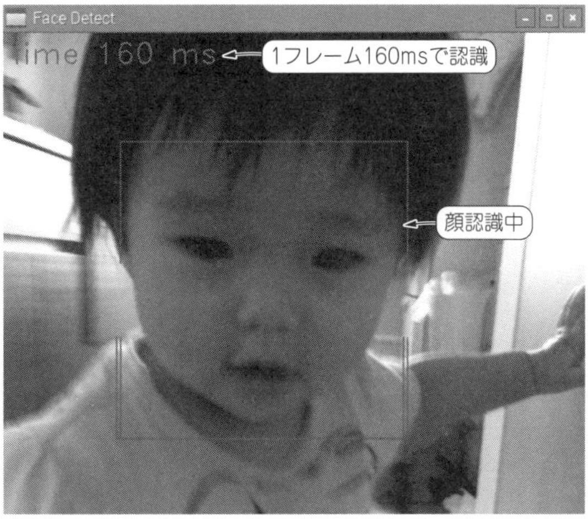

図4　3コアで処理させると1フレーム160msと性能を2倍にできた…6fpsだとなんとか使えそう

● 複数コア動作にする…認識処理が160msに

　そこで，マルチコアの出番です．プログラムの中で，画像処理を行っている個所をマルチスレッドに改造して，USBカメラから画像取得を行うスレッドと，顔認識を行う処理のスレッドに分けてみます．さらに，プログラムのメインスレッドと上記の二つの画像処理スレッドに対して，物理的なCPUをCPU0，CPU1，CPU2の三つのコアにそれぞれ個別に割り当てます．

　すると，顔認識にかかる処理時間は約150〜170msに短縮し，速度は約2倍に向上しました（図4）．これぐらいであれば，1秒間に6〜7フレームの処理速度であり，なんとか使えるレベルです．

　この例では，最も処理時間のかかっていたカメラ画像の取得処理と，画像処理それぞれを並列に動作させて，合計の処理時間を短縮させることに成功しました．

　このように，画像処理で重い処理がある場合に，並列化可能な処理を複数のコアに分散することで，マルチコアの恩恵を受けられます．画像処理では，並列可能な処理が多ければ多いほど効果があります．

　もちろん，画像処理だけでなく，音声処理やほかの信号処理についても同じです．

■ 例2…ヘビー級の統合開発環境も動く

　ラズベリー・パイ2のマルチコアは，開発者向けの統合環境でも効果を発揮します．

● Linuxマシンだからコンパイラgcc完備

　ラズベリー・パイ自体は単体で動く完成されたLinux環境です．普通のLinuxマシンと同じく，ラズベリー・パイ1も2もgccなどのコンパイラ環境を備えています．単純なプログラムであれば，ラズベリー・パイのCPUを使って，直接ターミナル上でgccやmakeを使ってコマンド・ベースでターゲット・ビルドも行えます．

● グラフィカル統合開発環境もふつうに使える

　ラズベリー・パイ2なら，グラフィカルな統合開発環境，例えば統合開発環境であるQt Creatorを動かして，ある程度複雑なUIデザインやプログラミングを行えます．

▶その1：統合開発環境Qt Creator

　Qt Creatorをラズベリー・パイ2と1それぞれで動かしてみます．

　以下の手順で動かします．X Window Systemの上で，Qt Creatorを起動します．その上でソースの編集やUIデザインをダイナミックに行い，さらに，頻繁にデバッグ・ビルドをして，ビルドをした結果のプログラムを実行します．

　図5は，実際にラズベリー・パイ2でQt Creatorを起動し，プログラムのソース・エディットとデバッグ実行をしているところです．ウィンドウマネージャのリソース・メータも25%程度で安定し，比較的余裕があります．ラズベリー・パイ2なら，CPUが4コアあり，複数プロセスの並列実行を得意としていますので，ターゲット・ビルドでも十分実用的に動作します．

　同じことをラズベリー・パイ1 Model B+で行うと，図6のようにCPU利用率は100%になります．これでは重くて使い物になりません．そのため，ラズベリー・パイ1でQt Creatorを使う場合は，クロス・ビルド環境にします．x86マシン上のLinux環境でQt Creatorを起動し，その上でリモート接続をしたラズベリー・パイのARM向けのビルドとデプロイを行います．

11

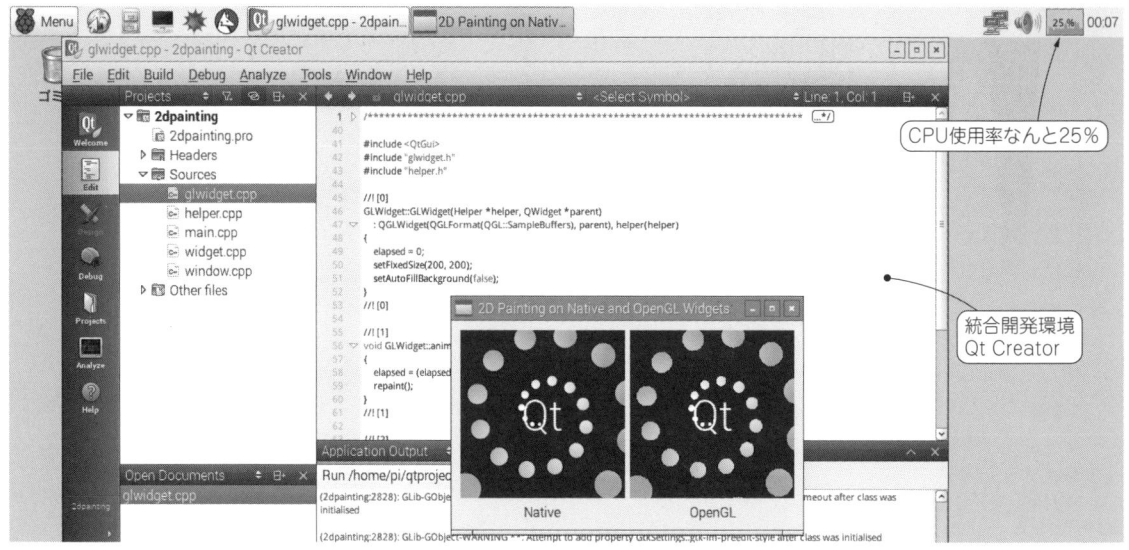

図5 ラズベリー・パイ2で統合開発環境Qt Creatorを動かすとCPUリソース使用量は25%で済んでいる

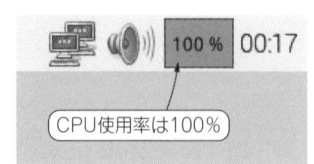

図6 ラズベリー・パイ1でQt Creatorを動かすと重くて使い物にならない

▶その2：統合開発環境Eclipse

Qt Creatorを例に取りましたが，定番の統合開発環境Eclipseを使ってJavaやC++の開発を行う場合も同様です．ラズベリー・パイ2なら，統合開発環境によるプログラム開発も無理なく行えます．

このように，マルチコアは，ウィンドウ・システムを動かすような比較的重いアプリケーションを使うときもご利益があります．

表3 ラズベリー・パイ公式OSだけでもこんなに！

種別	OS名	特徴
Linux	Raspbian	公式ディストリビューション
	Ubuntu Mate	デスクトップ用Ubuntu
	SNAPPY Ubuntu Core	軽量Ubuntu
	OSMC	マルチメディア向けLinuxディストリビューション
	OPENELEC	マルチメディア向けLinuxディストリビューション
	PINET	教育用ネットワーク向けOS
RISC OS	RISC OS	OS学習用
Windows	Windows 10 IoT	無償版Windows（組み込み向け？）
Android	Android	スマートフォン向けAndroidがそのまま動く

ご利益②：Linux/Windows/Android…OSを入れ替えて遊び放題

● さすがLinux！ よりどりみどりで組み換えOK

ラズベリー・パイといえばLinuxで動かすのが定番です．そのLinuxディストリビューションは公式で多数用意されています．独自にポーティングしたものも含めると多くのLinuxディストリビューションが動きます．

表3に，ラズベリー・パイですぐ使えるOSを記します．公式サイト（https://www.raspberrypi.org/downloads/）からダウンロードできるLinuxディストリビューションを用いる限り，ラズベリー・パイは1も2も快適に利用できます．

また，ラズベリー・パイの実体は単なるARMプロセッサを搭載したCPUボードであり，何か特殊なアーキテクチャに依存しているわけではありません．そのため，OSレスで動かせます．ARMが動くほかのCPUボードのようにLinux以外のOSもポーティング可能です．Linux以外のOSでも，マルチコアになって速度アップしたぶん，ラズベリー・パイ2の方が実用的かつ快適に動作します．

● ダイジェスト版Windows 10が動く

新しいOSのサポートもラズベリー・パイ2ならではで，1にはないメリットです．

ラズベリー・パイ1と2の違いとして，Windowsの正式サポートも忘れてはいけません．マイクロソフトは2015年2月2日に，Windows 10 IoTの動作するマシンとして，ラズベリー・パイ2のサポートを表明しました．そして，なんと太っ腹なことに，インストールと利用は無償で行えます．

イントロダクション　900MHz 4コア！I/O コンピュータ「ラズベリー・パイ2」

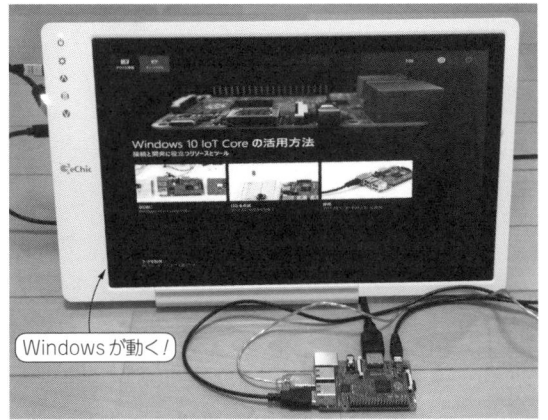

写真4　Linuxだけじゃないその①…ラズベリー・パイ2は Windows 10 IoT が無償で試せる

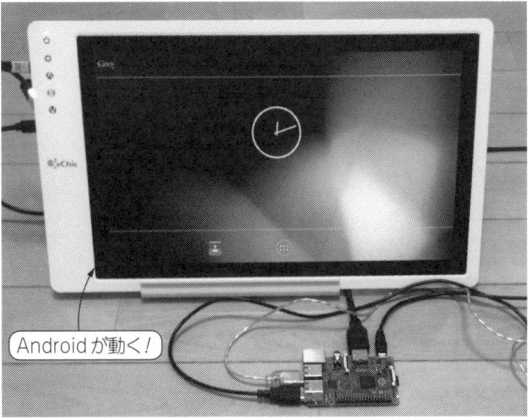

写真5　Linuxだけじゃないその②…ラズベリー・パイ2は最新 Android 5.1 も動かせる

ラズベリー・パイ2では，Windows 10 IoT Coreが動作します．起動中の様子を**写真4**に示します．現時点では一般的なWindowsのようなデスクトップUIがない，シンプルな組み込み向けのWindows OSです．

Windowsのエッセンスを使えると，開発者にとってもメリットがあります．パソコン向けアプリケーションの開発と同様に，Visual Studioの統合環境を使って，C#やHTML5の今風な言語環境でスマートに組み込みアプリケーションを開発できます．もちろん，VC++での開発も可能です．

● 新型パイなら最新Androidもそこそこ動く

ラズベリー・パイ2では，Android 5.1（Lollipop）も動かせます．

ラズベリー・パイ1でも Android を動かすこと自体は可能ですが，貧弱なCPUとメモリ環境では正直Linuxを動かすのがやっとです．Androidは，起動はできても，とても使い物になるレベルではありません．特に最近のAndroid 5.x系列になると，ハードウェア・リソース的に実行は困難です．

ラズベリー・パイ2では，**写真5**のようにAndroidはそこそこの速度で動きます．もちろん，最新のスマートフォンのようにさくさく動くというレベルではありませんが，LinuxにはないAndroid特有のUIやアプリケーション環境を，小型かつ安価な組み込みボードで実行するには，ラズベリー・パイ2は一つの選択肢になりそうです．

ラズベリー・パイ2の使いどころ

● 複雑な処理を行うロボットや画像処理，IoT機器にも

このように，ラズベリー・パイ2は1と比較して，

単純にCPUやメモリのスペック向上に留まらない，さまざまな可能性を提示してくれています．

OSは，LinuxだけでなくWindowsやAndroidも選択できますし，アプリケーションもCPUのマルチコアを生かした並列処理が得意です．

特に筆者は，ラズベリー・パイ2はロボットのような複雑な装置に向いていると考えます．ロボットは，目となる画像処理や，口や耳となる音声処理，頭脳となる知能処理，手足となるアクチュエータ(I/O)制御を同時に動かして，初めて成立する複合システムです．

ラズベリー・パイ2の複数のコアをマルチプロセス/マルチスレッド・プログラミングで上手に使えば，人型ロボットや自動運転カーのような面白いロボットが，低予算の個人レベルでも開発可能になります．

もちろん，ロボットだけでなく，インテリジェンスなセンサ・ネットワークや，クラスタリングによるスーパーコンピュータなど，面白いネタは豊富にありそうです．皆さんも，ぜひラズベリー・パイ2を活用して，面白いアプリケーションや機器を制作してみてはいかがでしょうか．

◆参考文献◆

(1) https://www.raspberrypi.org/blog/raspberry-pi-2-on-sale/
(2) https://wiki.qt.io/RaspberryPi_Beginners_Guide
(3) 和泉 亘：話題沸騰中！PC電子工作の火付け役「ラズベリー・パイ」，2014年7月号，トランジスタ技術，CQ出版社．

やまもと・りゅういちろう

コンピュータ電子工作の素 ラズベリー・パイ 解体新書

プロローグ　最新ラズベリー・パイ2誕生　編集部 ………………………………………………………… 2

6倍にパワーUP！Linux/Windows/Android組み換え自由！
イントロダクション　900MHz 4コア！I/Oコンピュータ「ラズベリー・パイ2」　山本 隆一郎 ……… 6
 ラズベリー・パイは世界の定番 …………………………………………………… 7
 ハードウェア ……………………………………………………………………… 8
 演算性能は従来品の6倍 …………………………………………………………… 8
 ご利益①：重たいプログラムを動かし放題 ……………………………………… 9
 ご利益②：Linux/Windows/Android…OSを入れ替えて遊び放題 …………… 12
 ラズベリー・パイ2の使いどころ ………………………………………………… 13

第1部　ラズベリー・パイ2の基礎知識

世界の定番！名刺サイズ・コンピュータ
第1章　「ラズベリー・パイ」の基本スペック　江崎 徳秀，石井 モルナ …………………… 17
 5,000円で全部入り！ ……………………………………………………………… 17
 基本仕様 …………………………………………………………………………… 17
 ラズベリー・パイ2のハードウェア ……………………………………………… 19
 初代ラズベリー・パイの構成 ……………………………………………………… 21
 I/Oコンピュータの拡張コネクタ ………………………………………………… 23

さすがLinux！名刺サイズ・コンピュータ・スタートアップ！
第2章　ラズベリー・パイのセットアップ　石井 モルナ，中田 宏 ……………………… 27
 準備…ハードウェアを準備する …………………………………………………… 27
 標準Linux「Raspbian」のインストール方法 …………………………………… 27
 Raspbianの初期設定 ……………………………………………………………… 30
 RaspbianでWi-Fi USBドングルを使う ………………………………………… 33
 頻繁なアップデートにも即対応！Raspbianの更新 …………………………… 33
 プログラミング環境 ……………………………………………………………… 34
 よく使うアプリ …………………………………………………………………… 35
 よく使うLinuxコマンド ………………………………………………………… 35
 便利ライブラリ／アプリを追加インストール ………………………………… 35

お手軽シリアル×Tera Term＆LAN接続の高機能ソフトでササッとログイン
第3章　パソコンからリモート操作 実験向きの環境を作る　石井 モルナ …………… 37
 方法1　USB-シリアル変換モジュールで接続 ………………………………… 37
 方法2　ネットワーク名で接続する ……………………………………………… 37
 方法3　高機能なリモート接続アプリを使う …………………………………… 39

第2部　大解剖！ラズベリー・パイ2

4コアCortex-A7/GPU/128ビット高性能NEON命令…最新テクノロジいじり放題！
第4章　ラズベリー・パイ2のコンピュータ性能を大実験　三好 健文 ………………… 43
 こんな実験 ………………………………………………………………………… 43
 実験1：コンピュータ・ボード全体の基本性能を調べる ……………………… 43
 準備…並列処理性能を確認するために最新GCC5.1をビルドする …………… 48
 実験2：なんと最大128ビットを1命令で演算！NEONの性能 ……………… 49
 実験3：並列化の効果をOpenMPで味わう ……………………………………… 51
 実験4：並列化の威力をCilkで味わう …………………………………………… 52

マイコン的に使う前に基本性能を診断
第5章　実験！三大I/O GPIO/I^{2}C/SPI　三好 健文 ……………………………… 55
 実験内容 …………………………………………………………………………… 55
 実験1：GPIOのON/OFF速度 …………………………………………………… 57
 実験2：I^{2}C通信速度 ……………………………………………………………… 58
 実験3：SPIの転送速度 …………………………………………………………… 60

アセンブラ・レベルで最適化して全速力でON/OFF
第6章　レジスタ直接アクセスで50MHz！GPIO出力　三好 健文 ………………… 64
 GPIOを直接操作してみる ……………………………………………………… 64

本書関連プログラムの入手先
http://www.cqpub.co.jp/hanbai/books/MIFZ201604.html

	レジスタに直接アクセスする方法	64
	実験	66

最大4コア！機能全部入りで消費電力効率を追求した組み込み向け？
第7章　ラズベリー・パイ2の心臓部Cortex-A7アーキテクチャ大研究　　野尻 尚稔，石井 康雄 …………68

Cortex-A7の特徴	68
なんと最大128ビット演算を1命令で！高性能SIMD命令NEON	70
オプション機能1…セキュリティ用仮想CPUを使えるしくみTrustZone	70
オプション機能2…複数のOS切り替え用仮想化機能	71
オプション機能3…マルチプロセッシング拡張機能	72
コード・サイズと命令の種類のバランスを両立！Thumb-2命令	72
Cortex-A7のマイクロ・アーキテクチャ	74
マイクロ・アーキテクチャその①…命令読み出し部の特徴	74
マイクロ・アーキテクチャその②…実行部の特徴	76
メモリ・システムの特徴	76

レジスタ直たたき！Linuxコマンドだけで試せる
第8章　CPUアーキテクチャ Cortex-A7基本性能を調べる　　野尻 尚稔，石井 康雄 ………………79

実験内容	79
準備	79
実験1…CPU評価の定番DhryStoneで性能を測る	80
実験2…NEON命令による性能UP	81
実験3…分岐予測精度	82
実験4…データ・プリフェッチとL2キャッシュの効き目	83
実験5…高速メモリ読み出し	83

公開済みドキュメントから読み解く
Appendix1　BCM2835/2836プロセッサの内部構造を考察する　　中森 章 …………………86

JPEGやH.264エンコーダ回路内蔵で画像処理をヘルプ
Appendix2　シリーズ共通 ラズベリー・パイのGPU「VideoCore Ⅳ」機能　　矢野 越夫 ……………93

ラズベリー・パイ2に標準装備で画像処理をさらに性能UP
第9章　128ビットを一度に実行 高速演算用NEON命令の使い方　　松岡 洋 ………………96

実験	96
準備	97
使用した双二次補間プログラム	98
性能アップの鍵…固定小数点化	98
NEON命令への計算の割り当て	98
NEONプログラミング	101
動かす手順	102
応用	104

OpenMP並列化記述から全自動並列化コンパイラまで
Appendix3　マルチコアで実験 並列処理プログラミング入門　　納富 昭 ……………106

ファイル転送/ネットワーク負荷/リクエスト数/同時接続数…定番測定ソフトで試す
第10章　ネットワーク通信＆サーバ性能の実力　　笠野 英松 ……………116

実験内容	116
実験の準備	116
実験1：ファイル転送	118
実験2：ネットワーク負荷	118
実験3：ウェブ性能…リクエスト数	119
実験4：ウェブ性能…同時接続数	122

USBハブ機能やイーサMAC＆PHY搭載！クロック同期機能付き！
Appendix4　イーサネット/USB接続チップLAN9512/9514の研究　　松本 信幸 ……………124

CONTENTS

第3部 ラズベリー・パイ2活用術

第11章 I/Oコンピュータ活用事例 オシロ&マルチメータ自動計測システム　稲田 洋文 ……… 130
GPIBとRS-232-CをPythonライブラリで制御
- こんな装置 …… 130
- ハードウェア …… 131
- ソフトウェア …… 132
- GPIO&I²C制御プログラム …… 133
- RS-232-C制御プログラム …… 134
- GPIBによるオシロスコープ制御プログラム …… 136
- RS-232-CとGPIBを使うには事前準備が必要 …… 136
- 評価用メイン・プログラムの作成 …… 137
- 実行する …… 139

第12章 ラズベリー・パイで組み込みコンピュータは作れる!?　田中 博見 ……… 140
金属ケースとアースでノイズ・レス! ウォッチドッグ・タイマ&追加UPS機能で急なシャットダウンも安心!
- ラズベリー・パイと他のボードを比べる …… 140
- ラズベリー・パイを使うメリット …… 140
- ラズベリー・パイを使うデメリット …… 141
- 実用化へのアプローチ …… 143
- 耐環境性能を測ってみた …… 145

第13章 I/Oコンピュータ電子工作の素　江崎 徳秀 ……… 146
スイッチ/入出力/A-Dコンバータ/D-Aコンバータ/センサ…拡張自在
- 定番シリアルSPI/I²Cを使うための設定 …… 146
- 制御ライブラリあれこれ …… 146
- C言語用定番制御ライブラリWiringPiの使い方 …… 147
- LEDのPWM調光 …… 148
- スイッチを接続する …… 149
- 出力ピンを増やす …… 149
- I/Oピンを増やす …… 150
- 8ビットA-D/D-AコンバータICをつなぐ …… 151
- 3軸加速度センサをつなぐ …… 152
- 100kSps/12ビットA-Dコンバータをつなぐ …… 154

付録　1&2対応! ラズベリー・パイ便利アイテム

ラズベリー・パイの拡張基板&ケース　江崎 徳秀 ……… 155
カメラもディスプレイもI/Oもアナログもガチャッと挿すだけ
- ラズベリ・パイ直結! 拡張ボードあれこれ …… 155
- 純正モジュールRaspberry Piカメラ&赤外線カメラPiNOIR …… 155
- タッチ・パネル付き3.5インチ・カラー液晶ディスプレイ4DPi-32 …… 157
- 2.2インチ小型カラー液晶ディスプレイ・キットPiTFT Mini Kit …… 158
- キャラクタLCD&スイッチ基板 …… 158
- 16チャネルPWM出力! サーボモータ制御向け拡張基板Adafruit 16チャネルPWM/サーボHAT for Raspberry Pi …… 159
- DCモータ&ステップ・モータ制御基板Gertbot …… 159
- 静電容量タッチ・センサ基板Adafruit静電容量センサHATキット …… 160
- ラズベリー・パイの電源管理モジュールRPi-PWR mini-DCJ …… 160
- 小型リアルタイム・クロック・モジュール ミニRTCモジュール …… 161
- ブレッドボード直挿しOK! GPIO接続基板KSY-TB-002 …… 161
- 24ビット/192kHzハイレゾ対応オーディオ用D-Aコンバータ基板SabreBerry+ …… 162
- 32ビット384K対応! オーディオ用D-Aコンバータ基板RaspyPlay4 …… 162
- RS-232-CもRS-485も! レガシ・シリアル通信アダプタPiComm …… 163
- モデル別! ラズベリー・パイ専用ケース …… 163

著者略歴 ……… 165
初出一覧 ……… 167

▶本書の各記事は,「Interface」に掲載された記事を再編集したものです. 初出誌は初出一覧に掲載してあります. 記載のないものは書き下しです.

第1章

世界の定番！名刺サイズ・コンピュータ

「ラズベリー・パイ」の基本スペック

江崎 徳秀，石井 モルナ

手のひらサイズの
Linuxコンピュータ
ラズベリー・パイ2

写真1　ラズベリー・パイは定番の低価格名刺サイズLinuxコンピュータ

5,000円で全部入り！

　ラズベリー・パイ（Raspberry Pi）は，イギリスのラズベリー・パイ財団（The Raspberry Pi Foundation）が学校のコンピュータ教育用に開発した，700MHz動作ARMプロセッサ搭載のコンピュータ・ボードです（**写真1**）．

　USBやビデオ出力，HDMI出力，ネットワーク機能を備えており，Linuxパソコンとして使用できます．OS起動とデータの保存用としては，SDカードを使います．

　基板上には，GPIO用のコネクタを搭載しており，OSから，もしくはプログラミングでの制御が可能です．つまりパソコン的な用途はもちろん，強力なライブラリ群を備えた制御用コンピュータとしても使えます．また，シリーズ中最も新しく機能の充実しているラズベリー・パイ2 Model Bでも本体価格が5,000円台と，個人のホビー用途でも手の届きやすい価格に抑えられていることも，幅広い層に受け入れられている理由でしょう．

▶Raspberry Piの公式サイト

　　https://www.raspberrypi.org/

基本仕様

　表1に個人向け各ラズベリー・パイの仕様を示します．現在，ラズベリー・パイは，大きく第1世代と第2世代とに分けられます．第2世代と第1世代の差は，先述のようにプロセッサとメモリ容量ですが，プロセッサ互換のため第1世代向けのプログラムの多くを第2世代の基板で動かすことができます．

　第1世代の個人向けモデルは4種類あり，それぞれModel A/Model A+/Model B/Model B+という名称です．Model B，Model A，Model A+/B+の順に発表されました．いずれも搭載プロセッサはBCM2835（ブロードコム）ですが，コネクタの数や基板の大きさなどが異なります．

　Model AはModel Bの廉価版の位置付けで，LANコントローラやUSBコネクタの数，メモリ容量が省略されています．「+」が付くものと付かないものは，基板の形状とUSBのコネクタ数，拡張コネクタのピン数などが異なります．また，Model BとB+では搭載LANコントローラもLAN9512からLAN9514となり，接続できるUSBコネクタの数が増えています．

第1部　ラズベリー・パイ2の基礎知識

表1　各種ラズベリー・パイの仕様

項目			仕様				
	世代		第1世代				第2世代
	シリーズ名		Raspberry Pi 1				Raspberry Pi 2
	モデル名		Model A	Model A+	Model B	Model B+	Model B
プロセッサ	CPU	プロセッサ名	BCM2835				BCM2836
		メーカ名	ブロードコム				
		コア名	ARM1176JZF-S				Cortex-A7
		コア数	1				4
		動作クロック	700MHz				900MHz
	GPU	コア名	VideoCore IV（ブロードコム）				
		動作クロック	250MHz				
		内蔵機能	OpenGL ES 2.0（描画性能24GFLOPS），MPEG-2, VC-1 注1，1080p/30fps H.264/MPEG-4 AVC High Profile ハードウェア・デコード・エンコード				
メモリ	種類		SDRAM（GPUと共有）				LPDDR2 SDRAM
	容量［バイト］		256M		512M 注2	512M	1G
	対応ストレージ		SD 注3/MMC	microSD	SD 注3/MMC	microSD	
インタフェース	USB 2.0 ポート		1	2	4	4	
	拡張コネクタ		GPIO/SPI/I²C/I²S/PWM/3.3V 出力/5V 入力/GND				
	拡張コネクタ・ピン数		26	40	26	40	
	カメラ入力		15ピン MIPI-CSI				
	映像出力		HDMI 1.3/1.4，コンポジット RCA（PAL/NTSC）				
	音声入力		I²C，I²S				
	音声出力		3.5mm ジャック，HDMI，I²S				
LAN	イーサネット		−	−	10/100BASE-T		
	LANコントローラ		−	−	LAN9512（マイクロチップ）	LAN9514（マイクロチップ・テクノロジー）	
	消費電力［W］		1.5	1	3.5	3	4.5〜5.5
	電源電圧		5V				
	電源入力		microUSB または GPIO				
	重量［g］		45	23	45		45
	大きさ 注4 ［mm］		85.6×56.5	65×56.5	85.6×56.5		
	価格		$25	$20	$35		

※ プロセッサ（SoC）が性能アップ　※ メモリ容量が2倍に！

注1：使用にはライセンスが必要，注2：発売時は256M，注3：SDIOにも対応，注4：突起部を除く

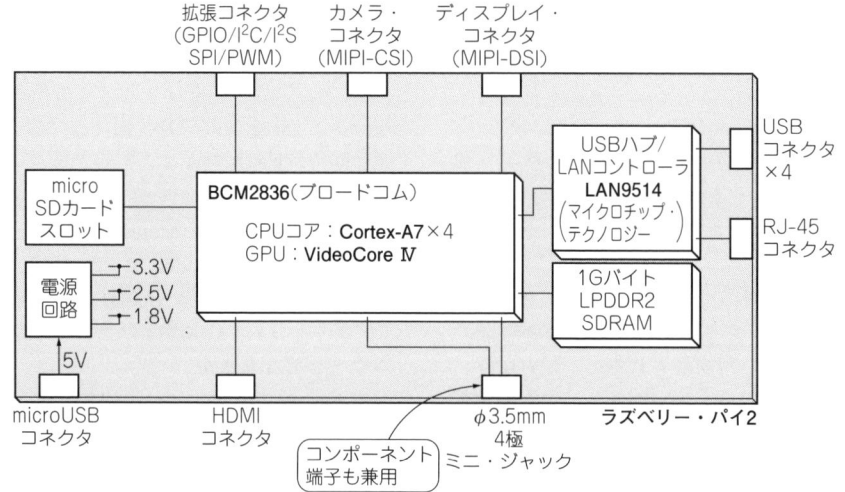

図1　ラズベリー・パイ2の構成

第1章 「ラズベリー・パイ」の基本スペック

(a) 表

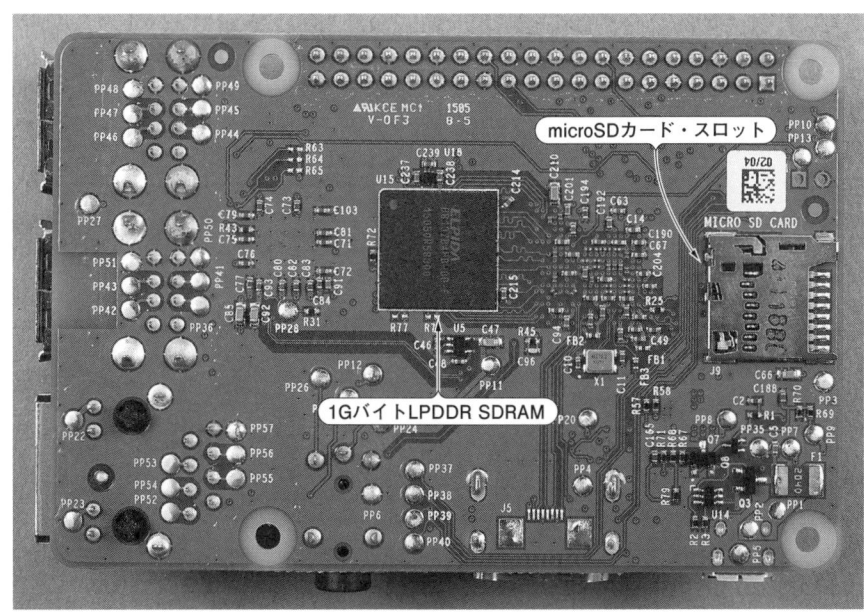

(b) 裏

写真2　4コアCortex-A7 & 1Gバイトのメモリ搭載！ラズベリー・パイ2

ラズベリー・パイ2のハードウェア

写真2は第2世代となるラズベリー・パイ2です．

世代間の最大の違いは搭載プロセッサ(SoC)とメモリ容量です．第2世代のプロセッサはCortex-A7を4コア搭載しています（第1世代はARM11のシングル・コア）．また，第2世代では1GバイトものLPDDR2 SDRAMを搭載しています．第1世代では256/512MバイトのSDRAMをプロセッサと同じチップ内に搭載しています．第2世代ではSDRAMとプロセッサは別チップです．

● ハードウェア構成

ラズベリー・パイ2の構成を図1に示します．

ラズベリー・パイ2 Model Bはラズベリー・パイ1 Model B+とほぼ同じ構成でSoCがBCM2836，メモリが1Gバイトです．

主な搭載ICは以下のとおりです.
- SoC BCM2836(ブロードコム)
- USB＆LANコントローラIC LAN9514(マイクロチップ・テクノロジー)
- 1Gバイト LPDDR2 SDRAM

● 搭載SoC
▶ラズベリー・パイ2搭載品BCM2836(ブロードコム)

CPUコアとしてCortex-A7を4コア内蔵しています．各コアは最高900MHz(オーバークロック時は1000MHz)で動作します．GPUはラズベリー・パイ1と同様のVideoCore IVです．VideoCore IVはOpenGLによる描画のほか，H.264などのエンコード/デコード回路を備えています．CPU，GPU以外に，SDRAMコントローラ，DMAコントローラ，割り込みコントローラ，SDIO，USB，オーディオ，タイマ，各種シリアル・インターフェースなどのペリフェラルを搭載しています．

● USB＆LANコントローラIC

LAN9512およびLAN9514は，USBハブとLANコントローラの機能を持ったICです．そして基板上にある2または4個のUSBコネクタと1個のRJ-45コネクタと接続されています．

ラズベリー・パイ2，ラズベリー・パイ1 Model B+はLAN9514を，ラズベリー・パイ1 Model BはLAN9512を搭載しています．いずれのICもマイクロチップ・テクノロジー製です．

● RAM

ラズベリー・パイ2は，1GバイトのLPDDR SDRAMを基板の裏に搭載しています．

● インターフェース

そのほかに，さまざまなインターフェースや拡張コネクタを備えています．

▶microSDカード・スロット

OSを書き込んだmicroSDカードを差し込みます．OSはこのmicroSDカードからブートします．

▶電源

microUSBコネクタから供給される5Vの電源から，各ICの動作に必要な電圧(3.3V，2.5V，1.8V)を生成しています．

▶HDMIコネクタ

ディスプレイを接続するためのコネクタです．スピーカを内蔵したディスプレイであれば音声も出力されます．

▶φ3.5mm 4極ミニ・ジャック

音声信号とビデオ信号を出力します．スピーカから音声を出力したい場合はオーディオ・アンプを接続する必要があります．

▶拡張コネクタ

SoCの汎用入出力ピンが接続されているコネクタです．ラズベリー・パイ上で動作するプログラムから制御できます．

▶カメラ・コネクタ

純正のカメラ・モジュールPiCameraを接続するためのコネクタです．カメラ・モジュールを接続すると，写真や動画を撮影できるようになります．

▶MIPI-DSIコネクタ

DSI規格のモニタを接続するコネクタです．プロトタイプは製作されたようですが，現時点でこのコネクタに接続できる純正モニタは発売されていません．

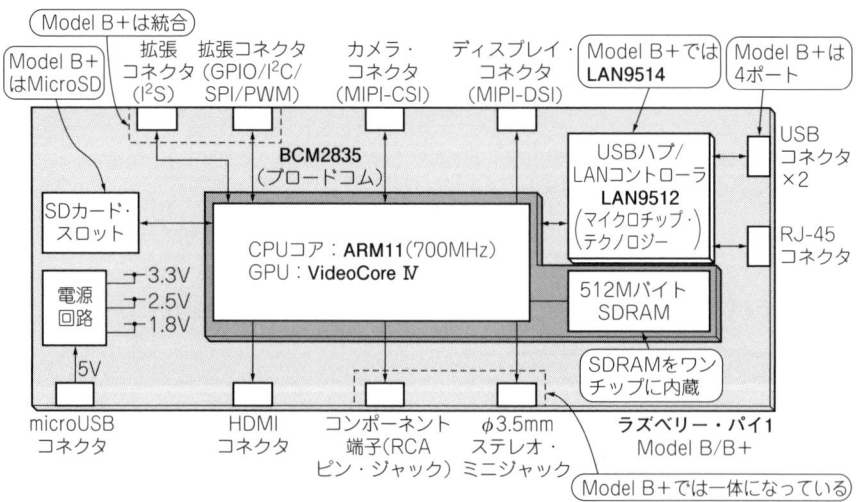

図2　ラズベリー・パイ1 Model B/B+の構成
基本的な構成はラズベリー・パイ2と似ている

第1章 「ラズベリー・パイ」の基本スペック

(a) 表

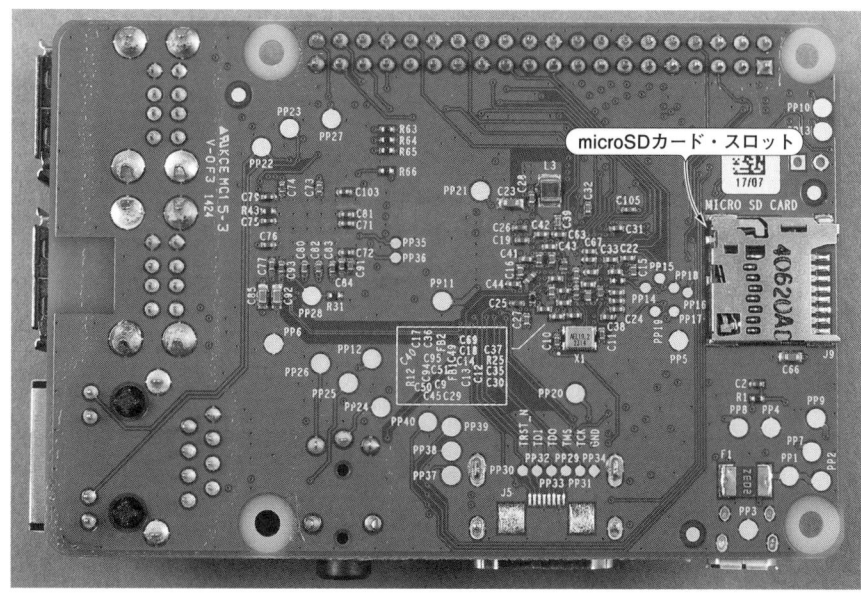

(b) 裏

写真3 USBコネクタ＆拡張コネクタを増強！ でっぱりも減ってスマートになったラズベリー・パイ1 Model B+はパッと見ラズベリー・パイ2そっくり

初代ラズベリー・パイの構成

● インターフェース全部のせのModel B系とシンプルなA系がある

第1世代は5種類に分かれており，個人向けが4種，法人向けのCPUモジュールが1種類です．

ゆくゆくは第1世代のModel A+（ネットワーク機能が省かれている小型で安価なタイプ），Raspberry Pi Compute Module（組み込み用途，別途，USB，ネットワークが搭載されているベースボードが必要）と第2世代のModel Bを中心として展開しそうです．

● 基本仕様はModel B系準拠

ラズベリー・パイ1 Model B/B+の構成を図2に示します．

第1部 ラズベリー・パイ2の基礎知識

写真4 伝説の始まり！700MHzのARM11 CPU＋512Mバイト・メモリ搭載のラズベリー・パイ1 Model B

　ラズベリー・パイ1 Model B+は拡張コネクタが40ピン，USBコネクタが4個です．Model Bでコンポジット・ビデオ信号を出力していたRCAピン・ジャックが廃止され，φ3.5mm4極ミニ・ジャックにオーディオ信号とともに統一されました．

▶搭載SoCはBCM2835（ブロードコム）

　CPUコアにARM11（ARM1176JZF-S）を搭載します．ARM11コアの動作周波数は700MHzです．GPUやペリフェラルなどはBCM2836と共通です．BCM2836と異なりBCM2835は，512Mバイト（または256Mバイト）のSDRAMをワンチップに内蔵しています．

　なお，ラズベリー・パイ1 Model A/Bのハードウェアについては以下のホームページに詳しい情報があります．

```
http://elinux.org/RPi_Hardware
```

　写真3，写真4に第1世代のラズベリー・パイ（以下，第1世代はラズベリー・パイ1と表記）Model B/B+の外観を示します．

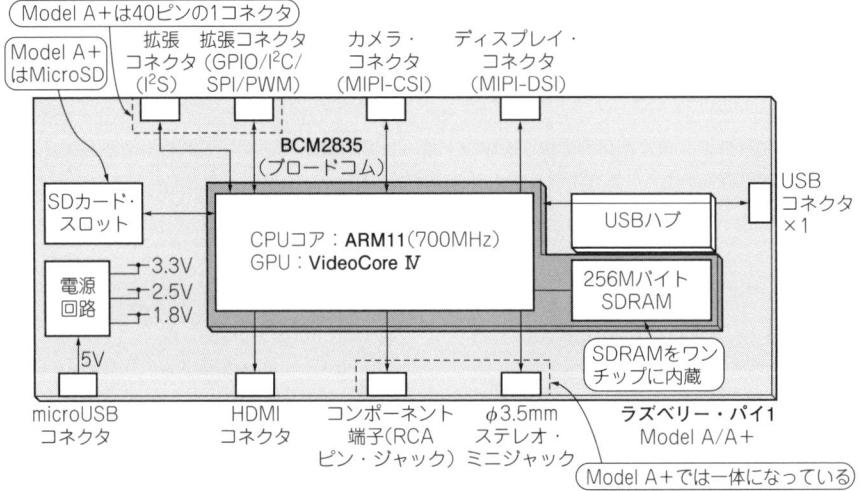

図3　ラズベリー・パイ1 Model A/A+の構成
ラズベリー・パイ1 Model A/A+はLANコントローラがなく，SDRAM容量が小さい

第1章　「ラズベリー・パイ」の基本スペック

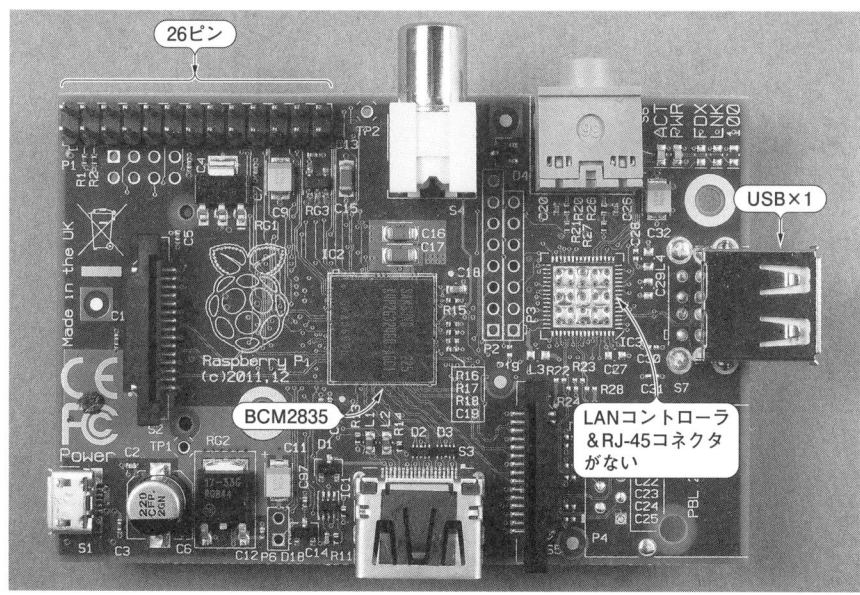

写真5　イーサなし＆省メモリで10ドル安い！ラズベリー・パイ1 Model A
裏面はラズベリー・パイ1Model Bとほぼ同じ

写真6　なんと20ドル！超ローコストLinuxボードのラズベリー・パイ1Model A+

● 派生品
▶小型タイプ！ラズベリー・パイ1 Model A/A+
　ラズベリー・パイ1 Model A/A+の構成を図3に示します．
　写真5，写真6に第1世代のラズベリー・パイ1 Model A/A+の外観を示します．
▶超小型で5ドル！ラズベリー・パイZero
　60×35mmの大きさとして，価格がわずか5ドルというラズベリー・パイZero（写真7）も2015年末に登場しています．プロセッサはBCM2835で，ラズベリー・パイ1 Model A+からコネクタ類をさらに省い

写真7　わずか5ドル！ラズベリー・パイZero

たモデルです．
▶法人向けCPUモジュール版ラズベリー・パイ
　ラズベリー・パイは，個人向けのワンボード・タイプだけでなく，写真8のCPUモジュールRaspberry Pi Compute Moduleも用意されています．搭載SoCはラズベリー・パイ1と同じBCM2835（ブロードコム）で，内蔵RAMは512Mバイトです．SDカードではなく4GバイトのeMMCを搭載し，組み込み向けモジュールとして位置付けられています．個人向け品とは拡張コネクタの本数が異なります．SO-DIMM形状なので，別売りのベースボードと接続して使います．

I/Oコンピュータの拡張コネクタ

● 最新ラズベリー・パイ2/1B+/1A+は40ピン・タイプ
　ラズベリー・パイの拡張コネクタは，GPIOのほか，UART，I²C，I²S，SPI，PWM出力，3.3V出力を行

第1部 ラズベリー・パイ2の基礎知識

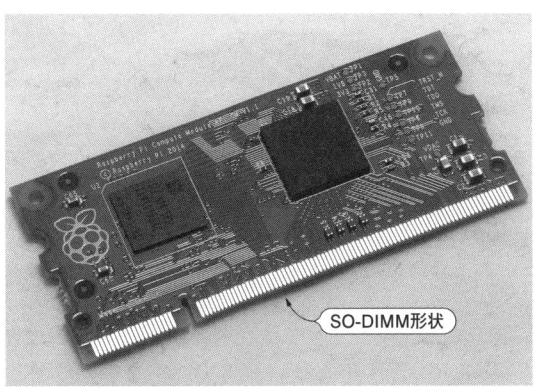

写真8 組み込みCPUモジュール型も！Raspberry Pi Compute Module

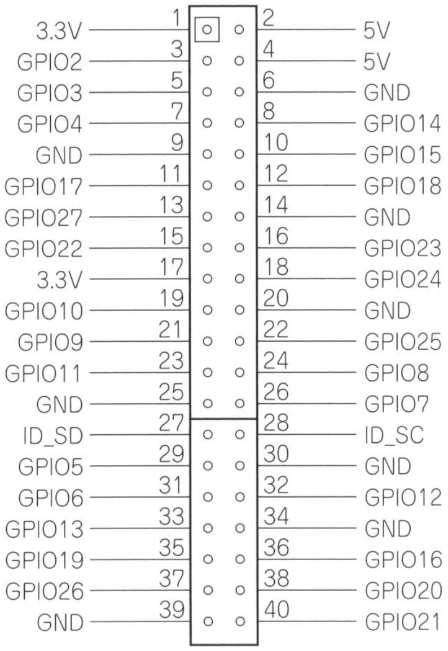

図4 ラズベリー・パイ2＆ラズベリー・パイ1 Model A+/B+の40ピン拡張コネクタ

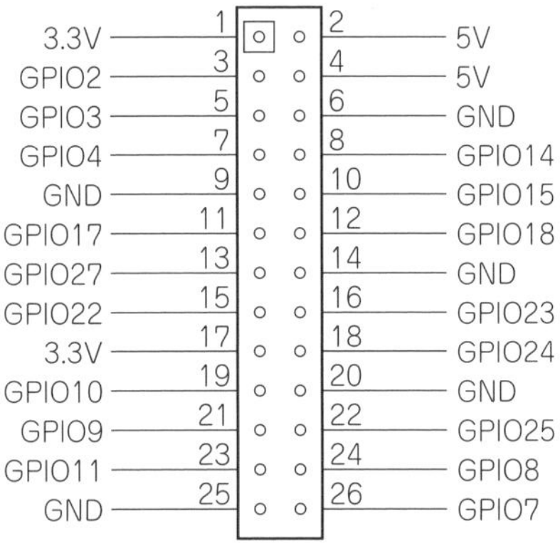

図5 ラズベリー・パイ1 Model A/Bの26ピン拡張コネクタ

えます．

　ラズベリー・パイ2と，ラズベリー・パイ1 Model A+/B+は，40ピンの拡張コネクタとJTAG用のコネクタを備えています．40ピンのコネクタは，GPIO，UART，I²C，I²S，SPI，PWM出力，3.3V出力そして5V入力が可能です．**図4**にラズベリー・パイ2＆1 Model A+/B+のピン配置を，各ピンの機能を**表2**に示します．**写真9**に40ピンのコネクタ外観を示します．

　1～26番ピンまではラズベリー・パイ1 Model A/Bの拡張コネクタと同じピン・アサインになっています．また，JTAG用のコネクタは基板上にパターンがありますが，ユーザが使ってデバッグすることはできません．

● 初代ラズベリー・パイ系26ピン・タイプの拡張コネクタ

　初代にあたるラズベリー・パイ1 Model A/Bは，26ピンのP1拡張コネクタ，8ピンのP5拡張コネクタ，そしてJTAG用のコネクタを備えています．P1コネクタにはGPIO，UART，I²C，SPI，PWM出力，3.3V出力そして5V入力の機能があり，P5コネクタにはI²Sインターフェースが備えられています．

　図5にラズベリー・パイ1 Model A/Bの拡張コネクタのピン配置を，各ピンの機能を**表3**に示します．**写真10**に26ピンのコネクタ外観を示します．なお，ラズベリー・パイ1 Model A/Bの拡張コネクタについては以下のホームページに詳しい情報があります．

```
http://elinux.org/RPi_Low-level_
peripherals
```

　26ピンのメス型コネクタが搭載されているラズベリー・パイ Model A/B用の拡張基板は，ラズベリー・パイ2とラズベリー・パイ1のModel A+/B+の拡張コネクタに挿入できますが，40ピンのメス型コネクタを持つ拡張基板は，当然26ピンの拡張コネクタとはつながらないため，流用することはできません．

えざき・のりひで，いしい・もるな

第1章 「ラズベリー・パイ」の基本スペック

表2　40ピン拡張コネクタの各ピンの機能

ピン番号	機能	備考
1	3.3V	3.3V出力．50mAまで（1番ピンと17番ピンの合計）
2	5V	電源5V入力
3	GPIO2/SDA (I2C1)	1.8kΩプルアップ抵抗付き．I²Cデータ信号
4	5V	電源5V入力
5	GPIO3/SCL (I2C1)	1.8kΩプルアップ抵抗付き．I²Cクロック信号
6	GND	グラウンド
7	GPIO4/GPCLK	
8	GPIO14/TXD (UART0)	起動時にシリアル・コンソールとして使用
9	GND	グラウンド
10	GPIO15/RXD (UART0)	起動時にシリアル・コンソールとして使用
11	GPIO17	
12	GPIO18/PCM_CLK/PWM0	I²Sクロック信号/PWM0出力
13	GPIO27/PCM_DOUT	
14	GND	グラウンド
15	GPIO22	
16	GPIO23	
17	3.3V	3.3V出力．50mAまで（1番ピンと17番ピンの合計）
18	GPIO24	
19	GPIO10/MOSI (SPI0)	SPI0マスタからスレーブへのデータ信号
20	GND	グラウンド
21	GPIO9/MISO (SPI0)	SPI0スレーブからマスタへのデータ信号
22	GPIO25	グラウンド
23	GPIO11/SCLK (SPI0)	SPI0クロック信号
24	GPIO8/CS0 (SPI0)	SPI0チップ・セレクト信号
25	GND	グラウンド
26	GPIO7/CS1 (SPI0)	SPI
27	ID_SD	拡張基板搭載EEPROM用のコンフィグレーション信号
28	ID_SC	拡張基板搭載EEPROM用のコンフィグレーション信号
29	GPIO5	
30	GND	グラウンド
31	GPIO6	
32	GPIO12/PWM0	PWM0出力
33	GPIO13/PWM1	PWM1出力
34	GND	グラウンド
35	GPIO19/MISO (SPI1)/PWM1/PCM_FS	SPI1スレーブからマスタへのデータ信号/PWM1出力/I²S LRクロック信号
36	GPIO16/CS2 (SPI1)	SPI1チップ・セレクト信号
37	GPIO26	
38	GPIO20/MOSI (SPI1)/PCM_DIN	SPI1マスタからスレーブへのデータ信号/I²Sデータ入力信号
39	GND	グラウンド
40	GPIO21/SCLK (SPI1)/PCM_DOUT	SPIクロック信号/I²Sデータ出力信号

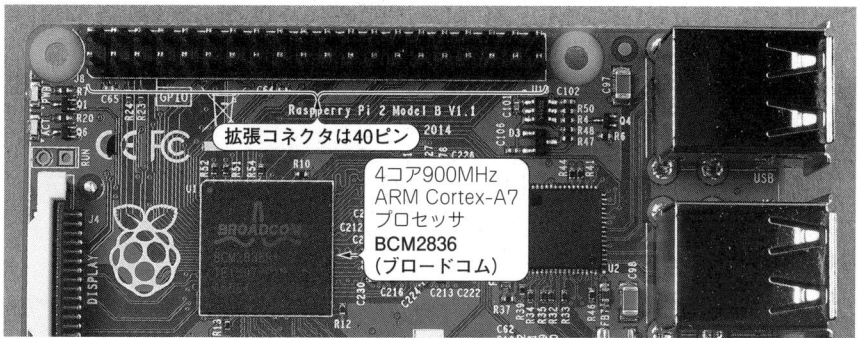

写真9　実物の40ピン・コネクタ（ラズベリー・パイ2＆ラズベリー・パイ1 ModelA+/B+）

第1部 ラズベリー・パイ2の基礎知識

表3 ラズベリー・パイ1 Model A/Bの各ピンの機能

ピン番号	機能	備考
1	3.3V	3.3V出力．50mAまで（1番ピンと17番ピンの合計）
2	5V	電源5V入力
3	GPIO2/SDA (I²C1)	1.8kΩプルアップ抵抗付き．I²Cデータ信号
4	5V	電源5V入力
5	GPIO3/SCL (I²C1)	1.8kΩプルアップ抵抗付き．I²Cクロック信号
6	GND	グラウンド
7	GPIO4/GPCLK	
8	GPIO14/TXD (UART0)	起動時にシリアル・コンソールとして使用
9	GND	グラウンド
10	GPIO15/RXD (UART0)	起動時にシリアル・コンソールとして使用
11	GPIO17	
12	GPIO18/PCM_CLK/PWM0	PWM0出力
13	GPIO27/PCM_DOUT	
14	GND	グラウンド
15	GPIO22	
16	GPIO23	
17	3.3V	3.3V出力．50mAまで（1番ピンと17番ピンの合計）
18	GPIO24	
19	GPIO10/MOSI (SPI0)	SPIマスタからスレーブへのデータ信号
20	GND	グラウンド
21	GPIO9/MISO (SPI0)	SPIスレーブからマスタへのデータ信号
22	GPIO25	グラウンド
23	GPIO11/SCLK (SPI0)	SPIクロック信号
24	GPIO8/CS0 (SPI0)	SPIチップ・セレクト信号
25	GND	グラウンド
26	GPIO7/CS1 (SPI0)	SPI

(a) 26ピンP1コネクタ

ピン番号	機能	備考
1	5V	電源5V入力
2	3.3V	3.3V出力
3	GPIO28/PCM_CLK	I²Sクロック信号
4	GPIO29/PCM_FS	I²S LRクロック信号
5	GPIO30/PCM_DIN	I²Sデータ入力信号
6	GPIO30/PCM_DOUT	I²Sデータ出力信号
7	GND	グラウンド
8	GND	グラウンド

(b) 8ピンP5コネクタ

写真10 実物の26ピンP1コネクタと8ピンP5コネクタ（ラズベリー・パイ1 ModelA/B）

第2章 ラズベリー・パイのセットアップ

さすがLinux！名刺サイズ・コンピュータ・スタートアップ！

石井 モルナ，中田 宏

準備…ハードウェアを用意する

ラズベリー・パイは，SDカードからブートします．そのため，OSをインストールしたSDカードを作る必要があります．また，初期設定にはキーボード，ディスプレイなどを使います．必要なハードウェアと，あると便利なハードウェアを表1に示します．

標準Linux「Raspbian」のインストール方法

ラズベリー・パイの魅力の一つは，用途にあわせたOSが複数用意されていることです．表2に対応するOSの一部を示します．

公式ディストリビューションとして「Raspbian」が用意されています．Raspbianは，Linuxのディストリビューション「Debian」をラズベリー・パイ上で動作するようにしたものです．

▶対応OSの最新情報ページ

対応OSも頻繁に入れ替わりがあるので，ラズベリー・パイの公式サイトで確認できます．

https://www.raspberrypi.org/downloads/

本書では，ラズベリー・パイの標準Linux「Raspbian」をインストールします．

● インストール方法は2種類

ラズベリー・パイには起動ディスク（OS入りのSDメモリーカードまたはmicroSDカード）が必要です．ここからは公式OSであるRaspbianのSDカードを

表1 ラズベリー・パイをはじめるのに必要なハードウェア

項 目	仕 様	備 考
パソコン	ネット接続できるもの．OSはWindowsでもMacでもLinuxでもかまわない	OSをダウンロードしてSDカードに展開，もしくはコピーするために使う
ディスプレイ	HDMIまたはコンポジット接続のもの	HDMI入力付きの家庭用テレビなども利用できる
ディスプレイ用ケーブル	HDMIまたはコンポジット・ケーブル	使用モニタに合わせる
キーボード	USB接続	−
マウス	USB接続	−
SDカード	8Gバイト以上	16Gや32Gバイト品にも対応，ラズベリー・パイが認識できるのは32Gバイトまで
LANケーブル	10/100BASE-T対応品	OSのアップデートやツールのインストールにはインターネットへの接続が必須
ルータ	10/100BASE-T対応品	インターネット接続用
USB電源アダプタもしくはACアダプタなど	5V，電流容量1A以上	電源はUSB Micro端子またはGPIOから入力する．電源電圧は5V（SoCは3.3V動作）．公式では900mA必要とあるが，できれば2Aは流せるアダプタがよい．電流不足になると正常に動作しなくなる

（a）必要なもの

項 目	備 考
USB接続のWi-Fiアダプタ	GW-USNano2（プラネックスコミュニケーションズ）など（筆者が動作確認できたもの）
セルフ・パワーのUSBハブ	USBデバイスで消費電力が大きくなるとラズベリー・パイ自体が動作を停止することがある
ケース	水分やほこりから守る以外にも，動作中にSDカードが外れることを防ぐ目的で利用を推奨
ブレッドボード	GPIOの電圧は3.3V，詳細な電気的特性は公開されていないが，標準的なLVCMOS（低電圧CMOS）端子の扱いでよい
ジャンプ・ワイヤ	ラズベリー・パイ側がメス，ブレッドボード側がオスとなる
各種拡張ボード	標準品またはサードパーティ製

（b）あると便利なもの

表2 ラズベリー・パイはLinuxをかちゃかちゃ入れ替えて遊べる

名　称	特　長	URL
Raspbian	ラズベリー・パイ公式ディストリビューション．Debianベースで作成されている	https://www.raspbian.org/
UBUNTU MATE	広く使われているLinuxのディストリビューションUbuntuのMATEフレーバー（派生ディストリビューション）	https://ubuntu-mate.org/
SNAPPY UBUNTU CORE	Ubuntuの軽量コア	https://developer.ubuntu.com/en/snappy/
OSMC	XBMC（Xboxメディア・センター）の後継．ストリーミングの動画や音楽を楽しめる	https://osmc.tv
OPENELEC	機能はOSMCと同様．ストリーミングの動画や音楽を楽しむことができるより軽量なディストリビューション	http://openelec.tv/
PiNet	ラズベリー・パイを使った学習現場においての管理用サーバ．生徒たちのOS（Raspbian）はネットワーク越しに起動するので，サーバ上でOSの一元管理ができる．フォルダを共有できるので，生徒から作品を提出させたり，先生からの課題を提供することもできる	http://pinet.org.uk/
RISC OS	ラズベリー・パイ向けでは唯一の非LinuxのOS．エイコーン社（現在はElement 14社）がARMプロセッサ向けに開発した	

使ったインストール方法について紹介します．

Raspbianのインストールには，OSのイメージ・ファイルをそのままSDカードに展開する方法と，「NOOBS」あるいは「NOOBS Lite」というソフトウェアを使って，OSをインストールする方法があります．

NOOBS，NOOBS Liteを使うと，OSのイメージを展開するための特別なツールを使わなくても済みますし，Raspbianだけでなく，他のOSも簡単にインストールできるという利点があります．ただし，NOOBS本体の分だけ，SDカード内のメモリ容量がとられます．

NOOBSはRaspbianの本体を含んでおり，ネットワークを介さなくともインストールが可能です．NOOBS Liteは，ネットワークを介して最新のOSをダウンロードし，インストールします．

■ インストール方法①…OS選び放題！
　インストール・ソフトウェアNOOBSを使う

以下，NOOBSを使う場合を紹介します．NOOBS Liteの場合は，ラズベリー・パイが有線でネットワーク（インターネット）に接続している必要があります．

● 手順
▶ステップ1…本体をダウンロードする

Raspberry Piの公式サイトから，「NOOBS」あるいは「NOOBS Lite」をダウンロードします．

```
https://www.raspberrypi.org/downloads/
```

▶ステップ2…SDカードにコピーする

ダウンロードしたファイルは圧縮されているので，PC上で解凍し，フォルダ内のすべてのファイルをSDカードにコピーします．

▶ステップ3…NOOBSを起動する

SDカードをモニタ，キーボード，マウスをつないだラズベリー・パイのスロットに装着し，電源を投入します．モニタ画面にNOOBSの初期画面が表示されます．

インストールしたいOSにチェックをいれます．複数インストールして，起動時に選ぶこともできますが，ここではRaspbianのみをインストールすることとします（図1）．

▶ステップ4…インストールを開始する

チェックを入れてInstallアイコンをクリックすると，「NOOBS」の場合はすぐにインストールが始まり，「NOOBS Lite」はまず最新のRaspbianをダウンロードしてからインストールされます．

インストールが終了すると，ダイヤログが表示されるので[OK]をクリックします．

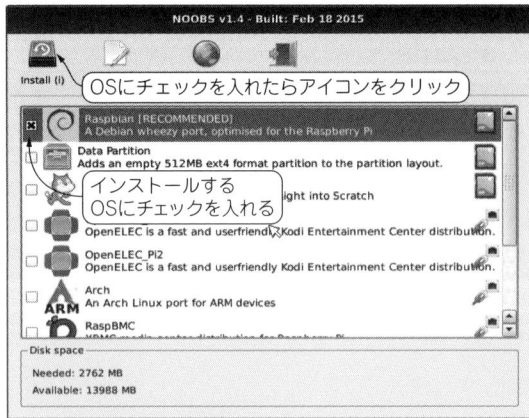

図1　NOOBSでOSを選ぶ

第2章 ラズベリー・パイのセットアップ

Raspbianが起動してセットアップ画面となります．ここからは「Raspbianの初期設定」へ続きます．

■ インストール方法②…Raspbianイメージ・ファイルをSDカードに書き込む

NOOBSを使うと簡単にOSをインストールできますが，インストーラなど余計なデータがSDカードに入ってしまいます．余計な機能やデータがいらないユーザ向けに，RaspbianだけをSDカードに書き込む方法も用意されています．

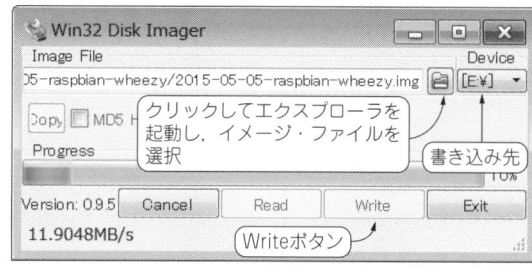

図2 win32 Disk ImagerでSDカードにイメージ・ファイルを書き込む

● 手順

▶ ステップ1…OSイメージをダウンロードする

ラズベリー・パイの公式サイトから，RaspbianのOSイメージ・ファイルをパソコンにダウンロードします．

```
https://www.raspberrypi.org/downloads/
```

▶ ステップ2…ディスク書き込みソフトをインストール

イメージを展開してSDカードに書き込むためのソフトウェア「Win32 Disk Imager」をパソコンにインストールします．以下のURLからダウンロードできます．

```
http://osdn.jp/projects/sfnet_win32diskimager/
```

▶ ステップ3…OSイメージを解凍

ステップ1でダウンロードしたファイルを解凍します．

▶ ステップ4…SDカードに書き込む

Win32DiskImager.exeを起動します．SDカード

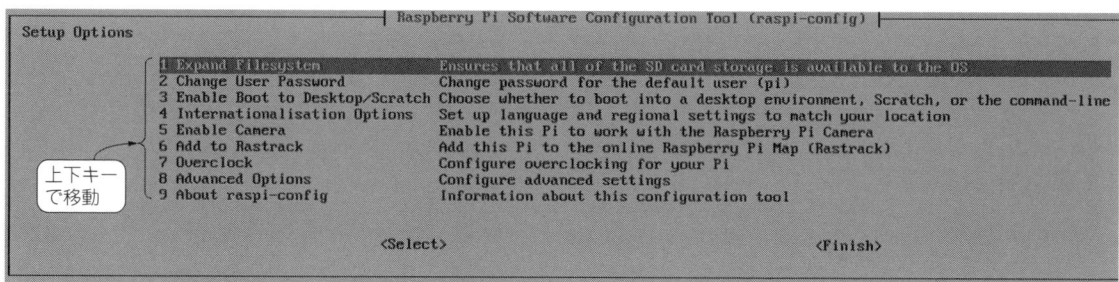

図3 raspi-configの基本画面から初期設定を行っていく

表3 Raspbianの初期設定項目

	表示される項目名	内容
1	Expand Filesystem	ファイル容量の拡張
2	Change User Password	パスワードの変更
3	Enable Boot to Desktop/Scratch	起動方法の選択
4	Internationalization Options	地域の設定
	4.1 Change Locale	使用地域を設定
	4.2 Change Timezone	タイムゾーンを設定
	4.3 Change Keyboard Layout	キーボード種別を設定
5	Enable Camera	専用カメラを使うかどうか
6	Add to Rastrack	ラズベリー・パイの使用場所をRastrack (http://rastrack.co.uk/) というサイトに登録する
7	Overclock	CPUの動作周波数の設定
8	Advanced Options	拡張設定
	8.1 Overscan	表示設定
	8.2 Hostname	ホスト名を決められる
	8.3 Memory Split	グラフィック・コアに割り当てるメモリ量を決める
	8.4 SSH	SSHを使ってリモート・ログインするかどうかを決める
	8.5 SPI	SPIを使用できるようにする
	8.6 Audio	オーディオ出力先をHDMIかφ3.5ステレオ・ジャックかを選択する
	8.7 Update	設定画面を最新版にアップデートする
9	About raspi-config	raspi-configの説明

29

表4　raspi-configで使うキー

キー	機能
矢印キー　[↑][↓]	カーソルの移動
Tabキー	設定する項目の移動．主に[Select][Finish]
スペース・キー	設定内容の決定．主に[OK]

をPCに挿入し，Win32 Disk Imagerから書き込むイメージとSDカードのディスクを指定します．[Write]をクリックしてイメージを展開します（図2）．

▶ステップ5…ラズベリー・パイにSDカードを挿入して電源を投入する

イメージを展開したSDカードをラズベリー・パイに挿入し，電源を投入します．すぐにRaspbianが起動します．

Raspbianの初期設定

Raspbianを最初に起動すると，自動的に設定画面の「raspi-config」が表示されます（図3）．

ここで，OSの基本的な初期設定をしておきます．この設定は，一度しておけば，次からの起動時にする必要はありません．設定できる項目を表3に示します．

この設定は，すべてキーボードの操作で行います．表4に使うキーと機能を示します．

raspi-configで表示される設定画面から，初期設定を行います．以下は日本語で使う標準的な環境を想定した場合です．

● 1：パーティション拡張の設定

図4の項目を選択し，microSDカードのパーティションを拡張する設定を行います．これは，Raspbianのイメージのみをインストールした場合に，OSのパーティション・サイズがRaspbianと同じサイズとなっているため，microSDカードのメモリ・サイズまで拡張するための設定です．

● 2：パスワードの設定

起動時とリモートでアクセスする際に，ユーザ名とパスワードを入力します（ただし"デフォルトでX Window Systemを起動する"設定をした場合は，起動時のユーザ名，パスワードの入力は必要ない）．デフォルトでは，次のようになっています．

ユーザ名：pi
パスワード：raspberry

「2 Change User Password」をTabキーで選択し，[Select]で決定します．「You will ...」の確認画面で[OK]を選んで決定します．

図5のように画面下に表示される「Enter new UNIX Password:」のあとに新しいパスワードを入力

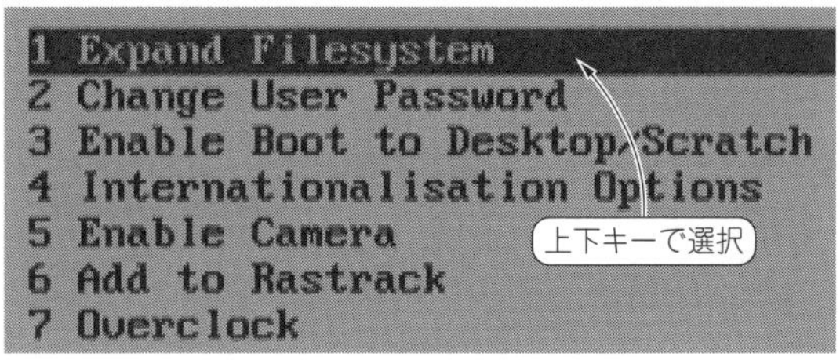

図4　SDカードを目いっぱい使うためにパーティション拡張を行う

図5　新しいパスワードを2回続けて入力する

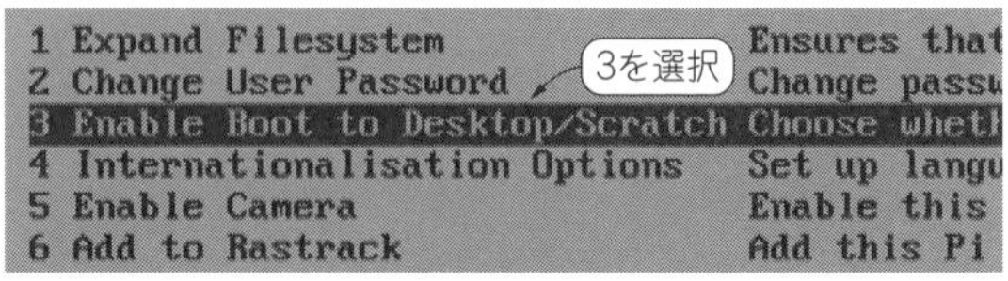

図6　「3 Enable Boot to Desktop/Scratch」を選ぶ

して（画面には表示されない），Enterキーを押します．さらに「Retype new UNIX Password:」が表示されるのでもう一度パスワードを入力して[Enter]キーを押します．2回のパスワード入力が一致すると「Password changed ...」の画面が表示されるので，[OK]で決定します．

● 3：起動時の設定…X Window Systemも起動させるには

ラズベリー・パイを起動すると，Raspbianのコマンドラインが表示されます．そのため，ウィンドウ・システム（X Window System）はコマンドを入力して起動する必要があります．そこで，OS起動後に自動的にウィンドウ・システムも起動するように設定できるようになっています．この設定を行うとデフォルトのpiユーザでログインします．以下の手順で設定します．

図6のように「3 Enable Boot to Desktop/Scratch」を[Tab]キーで選択し，[Select]で決定するとさらにメニューが表示されます．2番目の「Desktop Log in as user 'pi' at the graphical desktop」をTabキーで選択し，[OK]で決定します（図7）．

● 4：使用言語とタイムゾーンの設定

使用する言語とタイムゾーンの設定はまとまっています．以下の手順で行います．

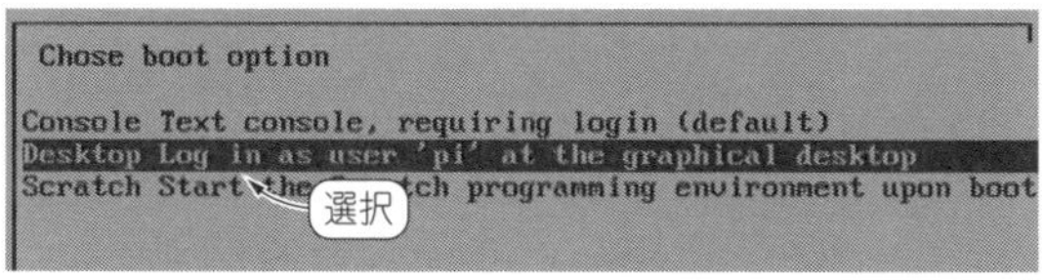

第2章 ラズベリー・パイのセットアップ

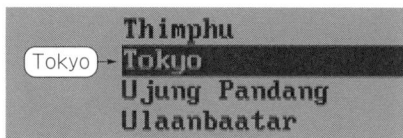
図7 起動時にGUI画面を表示させたい場合は上から2番目を選ぶ

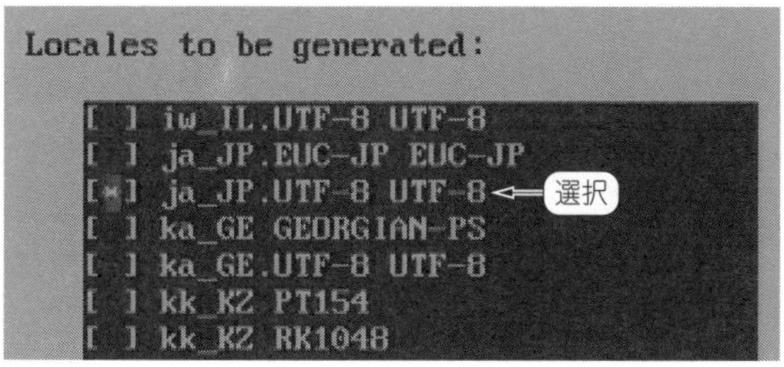

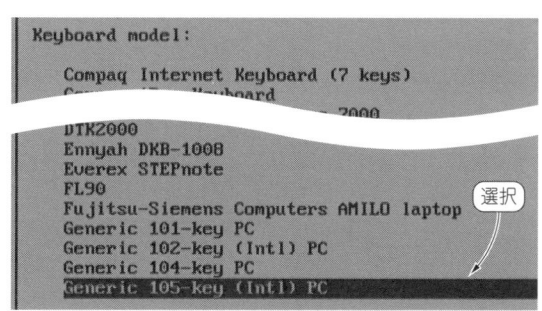
図10 Tokyoを選ぶとタイムゾーンを日本標準時に設定できる

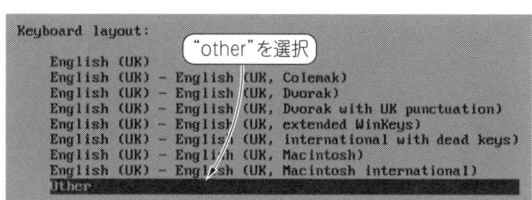
図8 日本語を使う場合はja-JP.UTF-8 UTF-8を選ぶ

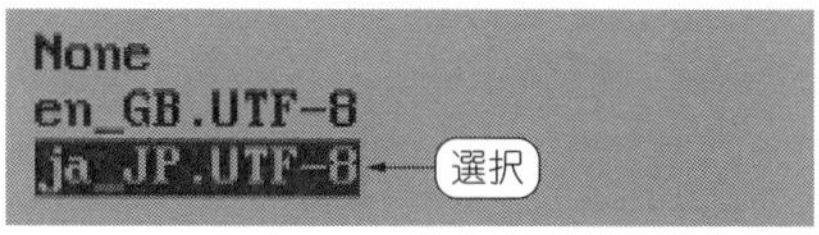

図11 キーボードの選択1…Generic 105-key(Intl)PCを選ぶ

図9 ja-JP.UTF-8 UTF-8を使うかどうかを確定する

図12 キーボードの選択2…「Other」を選択

▶言語の設定

「4 Internationalisation Options」を［Tab］キーで選択し［OK］で決定．さらに表示されるメニューの「11 Change Locale」を［Tab］キーで選択し［OK］で決定します．ロケール（地域）が表示されるので，［↓］キーでかなり下へスクロールし，「ja_JP.UTF-8 UTF-8」を選択したら［Space］キーを押します．選択されると先頭に＊マークが付きます（図8）．

次にシステム全体の言語設定を，先ほど選択した「ja_JP.UTF-8 UTF-8」とするかの確認が表示されるので，［↓］キーで「ja_JP.UTF-8」を選択し（図9），［Tab］キーで［OK］まで移動して［Space］キーで決定します．

▶タイムゾーンの設定

最初のメニューに戻るので，再度「4 Internationalisation Options」を選択し，［Select］で決定，「I2 Change Timezone」を［Select］で決定します．

「Geographic area」の画面が表示されるので「Asia」を選択して［OK］で決定します．

都市名の一覧が表示されるので，↓キーでスクロールして「Tokyo」を選択した状態で（図10），［Tab］キーを使って［OK］に移動し，［Space］キーで決定します．なお，日本国内は共通の標準時なので，Tokyoのみの選択肢となります．

● 5：キーボードの設定

日本語環境向けの一般的な109キーボードを使うこととします．

「4 Internationalisation Options」を選択したら，［Tab］キーで［Select］に移動，［Space］キーで決定します．［↓］キーで「I3 Change Keyboard Layout」を選び，［Tab］キーで［Select］まで移動して，［Space］キーで決定します．

次の「Keyboard model」画面で，図11のように「Generic 105-key(Intl)PC」が選択されたまま［Tab］キーで［OK］に移動し，［Space］キーで決定します．すると，「Keyboard layout」の一覧が表示されるので，［↓］キーで「Other」までスクロールして選択状態にします（図12）．［Tab］キーで［OK］まで移動し，［Space］キーで決定します．

「Country of orgin for the keyboard」が表示されるので，図13のように［↓］キーで「Japanese」まで移動し，［Tab］キーで［OK］に移動，［Space］キーで決定します．

▶シャットダウン・キーの設定もできる

「Keyboard layout」まで戻ります．図14のように

31

第1部 ラズベリー・パイ2の基礎知識

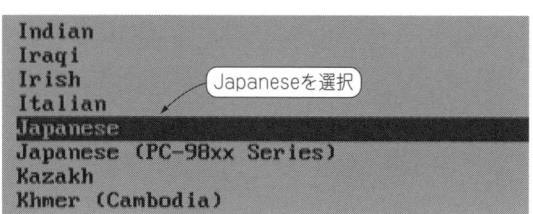

図13 キーボードの選択3…「Japanese」を選択

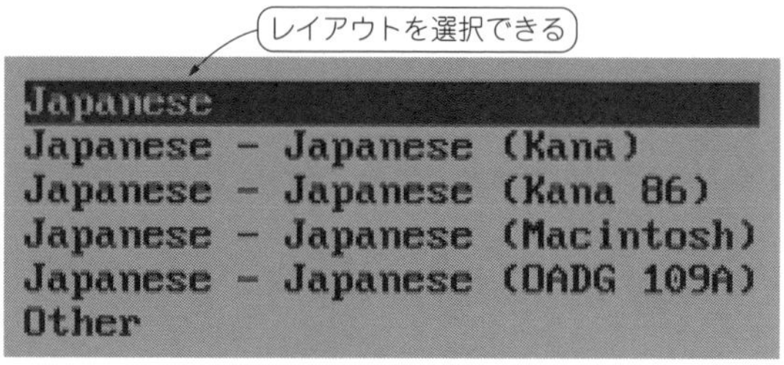

図14 キーボードの選択4…別の画面でも「Japanese」を選択

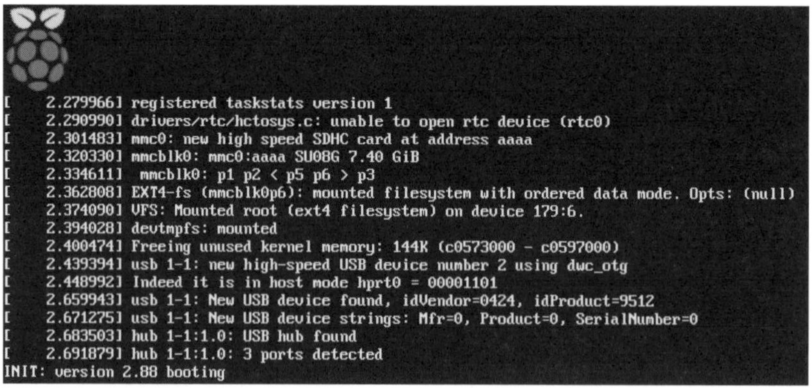

図15 レッツ再起動! 設定が反映される

図16 Raspbianのデスクトップ画面が表示された

［↑］キーで一番上の「Japanese」まで移動し，［Tab］キーで［OK］に移動し，［Space］キーで決定します．
　すると，「Key to function as AltGr」（AltGrとして使うキーを選ぶ）が表示されるので，「The Default for the keyboard layout」（キーボードの配置のまま）を選択した状態で，［Tab］キーで［OK］まで移動，［Space］キーで決定します．
　「Compose key」（コンポーズ・キーを使うか）が表示されるので，「No compose key」のまま［Tab］キーで［OK］を選択し［Space］キーを押します．［Control］+［Alt］+「Backspace」キーでX Window Systemを

終了できるようにするかを設定できます．［Tab］キーで［Yes］に移動して［Space］キーで決定します．

● 6：オーバースキャンの設定
　デフォルトではオーバースキャンが設定されています．オーバースキャン機能のないディスプレイでは画面周辺に黒い枠が表示されるので，無効にします．
　「8 Advanced Options」まで［↓］キーで移動し，［Tab］キーで［Select］に移動し，［Space］キーで決定します．各オプション画面が表示されるので，「01 Overscan」を選択した状態で［Tab］キーを使って［Select］まで移動し，［Space］キーで決定します．
　確認の画面となるので，［Disable］を選択した状態で［Space］キーで決定します．

● 7：再起動して設定を反映させる
　ここまでのraspi-configの設定を反映させるために，Raspbianを再起動します．［Tab］キーで［Finish］まで移動し，［Space］キーを押します．確認画面となるので，［Tab］キーで［Yes］まで移動して［Space］キーで決定すると，図15のように再起動が始まり，Raspbianのデスクトップ画面が表示されます（図16）．

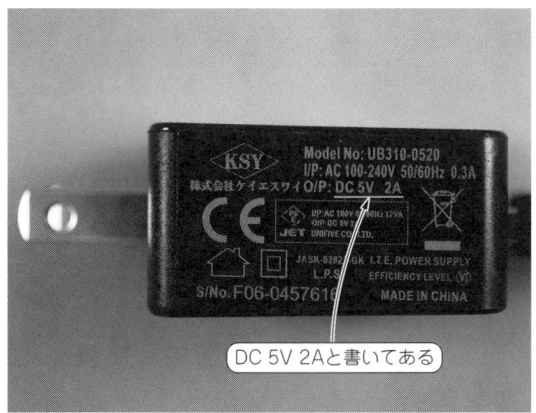

写真1 電源アダプタの定格が2Aあれば十分

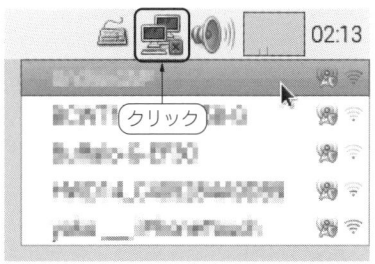

図17 アイコンをクリックすると接続できるアクセス・ポイントが表示される

図18 無線暗号キーを入力する

図19 接続完了！ タスクバーにWi-Fiアイコンが表示される

RaspbianでWi-Fi USBドングルを使う

　ラズベリー・パイのRJ-45コネクタがついたモデルでは，有線でネットワークにつなぐことができますが，無線LAN（Wi-Fi）を使えるようにしておくと便利です．筆者がラズベリー・パイで動作を確認した無線LANアダプタを紹介します．
- PLANEX GW-USNANO2A（プラネックスコミュニケーションズ）
- PLANEX GW-USECO300A（プラネックスコミュニケーションズ）
- WLI-UC-GNM（バッファロー）

▶Wi-Fiを使うには2Aの電源アダプタを用意するとよい

　無線LANアダプタを使う場合は，十分な容量の電源アダプタ（最低1A，できれば2A）を使うことをお勧めします．動作電源が不足すると，無線LANアダプタが動作しなかったり，ラズベリー・パイ本体が動作しなかったりします．

● 接続手順

　無線LANアダプタをUSBコネクタに装着し，図17のようにデスクトップ右上のPC形のアイコンをクリックします．無線LANアダプタがOSに認識されていれば，アクセス・ポイントが表示されます．
　接続するアクセス・ポイントをクリックすると，暗号キー入力画面が表示されます．図18のように暗号キーを入力し，［OK］をクリックします．接続できるとPCのアイコンが図19のWi-Fiアイコンに変わります．
　上記以外の無線LANアダプタも，ドライバが対応していれば使えます．

頻繁なアップデートにも即対応！Raspbianの更新

　Raspbianは頻繁に更新をしているので，定期的にアップデートをしておくことをお勧めします．アップデートは，Raspberry Piがネットワークにつながった状態で行ってください．ルート権限で行うので，コマンドの前に「sudo」を付ける必要があります．

● 手順

　以下のコマンドを順に入力します．

```
$ sudo apt-get update
$ sudo apt-get upgrade
$ sudo rpi-upgrade
```

　それぞれのコマンドの意味を表5に示します．

▶デスクトップ画面からコマンド入力画面に移行するには

　Raspbianのウィンドウ・システムが表示されている場合は，デスクトップ上部のモニタ形のアイコンをクリックして，コマンドを入力するターミナル「LXTerminal」を起動し，上記コマンドを入力します（図20）．

表5　Raspbianのアップデート・コマンドの意味

コマンド	内　容
sudo apt-get update	OSのアップデート情報を取得
sudo apt-get upgrade	パッケージを最新バージョンにアップデートする
sudo rpi-upgrade	Raspbianを最新バージョンにアップデートする

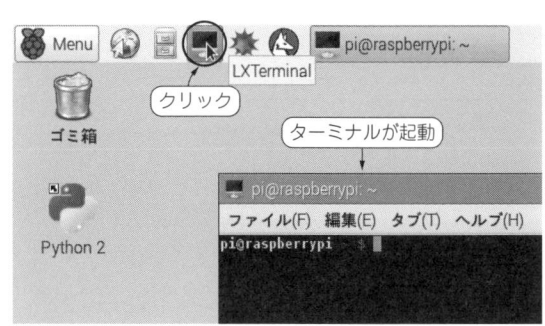

図20　デスクトップ画面からはアイコンをクリックするとLXTerminalが起動する

プログラミング環境

ラズベリー・パイは，もともとコンピュータ学習用として開発されたので，Raspbianにはさまざまなプログラミング環境が用意されています．

▶ C言語

gccを使えます．基本的には，テキスト・エディタでコーディングし，コマンドラインから，またはMakeファイルを用意してコンパイルします．Eclipseなどの IDE（統合開発環境）は別途インストールする必要があります．

▶ Python

Python2（バージョン2.7）とPython3（バージョン3.2）が用意されています．IDEとして「Python Shell」が使えます．

▶ Ruby

Ver1.9.3がインストールされています．IDEは入っていません．

▶ Scratch

プログラムが初めての人でも，コーディングせずにプログラミングができる開発環境です．処理ブロックをGUI画面で組み立てていくと，プログラムが完成します．

▶ SonicPi

音を操るオリジナルなプログラミング言語です（図21）．和音も作れます．音声出力はビデオ出力かHDMIかを選べます．

▶ Mathematica

高度な数式を計算したりグラフィック表示したりできる，数式処理ソフトウェアです（図22）．

▶ Wolfram

Mathematicaの言語としても使われている，さまざまな用途に使える言語です．

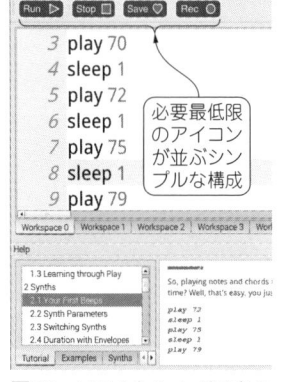

図21　ソフトシンセができるアプリケーションSonicPi

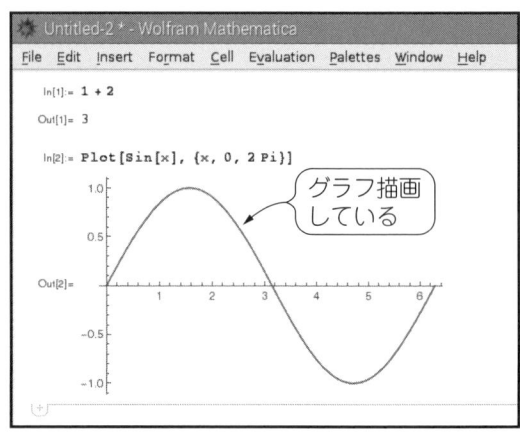

図22　数式をサッと表示できるアプリケーションMathematica

よく使うアプリ

● 標準アプリ

Raspbianには，いくつかのアプリがプリインストールされています．よく使う標準アプリケーションを表6に示します．上記以外の，オープンソースのライブラリやサードパーティ製アプリケーションを表7に示します．

よく使うLinuxコマンド

Raspbianでよく使うLinuxコマンドを表8に示します．Raspbianのデフォルトはユーザ「Raspberry」，パスワード「Pi」(raspi-config画面で再設定した場合は，設定したパスワード)ですが，OSのアップデート，ツールのインストール，ユーザ領域外のディレクトリにアクセスなどは，すべてルート権限で行います．その場合はコマンドの前に「sudo」を付けます．例えば，シャットダウンはsudo halt -pと入力します．

いしい・もるな

便利ライブラリ/アプリを追加インストール

Linuxのアプリやライブラリは，apt-getなどのパッケージ管理機能を使うと簡単に入手できます．例えばapt-getなら，コマンドラインから

```
$ apt-cache search <アプリケーション/ライブラリ名>
```

でパッケージを見つけられます．

表9に主にapt-getで入手できるライブラリやアプリケーションを示します．

なかた・ひろし

表6 Raspbianでよく使う標準アプリケーション

名称	機能
LXTerminal	ターミナル・ソフト．コマンド実行に使う
Epiphany	Raspbian標準の軽量なブラウザ
leafpad	テキスト・エディタ

表7 便利ソフト一覧

名称	特徴	参考ホームページ
piNGL	3Dグラフィックス処理を行うためのOpenGL ES2.0ライブラリ	http://nccastaff.bournemouth.ac.uk/jmacey/GraphicsLib/piNGL/index.html
pi3d	Python用の3Dグラフィックス・ライブラリ	https://github.com/tipam/pi3d
LjES	LuaJITというスクリプト言語用の3Dアニメーションのプログラミングを行うためのライブラリ	http://www.mztn.org/rpi/rpi20.html
Julius	音声認識ライブラリ．音声を入力するためのUSBマイクなどが別途必要	http://julius.osdn.jp/
Jasper	音声認識ライブラリ．音声を入力するためのUSBマイクなどが別途必要	http://jasperproject.github.io/
AquesTalk Pi	日本語テキスト読み上げができる音声合成アプリケーション．商用ソフトウェアだが個人の非営利使用の場合は無償	http://www.a-quest.com/products/aquestalkpi.html
OpenJTalk	日本語テキスト読み上げができる音声合成アプリケーション	http://open-jtalk.sourceforge.net/

表8 よく使うLinuxコマンド

入力コマンド	内容
apt-get install パッケージ名	ツール類のインストールを行う(前回のOSのアップデートから期間が経っている場合は，ツールをインストールする前にOSアップデートをしておくことをお勧めします)
cd ディレクトリ名	カレント・ディレクトリを移動する
ls	現在のディレクトリ内のファイル一覧を表示する
mkdir ディレクトリ名	ディレクトリを作成する
cp ファイル1 ファイル2	ファイル1をファイル2にコピーする．ファイル2が存在しない場合は，新規に作成される．
mv ファイル1 ファイル2	ファイルを移動する．ファイル2が存在しない場合はファイル1の名前がファイル2となる．ファイルの前にディレクトリを指定できる
cat ファイル名	ファイル(テキスト・ファイル)の内容を表示する
chmod オプション ファイル名	ファイルのアクセス権を変更する． オプションは3ケタの8進数で指定する．最上位桁から所有者，グループ，そのほかのユーザとなる．8進数の各ビットは最上位ビットから順にリード，ライト，実行の権限を表す． 例：chmod 777 ファイル名 　→ファイルをすべてのユーザが読み書き，実行できるように変更する

表9 Linuxならでは！apt-getで便利なライブラリやアプリを入手できる

ライブラリ	種別	コメント	入手方法
ffmpeg	動画と音声のフォーマット変換	動画フォーマットや解像度，音声の圧縮形式などの変換が可能	apt-get
libusb	USB低レベル・アクセス用のライブラリ	自作USBデバイスを使うときに便利．	
libjapser	JPEG2000コーデック	JPEG2000をフォーマット変換できる	
libjconv2	文字コード変換	プログラムの中から文字コードを変換したいときに使用する	
OpenCV	画像処理	定番の画像処理ライブラリ	
librekinect	Kinect用ライブラリ	奥行きカメラKinect（マイクロソフト）から奥行き情報が取得できるドライバ	注1
zxing	バーコード認識ライブラリ	2次元バーコード（QRコード）も1次元バーコードも対応	注2

注1：https://github.com/xxorde/librekinect
注2：https://github.com/zxing/zxing

(a) ライブラリ

名称	種別	備考	入手方法
Brasero	光ディスク書き込み	CD-RやDVD-Rに書き込める	apt-get
Blender	3DCG作成	3次元コンピュータ・グラフィックスを作成できる	
dcraw	デジタル・カメラのRAWフォーマット現像	デジタル・カメラの各メーカが独自に仕様を決めているのRAW画像フォーマットをJPEGなどに変換できる	
Doxygen	プログラムのドキュメント作成ユーティリティ	ソースコードに埋め込まれたコメントを探し出し，ソースコード全体のドキュメントを自動生成してくれる	
Eclipse	プログラム開発環境	もともとはJavaをGUIで開発する統合開発環境．CやC++にも対応する	
gimp	グラフィックス・エディタ	高機能な画像編集ソフト．WindowsやMacにも移植されている	
gnuplot	グラフ作成	独自形式でテキストの情報を入力すると，画像としてグラフを表示できる	
GNU R	統計解析	多変量解析や多重回帰分析などを計算できる	
gparted	HDDのパーティション変更	一つのHDD内で，ファイルを保持したままパーティション・サイズの変更ができる	
ImageMagick	グラフィックス・エディタ	GUI指向の画像作成アプリ．パッケージ内のCUIコマンドはシェル・スクリプトから呼び出すのに便利	
indent	ソースコード整形ユーティリティ	C言語のソースコードのインデントを一括で整えたいときに使用する	
jpegtran	JPEG操作ユーティリティ	JPEG画像データをロスレスで90°回転したり，メタ・データであるEXIFヘッダを切り離したりできる	
KiCAD	回路図エディタ	回路図を書いて，アートワークまで無料で作成できる	
LibreOffice	オフィス・アプリ	ワープロや表計算ソフトなどのアプリ群．WordやExcelなどOfficeのファイルも読み書きできる	
Maxima	数式処理ソフト	数値計算だけでなく，方程式を扱えるソフト	
namazu2	日本語全文検索システム	ローカル・マシンのファイルから日本語の文字列を検索できる	
nkf	日本語文字コード変換	SJIS，EUC，JIS，UTFなど日本語コードを自動判別してくれる	
QEMU	CPUエミュレーション	他のコンピュータ（マイコンなど）のエミュレーションができる	
ruby	プログラミング言語	日本・島根発のプログラミング言語	
snoopy	USBモニタ	USBポートを通過するパケットを監視できる	
soundKonverter	音声フォーマット変換ツール	PCMと圧縮音声などの変換ができる．soundconverterは1文字違いで別のアプリケーション	
Tesseract-ocr	画像中の文字認識ソフト	テキスト認識を行える．英語には強いが，日本語はあまり得意ではない	
TeX	組版システム	コマンドをテキストに埋め込んでTeXで出力すると，印刷物のような体裁を作り出せる．HTMLに似ている	
wget	HTTPを使ったファイル取得コマンド	リモートにあるWEBサイトのコピーをローカルに作りたい時に使う	
wireshark	ネットワーク監視	LANポートから見えるパケットをすべて監視できる	
vlc	動画再生ソフト	対応フォーマットの多い動画再生ソフト．WindowsやMacにも移植されている	
xosview	システムの負荷表示	現在のマシン内の負荷をグラフ表示できる	
xrdp	リモート・デスクトップ	LinuxのXウィンドウ画面を，ネットワーク上のWindowsマシンにリモート・デスクトップとして表示できる．操作も可能	
eSpeak	発声アプリケーション	テキストを入力すると読み上げてくれる	注1
OpenFOAM	流体解析	液体や気体の挙動をシミュレーションできる	注2
RTL-SDR	ラジオ受信	USB接続のワンセグ受信機を使ってFM放送などを受信できる	注3
Skype	インターネット電話	無料で世界中と電話できる	注4

注1：http://espeak.sourceforge.net
注2：http://www.openfoam.com/
注3：http://www.rtl-sdr.com/
注4：http://elinux.org/RPi_Using_Skypekit

(b) アプリケーション

第3章

お手軽シリアル×Tera Term＆LAN接続の高機能ソフトで
ササッとログイン

パソコンからリモート操作実験向きの環境を作る

石井 モルナ

　ラズベリー・パイはパソコンなので，キーボードと画面が必要です．しかし，普段使っているパソコン用のほかにこれらを用意するのは面倒ですし，机の上で邪魔になります．そこで，手元のWindowsパソコンからラズベリー・パイにアクセスできる「リモート接続」を設定しておくと便利です．

　リモート接続はLAN経由でもできますし，LANをつなぐのも面倒な場合には，USB-シリアル変換モジュールを使って簡易的につなぐこともできます．

〈編集部〉

方法1　USB-シリアル変換モジュールで接続

● 手順1…ハードウェアを接続する

　ラズベリー・パイの拡張コネクタにはシリアル・コンソールの信号が出力されています．ここにUSBシリアル変換モジュールなどをつなげることで，パソコンとラズベリー・パイをシリアル通信で接続できます．ここではSparkfun社製のUSBシリアル変換モジュール（**写真1**）を使用することとします．

▶3.3V品の変換モジュールが必要

　このUSB変換モジュールには5V品と3.3V品があります．ラズベリー・パイと接続する場合は3.3V品を使用します．ラズベリー・パイとの接続は**図1**のようになります．

● 手順2…ターミナル・ソフトTera Termをパソコンにインストール

　次にパソコンにターミナル・ソフトをインストールします．ここではTera Termを使用します．

　Tera Termは以下のホームページからダウンロードします．

・Tera Termの入手先
  `http://osdn.jp/projects/ttssh2/`

● 手順3…Tera Termでラズベリー・パイに接続

　Tera Termを起動し，接続画面でラズベリー・パイを接続しているCOMポートを選択します（**図2**）．

　Tera Termのシリアル・ポートの設定は，［設定］メニューから「シリアルポート」を選択し，**図3**のように設定します．

　ラズベリー・パイの電源を入れるとTera Termの画面に起動時のメッセージが表示されます．プロンプトが表示されたら，ユーザ名，パスワードを入力するとログインできます．

方法2　ネットワークで接続する

● 基本の接続「SSH」はIPアドレスでつなぐ

　ネットワーク経由でラズベリー・パイに接続すると，Raspbianがサクサク動くので便利です．

　ネットワーク経由でリモート接続するには通常は

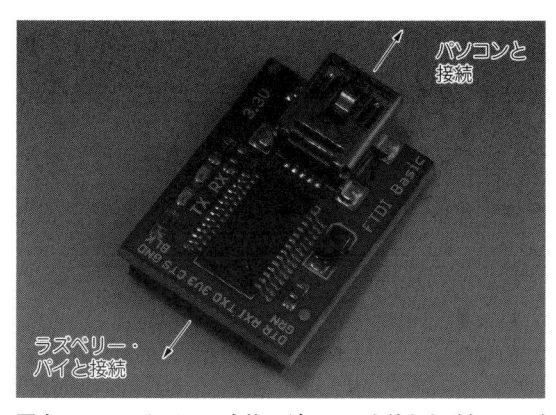

写真1　USB-シリアル変換モジュールを使うと手軽にラズベリー・パイとパソコンを接続できる

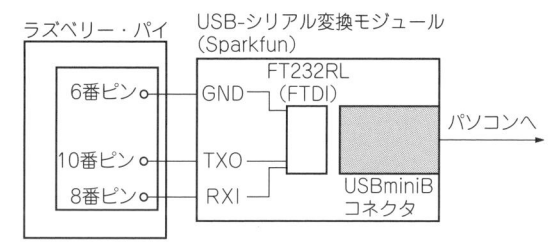

図1　ラズベリー・パイとUSBシリアル変換モジュールの接続

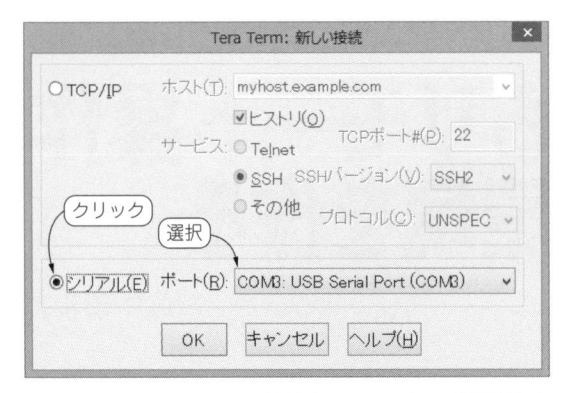

図2　Tera Termでシリアル接続するCOMポートを選択する

SSH接続を使います．SSHで操作する場合は，接続先のIPアドレスをあらかじめ知っておかなければなりません．IPアドレスを知るには，Raspbianを起動して直接操作し（つまりキーボードとモニタをつないで），ipconfigコマンドでIPアドレスを調べる必要があります．

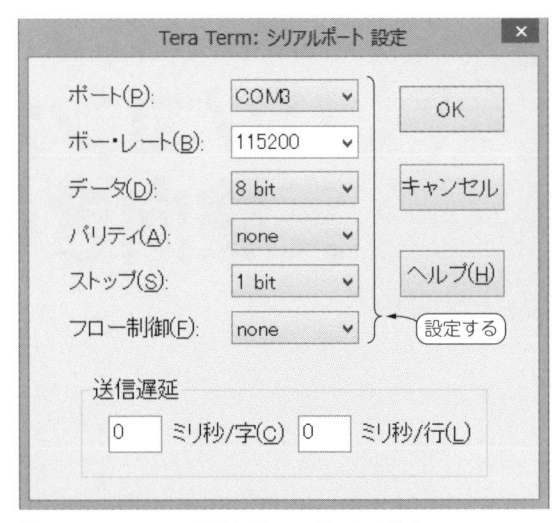

図3　Tera Termで行うシリアルポートの設定

● 自分の付けたコンピュータ名を使えれば楽！

IPアドレスを調べるのはやや面倒です．そこで，IPアドレスを知らなくとも，ラズベリー・パイにリモート・ログインできるしくみを使います．Apple社の開発したBonjourというサービスです．これを使うと，ラズベリー・パイに自分で付けたホスト名で接続できます．

● 手順1…ホスト名を変更する

デフォルトではホスト名はraspberrypiとなっています．Raspbianでラズベリー・パイのホスト名を変更したい場合は，raspi-configコマンドでコンフィグ画面を呼び出して設定します．
`sudo raspi-config`⏎

コンフィグ画面を呼び出したら，［9 Advanced Options］→［A2 Hostname］と移動します．

● 手順2…iTunesをパソコンにインストール

BonjourをWindowsパソコンで利用する場合は，音楽管理ソフトiTunesが必要です．

WindowsパソコンでBonjourサービスを動作させるにはiTunesをインストールします．iTunesは以下のホームページからダウンロードできます．
`http://www.apple.com/jp/itunes/download/`

iTunesが正常にインストールされればBonjourサービスもいっしょにインストールされます．

これでIPアドレスを知らなくても接続するための準備が整いました．

● 手順3…ターミナル・ソフトで接続

接続先の指定はホスト名に「.local」を付けて指定します．例えばラズベリー・パイのホスト名がraspberrypiとすると，「raspberrypi.local」とすることでホスト名を指定できます．

Tera Termを使う場合は，接続先を指定する画面で，先ほどの「raspberrypi.local」を入力します（図4）．このときラズベリー・パイは，ネットワークに接続して電源を入れておきます．

初めて接続するとセキュリティ警告のダイアログが表示されます（図5）．「既存の鍵を，新しい鍵で上書きする」のところにチェックを入れて「続行」ボタンを押します．

図6のSSH認証のダイアログにユーザ名とパスワード（パスフレーズ）を入力し「OK」ボタンを押すとログインします．

なお，iTunesが必要ない場合はアンインストールしてもかまいません．

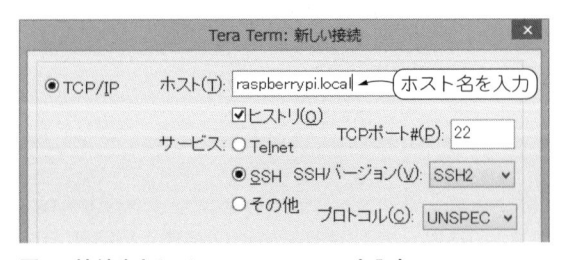

図4　接続先としてraspberrypi.localを入力

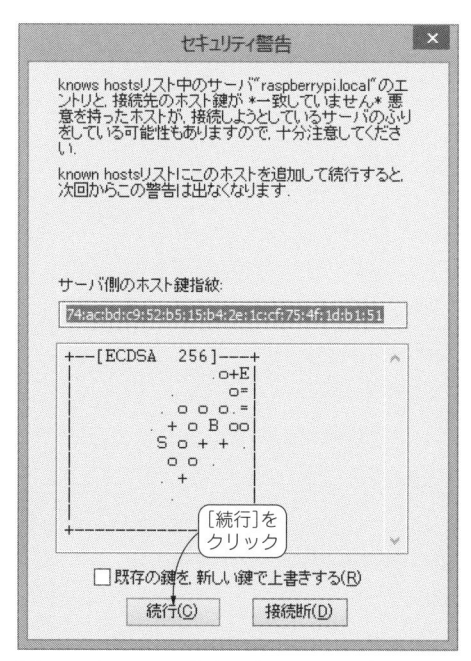

図5 セキュリティ警告が表示されても気にしない

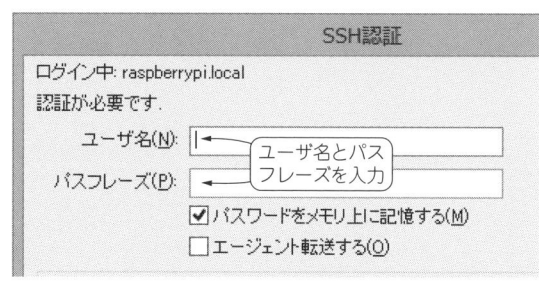

図6 Tera Termを使ってSSHで接続する

方法3 高機能なリモート接続アプリを使う

リモートで操作するには，高機能なアプリケーションも使えます．XDMCP（X Display Manager Control Protocol）を使うと，GUIでリモート接続できます．

● 手順1…接続アプリMobaXtermをパソコンにインストール

XDMCP接続を行うには，WindowsパソコンにMobaXtermをインストールします．MobaXtermは以下のホームページからダウンロードします．

・MobaXtermの入手先
http://mobaxterm.mobatek.net/

このソフトウェアは基本的にはシェアウェアです．しかし，Home EditionとProfessional Editionがあり，Home Editionの方は機能制限付きですが無償で使うことができます．

● 手順2…設定ファイル編集用にSSHで接続する

起動すると図7のようなウィンドウが開きます．
[Settings]メニューから「Configuration」を選択します．ダイアログが開いたら[SSH]タグをクリックします．[Default username for SSH sessions:]のところに「pi」と入力し，OKボタンを押します（図8）．
XDMCPの設定ファイルを編集するためにSSHでログインします．先ほどのようにTera Termでログインしてもよいのですが，MobaXtermでもSSHにはログインできるので，ここではMobaXtermからログインします．画面中央の「Start local terminal」ボタンをクリックし，図9のように，コマンド・プロンプトに以下のコマンドを入力します．

ssh raspberrypi.local

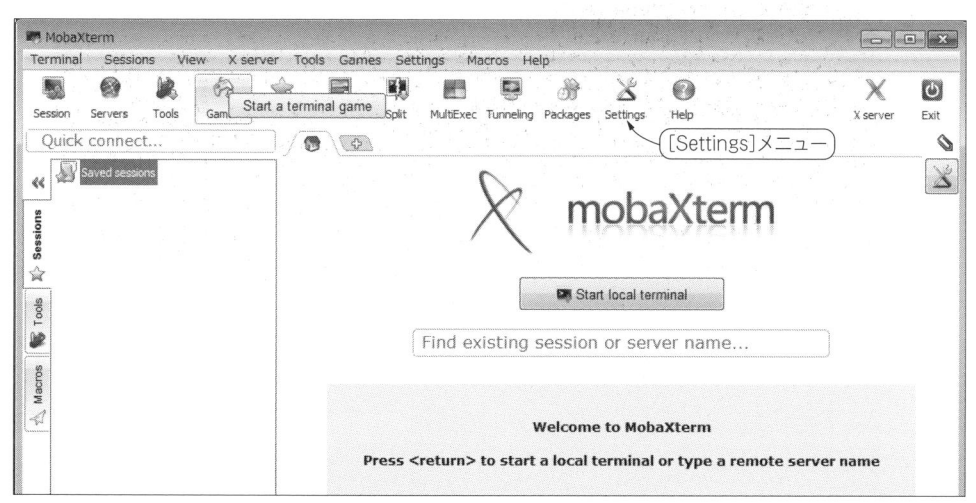

図7 MobaXtermをパソコンで起動して[Settings]メニューをクリック

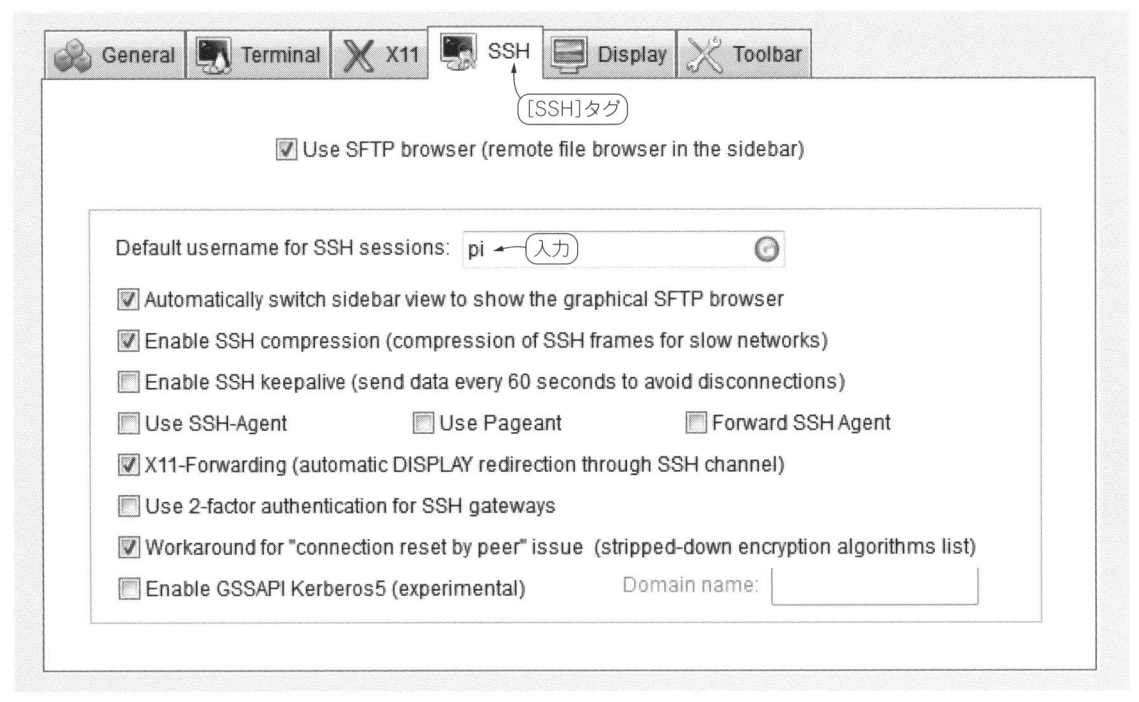

図8 ［MobaXterm Configuration］画面でSSHセッション名を入力

初回ログイン時にはパスワードを聞いてくるので入力します．パスワードを保存するかどうか聞いてくるので，保存したい場合は［yes］，保存したくない場合は［no］ボタンを押します．

● 手順3…接続用の設定ファイルを編集する

sshでログインできたら，以下のコマンドを実行し，lightdm.confファイルを編集します．

```
sudo nano /etc/lightdm/lightdm.conf
```

このファイルの以下の個所を変更（falseをtrueに修正）します．

```
[SeatDefaults]
xserver-allow-tcp=true
```

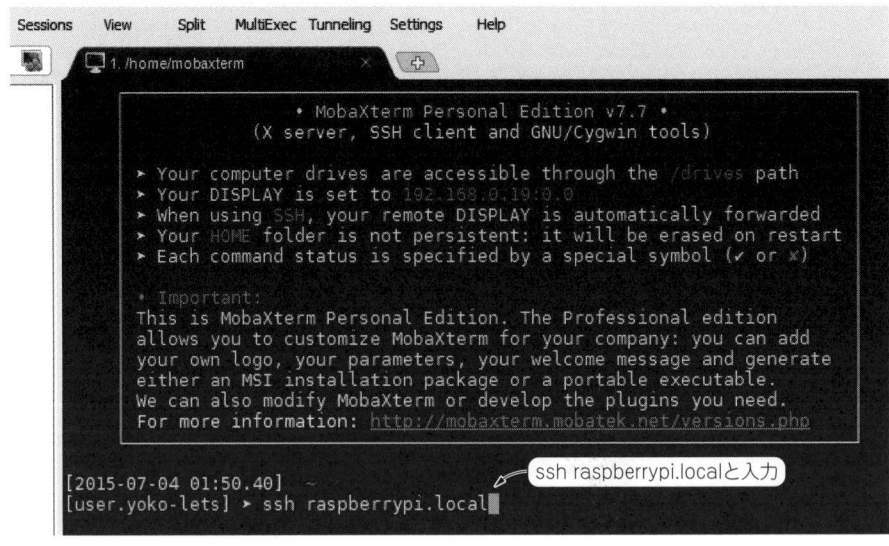

図9 MobaXtermの画面でsshコマンドを入力する

```
[XDMCPServer]
enabled=true
```
　変更後ファイルを保存し，nanoを終了します．以下のコマンドを実行し，lightdmを再起動します．
`sudo␣service␣lightdm␣restart⏎`

● 接続用のセッション（手順書）を作る
　次にMobaXtermにXDMCPで接続するためのセッションを作成します．メニューバーの下に並んでいるアイコンで，[Session]アイコンをクリックします．[Session settings]ダイアログが開いたら[Xdmcp]アイコンをクリックします（図10）．

▶ 接続先を設定する
　[Basic Xdmcp settings]のところで，[Specify

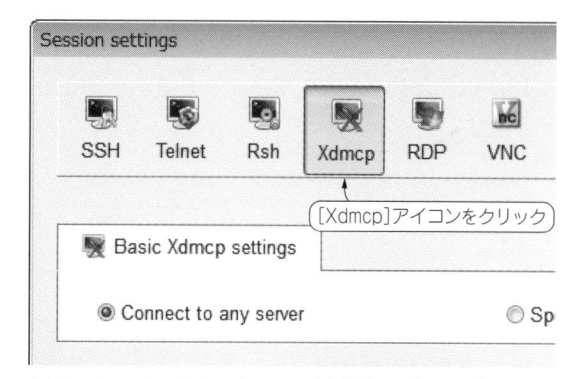

図10　XDMCPのセッションの作成①…[Xdmcp]アイコンをクリックしてセッションを作成開始する

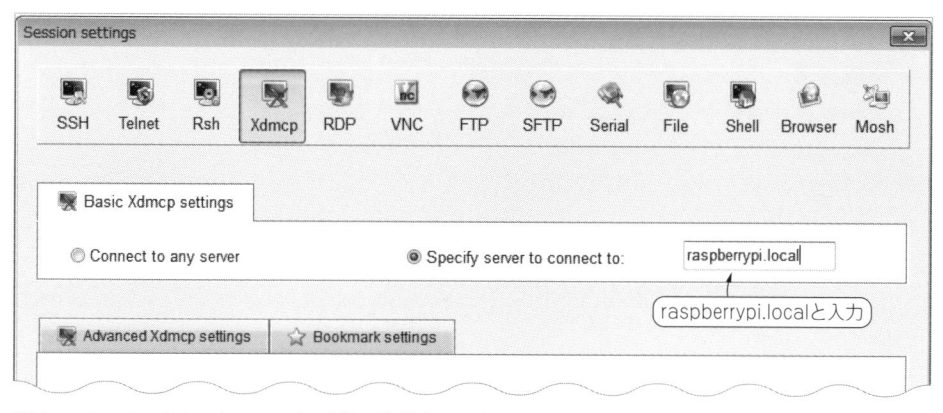

図11　XDMCPのセッションの作成②…接続先を入力する

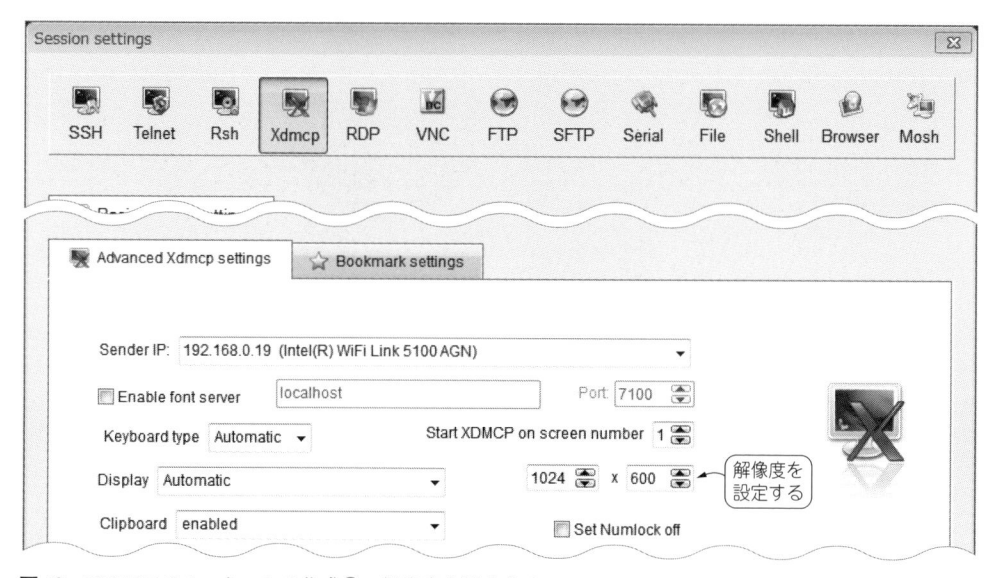

図12　XDMCPのセッションの作成③…解像度を設定する

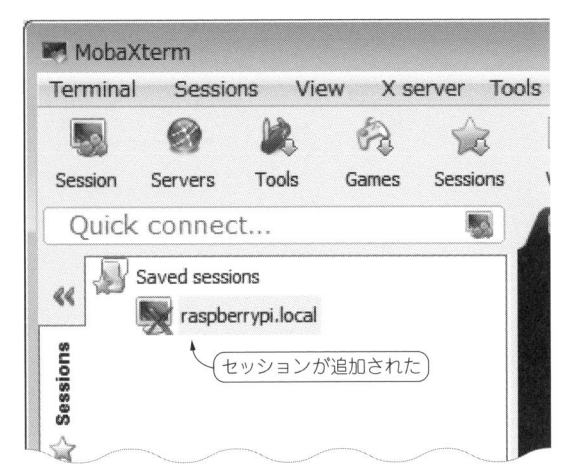

図13 作成したセッション名にraspberrypi.localと表示されれば準備完了

server to connect to:]を選択し，テキスト・ボックスに「raspberrypi.local」と入力します（図11）．
▶画面解像度を設定する
［Advanced Xdmcp settings］のところで，［Display］の解像度の設定を好みの値にします．ここでは「1024」×「600」に設定しました（図12）．
　「OK」ボタンを押してセッションの設定を終了します．画面左側の「Saved sessions」のところに「raspberrypi.local」というセッションができていることを確認します（図13）．

● 接続してみる
　このセッションをダブルクリックすると，ラズベリー・パイのデスクトップ画面が表示されます（図14）．
　もし，しばらく待ってもデスクトップ画面が表示されない場合は「Detach tab」をクリックしてみてください．デスクトップが表示された後「Re-attach」をクリックすると図13のような画面に戻ります．それでも表示されない場合は解像度の設定を変更してみてください．

いしい・もるな

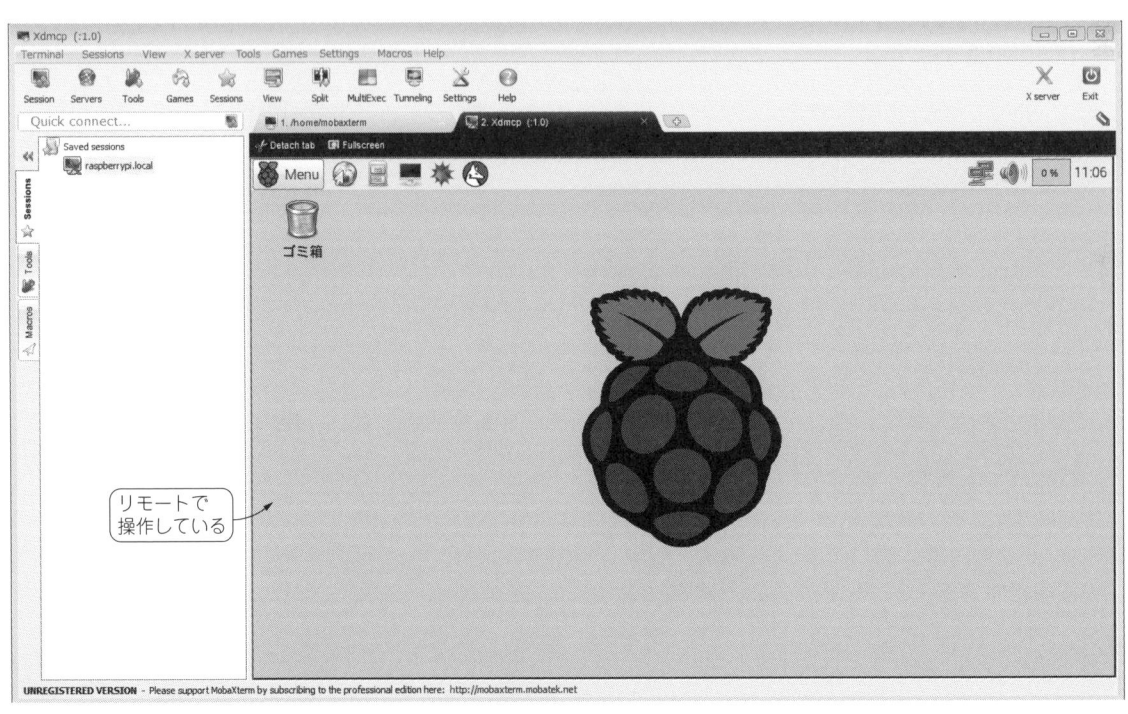

図14 Windowsの画面からRaspbianのデスクトップ画面を表示できた

第4章

4コアCortex-A7/GPU/128ビット高性能NEON命令…
最新テクノロジいじり放題！

ラズベリー・パイ2の
コンピュータ性能を大実験

三好 健文

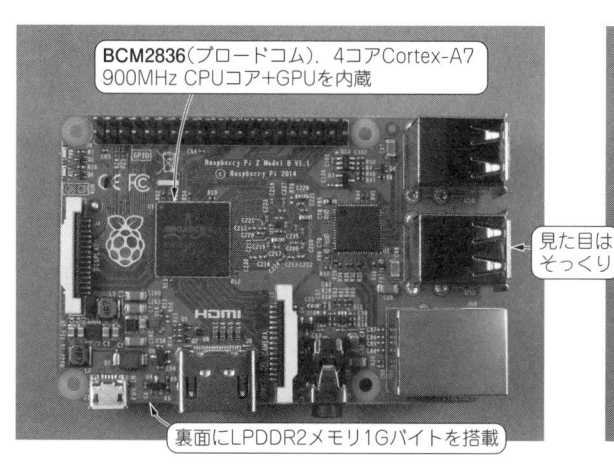

写真1 見た目は従来品とソックリだがパワーアップした…とうわさの最新ラズベリー・パイ2の実力を調べる

(a) 最新ラズベリー・パイ2 Model B
- BCM2836（ブロードコム）．4コアCortex-A7 900MHz CPUコア+GPUを内蔵
- 裏面にLPDDR2メモリ1Gバイトを搭載

(b) 従来品ラズベリー・パイ1 Model B+
- BCM2835（ブロードコム）．ARM11 700MHz CPUコア+GPUを内蔵．512MバイトLPDDR2メモリをBCM2835の上に亀の子状態で実装

見た目はそっくり

　ラズベリー・パイ1の頭脳は，ARM11アーキテクチャのCPUを搭載したSoC BCM2835です．一方，ラズベリー・パイ2の頭脳であるBCM2836は，クアッドコア（4コア）のCortex-A7を搭載しています（**写真1**）．

　本章では，この2種類のラズベリー・パイのCPU性能やメモリ帯域幅，GPU性能などを測ってみます．

　また，Cortex-A7ではNEONと呼ばれる最大128ビット高性能演算命令が使えます．コンパイル時にオプションを付けると使えるようになるNEON命令の実力も試してみます．マルチコアによる並列実行での性能向上を味わいます．　（編集部）

こんな実験

● ラズベリー・パイの実力を調べる
　図1の実験を行います．
　実験1…ベンチマーク・ソフトでコンピュータ基本性能を調べる
　実験2…なんと最大128ビット！ 高性能演算用NEON命令の実力を調べる

　実験3…4コア並列処理をOpenMPで試す
　実験4…4コア並列処理をCilkで試す

　実験1と実験2では，ラズベリー・パイ1 Model B+（以下，ラズベリー・パイ1と表記）と，ラズベリー・パイ2 Model B（以下，ラズベリー・パイ2と表記）を使います．実験3以降ではラズベリー・パイ2のみを使います．それぞれの仕様を**表1**に示します．

● 実験環境
　ラズベリー・パイ1と，ラズベリー・パイ2ともに，NOOBSを使ってインストールしたRaspbianを使います．それぞれ，apt-getコマンドで**表2**のソフトウェアを事前にインストールしました．

実験1：コンピュータ・ボード全体の基本性能を調べる

　まず，Linuxマシンとしてのラズベリー・パイ2の性能を評価します．以下の五つの実験を行います．
- 実験1-1…定番ベンチマーク・ソフトで測る
- 実験1-2…メモリ帯域幅を測定する
- 実験1-3…GPUの描画性能を調べる

第2部 大解剖！ラズベリー・パイ2

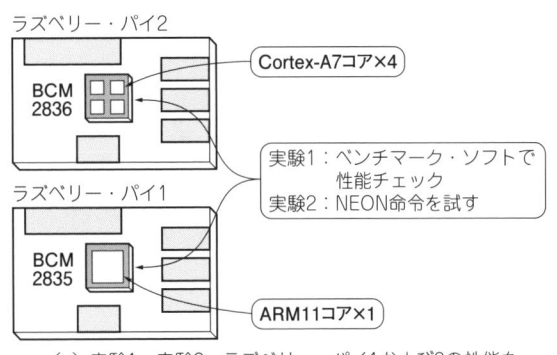

(a) 実験1，実験2…ラズベリー・パイ1および2の性能を
ベンチマーク・ソフトで調べる

(b) 実験3，実験4…ラズベリー・パイ2の
CPU性能を調べる

図1 こんな実験…ラズベリー・パイ2の実力チェック！

表1 実験に使うラズベリー・パイの仕様

項目		仕様	
世代		第1世代	第2世代
シリーズ名		Raspberry Pi 1	Raspberry Pi 2
モデル名		Model B+	Model B
プロセッサ	プロセッサ名	BCM2835	BCM2836
	メーカ名	ブロードコム	
	CPU コア名	ARM1176JZF-S	Cortex-A7
	CPU コア数	1	4
	CPU 動作クロック	700MHz	900MHz
	GPU コア名	VideoCore IV（ブロードコム）	
	GPU 動作クロック	250MHz	
	GPU 内蔵機能	・OpenGL ES 2.0（描画性能24GFLOPS）， ・MPEG-2, VC-1[注1], 1080p/30fps H.264/ MPEG-4 AVC High Profile ハードウェア・デコード・エンコード	
メモリ	種類	LPDDR2 SDRAM[注2]	LPDDR2 SDRAM[注2]
	容量［バイト］	512M	1G
	対応ストレージ	microSD	

注1：使用にはライセンスが必要
注2：GPUと共有

表2 実験のためにインストールしておくソフトウェア

ソフトウェア名	概要
autogen	テンプレート・エンジン
autoconf	コンフィグ・ファイル生成プログラム
subversion	バージョン管理ツール
libisl-dev	整数の点の関係・集合操作ライブラリ
make	makeコマンド
flex	字句解析器生成プログラム
bison	構文解析器生成プログラム
libgmp-dev	多倍長演算ライブラリ
libmpfr-dev	多倍長浮動小数点数演算ライブラリ
libmpc-dev	複素数演算ライブラリ
gcc-4.8	Cコンパイラ
g++-4.8	C++コンパイラ
libsdl-dev	クロスプラットホーム・マルチメディア・ライブラリ
libglm-dev	OpenGL数学ライブラリ

表3 実験に使ったベンチマーク・ソフトウェア

実験	内容	ソフトウェア名	入手先
1-1	定番ベンチマーク	UnixBench	https://github.com/kdlucas/byte-unixbench
1-2	メモリ・バンド幅を測定する	Stream	http://www.cs.virginia.edu/stream/
1-3	GPUの描画性能を調べる	GtkPerf	http://gtkperf.sourceforge.net
1-4	ブラウザのJavaScript処理性能を調べる	Octane 2.0	https://developers.google.com/octane/?hl=ja
1-5	GPUの3Dレンダリング性能を調べる	3D PARAMETRIC PLOTTER	https://www.raspberrypi.org/blog/3d-parametric-plotter/

- 実験1-4…ブラウザのJavaScript処理性能を調べる
- 実験1-5…GPUの3Dレンダリング性能を調べる

利用したベンチマーク・ソフトウェアは，実験順にUnixBench，Stream，GtkPerf，Octane 2.0，3D PARAMETRIC PLOTTERです．各実験との対応を表3に示します．

UnixBenchではラズベリー・パイ2の動作周波数を700MHzと900MHzに設定した両方を評価していま

第4章 ラズベリー・パイ2のコンピュータ性能を大実験

表4 Linuxの定番ベンチマーク・ソフトUnixBenchで評価した項目

項目	内容
Dhrystone	整数演算処理性能
Whetstone	浮動小数演算処理性能
Execl	システム・コール処理性能
FileCopy256	ファイルのコピーを繰り返す．500Kバイトのファイルを256バイトごとに処理する
FileCopy1024	ファイルのコピーを繰り返す．2Mバイトのファイルを1024バイトごとに処理する
FileCopy4096	ファイルのコピーを繰り返す．8Mバイトのファイルを4096バイトごとに処理する
Pipe	512バイトのデータのパイプ処理を繰り返す
ContextSwitching	プロセスのコンテキスト・スイッチを実行する
ProcessCreation	プロセスのフォークを繰り返す
ShellScripts（1）	sort，grepなどテキスト処理を繰り返す
ShellScripts（8）	ShellScripts（1）の処理を8個並列で行う
SystemCall	システム・コールを繰り返す
Over-all	すべての結果の相乗平均
Freq.	動作周波数

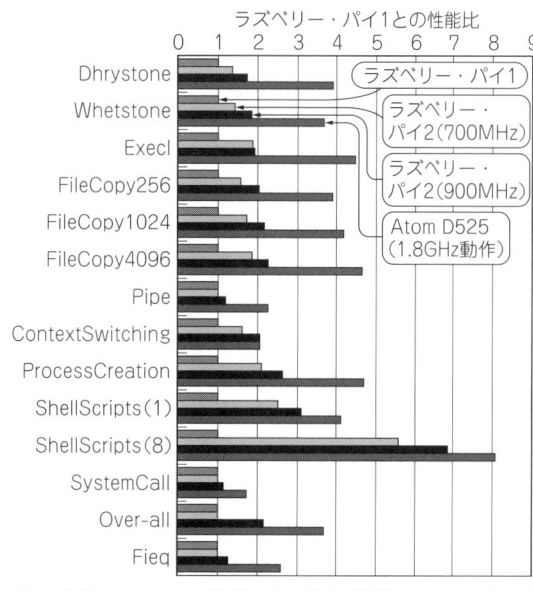

図2 定番UnixBenchで比較…同じ動作周波数700MHzでもラズベリー・パイ2の方が性能が高い

す．それ以外ではラズベリー・パイ2の動作周波数は900MHzに設定しています．

● 実験1-1…CPU性能を測る

　古典的なおなじみのベンチマーク・ソフトウェアUnixBenchで試します．UnixBenchは，基本的なCPU性能の評価であるDhrystoneやWhetstoneのほか，ファイルI/O性能，OSのタスク切り替えの機能を評価できます．評価した項目を表4に示します．

　基本的な評価方法は，UnixBenchのWebサイト[1]からベンチマーク・ツール一式をダウンロードして展開したら，./Runで実行するだけです．コンパイラはgcc-4.8を使い，コンパイラ・オプションはデフォルトのまま，

```
-O2 -fomit-frame-pointer -fforce-
addr -ffast-math -Wall
```
としています．

▶結果…新型は旧型に対して約1.8倍のCPU性能

　評価結果を図2に示します．参考までにインテルのAtom D525 1.8GHzでも評価した結果を合わせて示しています．全体を通して，ラズベリー・パイ2はラズベリー・パイ1の性能を凌駕しています．

　CPUの処理性能指標のDhrystoneとWhetstoneに着目してみると，動作周波数が同じ700MHzでもラズベリー・パイ2はラズベリー・パイ1よりDhryStoneで1.36倍，WhetStoneで1.44倍の処理性能に向上しています．アーキテクチャ刷新の効果が表れています．

　ラズベリー・パイ2を900MHzで動作させた場合には，ラズベリー・パイ1に対して1.74倍，1.86倍の性能向上が確認できました．

● 実験1-2…メモリ帯域幅を測る

　Stream[2]はメモリ・バンド幅を測定するシンプルなベンチマーク・ソフトウェアです．後述するOpenMPによる並列化で複数のスレッドでのメモリ・アクセス性能を測定することもできます．このベンチマークは，-Oオプションを付けてコンパイルして実行します．

　評価に使用したラズベリー・パイ1のメモリはK4P4G324EB-AGC1（サムスン），ラズベリー・パイ2のメモリはEDB8132B4PB-8D-F（マイクロン，旧エルピーダ）です．各仕様を表5に示します．

▶結果…新型は約1.9Gバイト/s程度の転送帯域が出た

　実行結果を図3に示します．ラズベリー・パイ2のメモリ転送能力が圧倒的に向上していることがわかります．

　データシートを見る限りでは，どちらも800MbpsのLPDDR2であり，読み書きレイテンシやバンク数など，容量以外のスペックに差がないように見えます．それでもラズベリー・パイ2では実効値として約1.9Gバイト/s程度と，ラズベリー・パイ1をはるかにしのぐ高い転送帯域が得られています．

　Copyではスレッド数の増加と共に実効転送速度が低下してしまっていますが，ADDやTriadをみると，4スレッドでの並列処理に対しても，十分なメモリ帯域幅を持っていることがわかります．

表5 ラズベリー・パイ1/2に搭載されているメモリの仕様

型　名	K4P4G324EB-AGC1	EDB8132B4PB-8D-F
メーカ名	サムスン	マイクロン
種　別	LPDDR2	
メモリ容量［バイト］	512M	1G
転送速度［Mbps/ピン］	800	
データ・ビット幅［ビット］	32	

● 実験1-3…GUIの操作性能を測る

　ラズベリー・パイ1とラズベリー・パイ2は，HDMIでディスプレイに接続してデスクトップ・マシンとしても利用できます．その使い勝手は，CPUコアだけではなく，GUIの操作性能にも左右されます．
　GUIツール・キットの処理速度を調べられるベンチマーク・ソフトウェアGtkPerf[3]を使います．調べられる項目は**表6**のようなものです．
　GtkPerfは，
`apt-get install gtkperf⏎`
でインストールできます．
　GtkPerfをインストールしたあとでX Window Systemをstartxで起動すると，左上のアプリケーション・メニューからGtkPerfを選択して実行できます．

▶結果…なんと約4倍！描画性能が高速化している

　図4に評価結果を示します．ラズベリー・パイ2では，ラズベリー・パイ1の3.5～4倍以上の処理速度に向上しています．GtkPerfの実行中には線や円を描画する様子を見ることができますが，性能向上の結果が目に見えます．

● 実験1-4　ブラウザのJavaScript処理性能を測る

　ブラウザのJavaScript VMの処理性能を測定してみましょう．これは，ラズベリー・パイ1／ラズベリー・パイ2をWebアプリケーション端末として利用できるかどうか，という指針になります．
　JavaScript VMの性能評価はGoogleのOctane[4]が便利です．特別なソフトウェアのインストールは不要で，Webブラウザからアクセスして評価できます．Octaneで評価できる項目を**表7**に示します．

▶結果…旧型では処理しきれなかった画面スクロールも余裕で行える

　Raspbianの標準パッケージでインストールされるブラウザEpiphanyを使って評価した結果が**図5**です．
　数字からラズベリー・パイ2の性能の高さは明白です．加えて，ラズベリー・パイ1ではCPU負荷100％

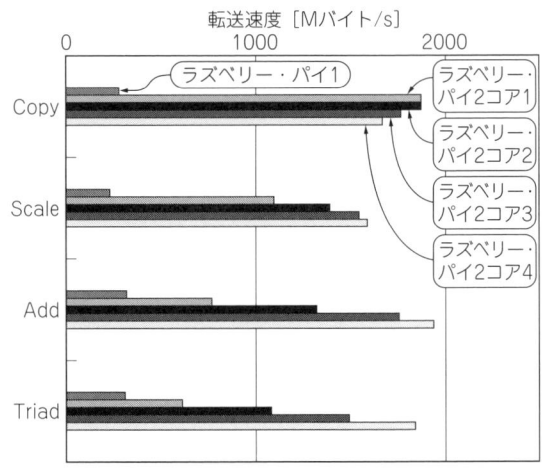

図3　メモリ帯域をStream比較…新型ラズベリー・パイが圧勝している

表6　GUI操作性能ベンチマーク・ソフトGtkPerfで行う評価項目

項　目	内　容
GtkEntry	テキスト・ボックスへの文字入力
GtkComboBox	コンボ・ボックスの表示
GtkComboBoxEntry	コンボ・ボックスの描画
GtkSpinButton	ボタンの回転
GtkProgressBar	プログレス・バーの表示
GtkToggleButton	ボタンのON/OFF
GtkRadioButton	ラジオ・ボタンのON/OFF
GtkTextView (Add)	テキスト表示
GtkTextView (Scroll)	テキスト表示のスクロール
GtkDrawingArea (Lines)	線の描画
GtkDrawingArea (Circles)	円の描画
GtkDrawingArea (Text)	テキストの描画
GtkDrawingArea (Pixbufs)	画像の描画
Total	総合性能

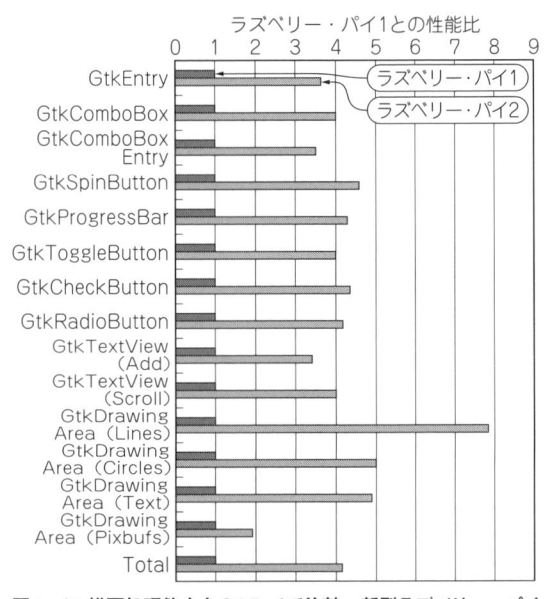

図4　2D描画処理能力をGtkPerfで比較…新型ラズベリー・パイは旧型の3倍以上の性能

表7 ブラウザのJavaScript実行性能を調べるOctaneで評価できる項目

項目	内容
Richards	OSカーネルのシミュレーション
Deltablue	制約ソルバを解くベンチマーク
Crypto	暗号化／復号ベンチマーク
Raytrace	レイ・トレーシング・ベンチマーク
EarleyBoyer	Schemeベンチマーク
Regexp	正規表現処理のベンチマーク
Splay	スプレー木操作とメモリ管理システムによるデータ操作
SplayLatency	Splayテスト時のGCレイテンシ
NavierStokes	ナビエ－ストークス方程式を解くベンチマーク
pdf.js	PDFの読み込み
Mandreel	3D物理演算のテスト
MandreelLatency	3D物理エンジンのコンパイル・レイテンシ
GB Emulator	ゲームボーイ・エミュレータの処理性能
Code loading	Schemeベンチマーク
Box2DWeb	2次元物理エンジンによる演算速度ベンチマーク
zlib	圧縮エンジンzlibのパースとコンパイル
Typescript	Typescriptコードのコンパイル
Octane-Score	全スコアの相乗平均

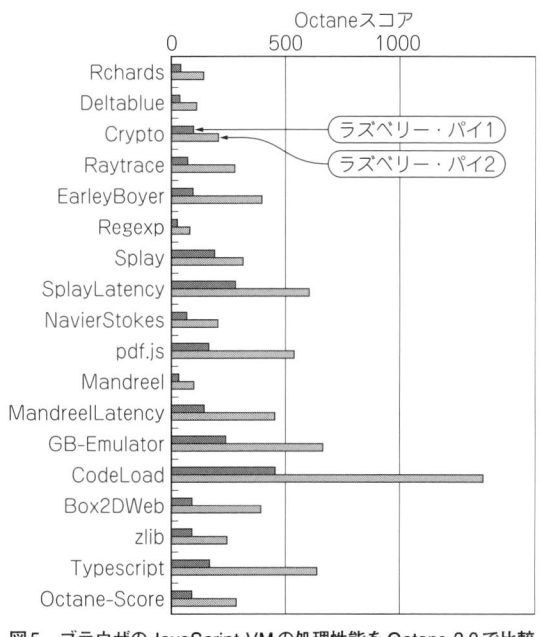

図5 ブラウザのJavaScript VMの処理性能をOctane 2.0で比較…ラズベリー・パイ2はサクサク動く

にはりついてしまって実験中は何も作業できなかった（例えばブラウザのスクロールなど）のに対して，4コアのプロセッサを搭載しているラズベリー・パイ2ではCPU負荷は1CPUぶんの25%程度を上下するのみで，他の処理をするのにストレスを感じることはありませんでした．

● 実験1-5…GPUの3Dレンダリング性能を調べる

最後にGPUの3Dレンダリング性能について調べておきます．ラズベリー・パイ1とラズベリー・パイ2のどちらも，GPUのコアはVideoCore IV HWが内蔵されています．性能差についてはどうでしょうか．GPU単体の性能を測定するというのは難しいのですが，ほぼGPUの処理性能だけに依存するOpenGLでの3Dレンダリング速度で，性能を比較してみます．

比較に利用したプログラムは3D PARAMETRIC PLOTTER[5]です．
例えば，

```
-e"U=2*pi*u" -e "V=2*pi*v"
-e"R*1.5" -e"r*0.5"
-x"cos(U) * (R+r*sin(V))"
-y"sin(U) * (R+r*sin(V))"
-z"r*cos(V)"
```

というような描画関数を指定することで，蛍光灯のような輪を表示させることができます．

▶結果…描画性能は新旧とも60fpsだが3Dゲームを動かすと全体の性能差が表れる

ラズベリー・パイ1とラズベリー・パイ2で実験してみたところ，どちらも60fps程度の速さで描画でき，GPUの描画性能単体では差がないことが確認できました．

とはいえ，3Dゲームのような例では，CPU処理性能やメモリ速度を含めたシステム全体の性能が処理に影響します．例えば，Quake 3のようなFPSゲーム（1人称視点のシューティング・ゲーム）では，ラズベリー・パイ1に比べてラズベリー・パイ2は圧倒的な処理／描画性能を実現できます．Youtubeなどに動画がアップロードされていますので，興味がある人はご覧ください．

● ここまでのまとめ

ラズベリー・パイ2では，CPUアーキテクチャの刷新によって，サーバ・マシンとしてもデスクトップ・マシンとしても，性能がかなりパワーアップしています．特にマルチコアによって，重い処理を実行中でもGUIやネットワーク越しでの操作ができるようになったことは，使用するうえでのストレスを大きく軽減してくれます．

準備…並列処理性能を確認するために最新GCC5.1をビルドする

　Linuxマシンとしてのおおまかな性能向上が確認できました．ここからは，ラズベリー・パイ2のCPUであるCortex-A7の処理性能を少し深くみていきましょう．試してみる機能は，128ビット高性能演算用命令NEONによるSIMD (single instruction multiple data) 演算とマルチコアによる並列処理です．

　Raspbianでは標準のコンパイラがgcc-4.6でした．記事執筆時点（2015年6月30日）のGCCの最新バージョンは5.1で，多くの機能や最適化手法が実装されています．そこで，5.1をソースコードからビルドして利用することにします．後で使用する，並列化のためのCilkのための準備もしておきましょう．ラズベリー・パイのフォーラム[6]を参考に，次の手順でビルドしました．

● 手順1…事前準備

　GNUのミラー・リスト[7]から近くのサイトを探してgcc-5.1.0.tar.bz2をダウンロードします．例えば，

```
curl -O http://ftp.tsukuba.wide.
ad.jp/software/gcc/releases/gcc-
5.1.0/gcc-5.1.0.tar.bz2
```

などとしてダウンロードします．ダウンロードしたらtarで展開して，移動してください．

```
tar xvf gcc-5.1.0.tar.bz2
cd gcc-5.1.0
```

● 手順2…スワップ・ファイルの用意

　ラズベリー・パイ1/ラズベリー・パイ2ではビルド時にメモリが不足してしまう恐れがあります．そこで，2Gバイトのスワップ・ファイルを用意します．

```
sudo dd if=/dev/zero of=/swapfile
bs=1M count=2048
sudo chmod 600 /swapfile
sudo mkswap /swapfile
sudo swapon /swapfile
```

● 手順3…autoconf関連の修正

　apt-getでインストールしたautoconfのバージョンは2.69なのですが，ビルド・スクリプトが要求するバージョンは2.64でした．わざわざ2.64をインストールするのは面倒なのでビルド・スクリプトを修正します．修正個所は次の2カ所です．

(1) configure.acのAC_PREFREQの値を2.64から2.69に変更
(2) config/override.m4 の _GCC_ AUTOCONF_VERSIONの値を2.64から2.69に変更

● 手順4…Cilk関連の準備（ラズベリー・パイ2のみ）

　GCC 5.1では，並列化のための言語拡張であるCilkが標準で使えるようになりました．せっかくなのでCilkを有効にしてビルドすることにします．Cilkの使い方については後述します．Cilkには並列処理の同期に使うアトミック命令が必要なのですが，これにはARMv7で導入されたDSW命令を使います．そのため，ラズベリー・パイ1では使えません．

　ソース・ファイルの修正個所は次の4点です．

(1) libcilkrts/configure.tgt の UNSUPPORTED=1 をコメント・アウト（1を0に変更する．ではダメ）
(2) libcilkrts/runtime/config/generic/cilk-abi-vla.c の vla_internal_heap_free の第一引き数を t から p に修正
(3) libcilkrts/runtime/config/generic/os-fence.h の __cilkrts_fence の定義（以下の行）をコメント・アウト（先頭に // を追加）

```
COMMON_SYSDEP void __cilkrts_
fence(void); // < MFENCE
instruction
```

(4) libcilkrts/runtime/config/generic/os-fence.h に以下を追加

```
#define __cilkrts_fence() __asm__
volatile ("DSB")
```

● 手順5…configureスクリプトを実行する

　ビルド用のディレクトリを作って移動しましょう．

```
mkdir b; cd b
```

移動したらconfigureスクリプトの実行です．
(1) ラズベリー・パイ2の場合は，

```
CC=gcc-4.8 ../configure ¥
--enable-languages=c,c++ ¥
--prefix=/usr/local/gcc-5.1.0 ¥
--target=arm-linux-gnueabihf ¥
--with-arch=armv7-a --with-fpu=vfp
--with-float=hard ¥
--build=arm-linux-gnueabihf ¥
--host=arm-linux-gnueabihf
```

(2) ラズベリー・パイ1の場合は，

```
CC=gcc-4.8 ../configure ¥
--enable-languages=c,c++ ¥
--prefix=/usr/local/gcc-5.1.0
```

```
--target=arm-linux-gnueabihf ¥
--with-fpu=vfp --with-float=hard ¥
--build=arm-linux-gnueabihf
--host=arm-linux-gnueabihf ⏎
```
です．gmpやmpfrなどのライブラリはシステムのものを利用しますので，それらに合わせて，浮動小数点数演算はhardを指定してビルドしなければなりません．

● 手順6…makeする

最後はmakeです．

```
CC=gcc-4.8 make && CC=gcc-4.8 make install ⏎
```

ラズベリー・パイ2は4コアなので，make -j4などとしてもよいでしょう．一晩くらいはかかるつもりでビルドします．

● 手順7…環境設定

ビルドしたGCC 5.1.0を使うために，環境変数を設定しておくと便利です．

```
export PATH=/usr/local/gcc-5.1.0/bin:$PATH ⏎
export LD_LIBRARY_PATH=/usr/local/gcc-5.1.0/lib:$LD_LIBRARY_PATH ⏎
```

実験2：なんと最大128ビットを1命令で演算！NEONの性能

ラズベリー・パイ2のCortex-A7にはNEONと名付けられたSIMD演算器が搭載されています．NEONを利用した処理の高速化を体感してみましょう．

● NEON…1命令で複数のデータを処理できるSIMD演算

Single Instruction Multiple Dataの頭文字を取ってSIMDと呼ばれる演算は，単一の命令（Single Instruction）で複数のデータ（Multiple Data）を処理する演算です（**図6**）．例えば，x86プロセッサには，MMXやSSE，AVX命令として古くから導入されています．

Cortex-A7のNEON命令では，64ビットあるいは128ビットのNEONレジスタ上の複数のデータに対して同じ命令を同時に適用できます．

● 浮動小数点数演算はIEEE754準拠じゃない

Cortex-A7のNEONは整数演算だけではなく32ビットの浮動小数点数演算も実行できます．ただし，IEEE754準拠ではありませんので注意が必要です．

ARMのWebサイトにある，NEONのFPSCR：浮動小数点ステータス/制御レジスタ[8]についての説明をみると，NEONでは浮動小数点のステータス/制御レジスタでIEEE754互換でない動作をするようです．

IEEE754準拠ではないため，GCCでは，デフォルトでは浮動小数点数演算にNEON命令を使用しません．NEON命令を使用する場合には，-funsafe-math-optimizationsを付けて，ソフトウェアをコンパイルする必要があります．

● 実験2-1…NEON命令の性能を体感

実際に簡単なプログラムを書いてNEONの有無による実行速度の違いを体験してみましょう．**リスト1**と**リスト2**が対象のソースコードです．関数名が違うだけで中身は同じです．連続領域に格納されているデータを足すというシンプルな例題です．

呼び出し側のソースコードを**リスト3**のように用意し，**リスト1**のadd_aはNEONなし，**リスト2**のadd_bはNEONありでコンパイルしてリンクするように**リスト4**のMakefileを用意します．-pgを付けてgperfで実行時間を計測できるようにしました．

TYPEをchar，float，int，long long，float，doubleとそれぞれ指定してコンパイルします．

リスト1 連続領域どうしの足し算をするプログラム（test_a.c）

```
// 連続領域同士の足し算をするプログラム
void add_a(TYPE * d, TYPE * a, TYPE * b)
{
    for(int i = 0; i < NUM; i++){
        *d = *a + *b;
        d++; a++; b++;
    }
}
```

リスト2 連続領域どうしの足し算をするプログラム（test_b.c）

```
// 連続領域同士の足し算をするプログラム
void add_b(TYPE * d, TYPE * a, TYPE * b)
{
    for(int i = 0; i < NUM; i++){
        *d = *a + *b;
        d++; a++; b++;
    }
}
```

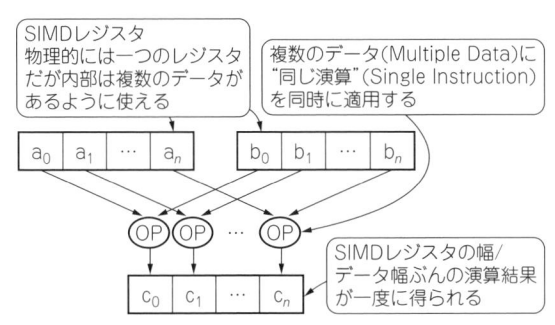

図6 SIMD演算のしくみ…レジスタ内の各スロットそれぞれに同じ演算を適用する

リスト3　add_aとadd_bの実行時間測定用のテスト・コード（test.c）

```
// add_aとadd_bの実行時間測定用のテスト・コード
#include <stdio.h>
#include <float.h>
#include <sys/time.h>

double gettimeofday_sec()
{
  struct timeval tv;
  gettimeofday(&tv, NULL);
  return tv.tv_sec + tv.tv_usec * 1e-6;
}
void add_a(TYPE *, TYPE *, TYPE *);
void add_b(TYPE *, TYPE *, TYPE *);

TYPE a[NUM], b[NUM], c[NUM];

int main(int argc, char **argv)
{
        double t0 = gettimeofday_sec();
        for(int i = 0; i < 1000000; i++){
                add_b(a, b, c);
                add_a(a, b, c);
        }
        double t1 = gettimeofday_sec();
        printf("%.8f\n", t1-t0);
}
```

リスト4　テスト・コード一式のビルド用

```
## テスト・コード一式のビルド用
CC=/usr/local/gcc-5.1.0/bin/gcc
# テストする演算回数と型を定義．この例ではint型のテスト
DEFINES=-DNUM=128 -DTYPE=int
# floatをNEONでSIMD演算するためにはこのオプションが必要
#UNSAFE=-funsafe-math-optimizations
UNSAFE=
# gperfでそれぞれの関数の実行時間を測定するため-pgを指定
OPT=-pg -O3 -mcpu=cortex-a7

all: test_a.c test_b.c test.c
        # test_aはNEONを使わない
        $(CC) $(DEFINES) -c $(OPT) -mfpu=vfpv4 test_a.c
        # test_bはNEONを使う
        $(CC) $(DEFINES) $(UNSAFE) -c $(OPT)
                                  -mfpu=neon-vfpv4 test_b.c
        $(CC) $(DEFINES) -c $(OPT) -mfpu=neon-vfpv4
                                                      test.c
        $(CC) $(DEFINES) $(OPT) -mfpu=vfpv4 test.o
                           test_a.o test_b.o -o test
```

▶結果…char型ではNEONありで5倍も高速になる

test_aとtest_bの実行時間の比をベンチマーク・コマンドgperfで計測します．すると，図7の結果が得られました．NEONのSIMD演算によって，確かに実行速度が向上しています．

● **実験2-2…NEON命令の浮動小数点演算性能**

もう少し大きなプログラムの例として浮動小数点演算性能をベンチマークできるLinpack[9]を使って評価してみましょう．

単精度／倍精度のLINPACKプログラムを，以下のコンパイル・オプションでコンパイルして実行します．

(1) 浮動小数点数演算に対するNEONあり
　-O3 -mfpu=vfpv4 -mcpu=cortex-a7
　-funsafe-math-optimizations
(2) 浮動小数点数演算に対するNEONなし
　-O3 -mfpu=neon-vfpv4 -mcpu=cortex-a7

▶新型ラズベリー・パイ2でNEONを使うと元祖の約6倍の性能を出せる

実行した結果が図8です．なお，比較相手の元祖ラズベリー・パイ1では，

-O3 -mfpu=vfp -march=armv6j

としてコンパイルしました．

この評価では，単精度LINPACKでは，ラズベリー・パイ2を1コアで使ったものと比較して，NEONによるSIMD演算の活用によって約2.1倍の性能向上が確認できました．倍精度の浮動小数点数演算はNEONでSIMD並列実行できませんので，ほぼ同じ実行時間になりました．

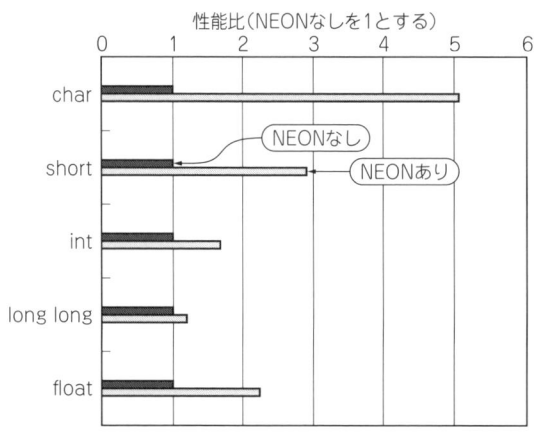

図7　NEON命令を使うとSIMD演算による並列化の効果によって性能が2倍程度向上する
gperfでベンチマーク

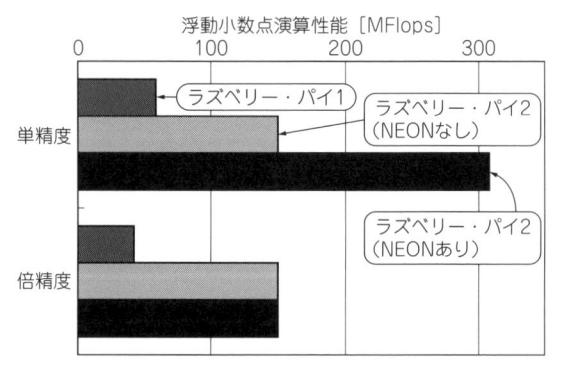

図8　浮動小数点演算ベンチマークLinpackで性能約6倍！…NEONは使うべき！
Cortex-A7のNEONの浮動小数点演算はIEEE754準拠でない

実験3：並列化の効果をOpenMPで味わう

ラズベリー・パイ2のCortex-A7は4コアです．複数のタスクを個々に別のプロセッサで処理させて，短い時間で全体の処理を終えることができます．もちろん，一つのプログラムでも複数のプロセスやスレッドに処理を分割することで，複数のプロセッサで分割して処理させることができます．OpenMPを使ってマルチコアであるCortex-A7のパワーを体感してみましょう．

- 実験3-1　HelloWorldを各スレッドで実行してみる
- 実験3-2　ベンチマーク・ソフトウェアを試してみる

● OpenMPはスレッド分割を簡単にしてくれる

一つのプログラムでマルチコアを活用するためには，プログラムをスレッドやプロセスに分割しなければいけません．ところが，自分でスレッドやプロセスを管理しようとすると，どう処理を分割するか，複数に分割した処理の結果をどうまとめるか，処理の間でのデータ共有をどうしようか，など，考えるべきことがたくさんあり，簡単ではありません．

この面倒なスレッド分割をサポートしてくれるしくみの一つがOpenMPです．OpenMPでは，

`#pragma omp …`

というプリプロセス文をプログラム中に追加することで，コンパイル時にプログラムを並列化できます．#pragmaは，対応していないコンパイラでは単に無視されるだけなので，OpenMPを適用したソースコードを，そのままほかの環境でも利用できるというメリットがあります．

● 実験3-1…Hello OpenMPプログラムで試してみる

実際にOpenMPを使ってみましょう．OpenMPはGCCでをサポートしていますので，特別な準備は必要ありません．コンパイル・オプション"-fopenmp"を付けることで，OpenMPの指示子に従ったコードを生成してくれます．OpenMPの詳細はホームページ[10]やWebで読めるチュートリアル[11][12]などを参考にできます．

まずは，トイ・プログラムでOpenMPの動作を確かめてみましょう．リスト5は，伝統的なHello WorldのOpenMP版です．

```
gcc -fopenmp hello_omp.c -lgomp
./a.out
```

としてコンパイルし，実行します．実行すると，次のように4回Hello Worldが表示されます．

```
[1/4] Hello World
[0/4] Hello World
[3/4] Hello World
[2/4] Hello World
```

ここで[ ]内は，実行スレッドのID/トータルのスレッド数です．特にスレッド生成などの記述をしていないにも関わらず，四つのスレッドが起動でき，それぞれ"Hello World"を表示できています．それぞれのスレッドは独立に実行されるので，表示順序は，実行するたびに変わる可能性があります．

▶実行スレッド数を変えてみる

実行時にトータルのスレッド数を変更することも可能です．例えば，

```
OMP_NUM_THREADS=3 ./a.out
```

とすると，3スレッドでプログラムが実行され，"Hello World"が3個表示される様子が確認できます．

続いて，生成したスレッドが複数のコアで分散して実行されるのか，確認してみましょう．リスト6の何もしないプログラムを用意して実行してみます．

```
gcc -fopenmp busy_loop.c -lgomp
OMP_NUM_THREADS=3 ./a.out &
```

コンパイルして実行します．"&"を付けて実行することでバックグラウンド・タスクにします．

リスト5　OpenMPでHello Worldを並列に出力する（hello_omp.c）

```c
// OpenMPでHello Worldを並列に出力する
#include <stdio.h>

int main(int argc, char **argv)
{
#pragma omp parallel // 以下のブロックを並列に実行
  {
    printf("[%d/%d] Hello World\n",
        omp_get_thread_num(), // スレッドのIDを取得
        omp_get_num_threads() // スレッド数を取得
        );
  }
  return 0;
}
```

リスト6　OpenMPで複数のコアが使用されているか確認する（busy_loop.c）

```c
// OpenMPで複数のコアが使用されているか確認する
#include <stdio.h>

int main(int argc, char **argv)
{
#pragma omp parallel // 以下のブロックを並列に実行
  {
    volatile i;
    for(;;){ i++; } // 特になにもしないループ
  }
  return 0;
}
```

`top`でプロセスのリソース使用量を表示すると，実行中のa.outのCPU使用率が300%前後になっています．topで"1"を入力すると各CPUの負荷が表示されますが，三つのCPUコアの負荷が100%になっていて，確かにOpenMPで生成したスレッドがマルチコア上で並列に実行していることを確認できます．

確認を終えたら，topは"q"で終了してください．また，fgコマンドでa.outをフォアグラウンド・タスクに変更して，Ctrl-Cで止めるのを忘れないようにします．

● 実験3-2…NASA開発の並列ベンチマークを試す

並列化の効果をベンチマークで評価してみましょう．評価に用いるベンチマーク・ソフトウェアはNAS Parallel Benchmark[13]（以降，NPB）です．NPBは，NASA's Ames Research Centerで開発された並列コンピュータのためのベンチマーク・セットです．八つのベンチマークで構成されています．並列コンピュータの実効性能の測定用に伝統的に利用されているベンチマークの一つです．

今回は，Omni OpenMP Compiler Project[14]でダウンロードできるOpenMP化されたNPBで評価しました．

▶結果…スレッド数と性能が比例している

データ・サイズにCLASS Aを指定して評価したときの評価結果が図9です（残念ながらISは正しく測定できなかったので除いている）．リニアと言わないまでもスレッド数に伴って性能が向上しており，マルチコアによる並列化の恩恵が受けられています．

実験4: 並列化の威力をCilkで味わう

OpenMPとは異なるアプローチのマルチコア活用手法としてCilk[15]を使ってみます．Cilkは，並列処理を書きやすくするためにC/C++が拡張された処理系です．以下の実験を行います．

- 実験4-1…Hello Cilkでスレッドを分けてみる
- 実験4-2…再帰呼び出しで並列化してみる
- 実験4-3…クイック・ソートで行う再帰呼び出しを複数スレッドに分散してみる

● 便利！Cilkは関数呼び出しに`cilk_spawn`を足すだけで別スレッドで処理してくれる

Cilkでは，cilk_spawnというキーワードを関数呼び出し文につけると，その関数呼び出しを別スレッド（ワーカという）に切り出して実行してくれるため，気軽にタスク・レベルの並列処理を実現できます（図10，次頁）．

これまでインテルからコンパイラとランタイムが提供されていましたが，GCCでも5.1からサポートされるようになり，導入が楽になりました．

● 実験4-1…Hello Cilkでスレッドを分けてみる

リスト7にCilk版のHello Worldを示します．環境変数のPATHに/usr/local/gcc-5.1.0/binが，LD_LIBRARY_PATHに/usr/local/gcc-5.1.0/libが追加されていることを確認して，

```
gcc -fcilkplus hello_cilk.c -lcilkrts
./a.out
```

としてコンパイルして実行します．

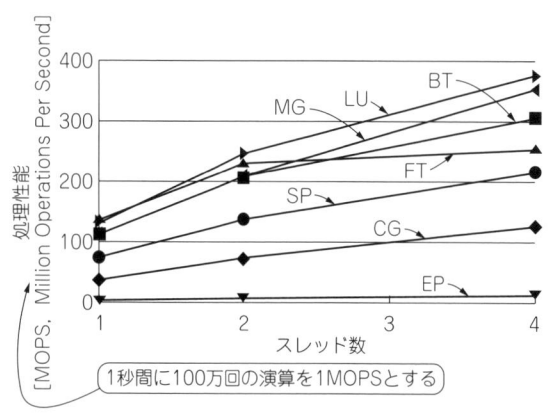

図9 並列化性能ベンチマークNas Parallel BenchmarkでOpenMPの効果を比較…並列化スレッドを増やすと処理能力も向上する

リスト7 Cilkで並列にHello Worldを表示する（hello_cilk.c）

```c
// Cilkで並列にHello Worldを表示する
#include <stdio.h>
#include <cilk/cilk.h>
#include <cilk/cilk_api.h>

void hello() {
    printf("[%d/%d] Hello World\n",
        __cilkrts_get_worker_number(),
                                    // ワーカIDの取得
        __cilkrts_get_nworkers()    // ワーカ数を取得
    );
}

int main(int argc, char** argv) {
    for(int i = 0; i < 10; i++){
        // cilk_spawnを付けて関数を呼び出すことで
        // 処理をワーカに割り当てる
        cilk_spawn hello();
    }
    cilk_sync;  // 全ワーカの終了を待つ
    return 0;
}
```

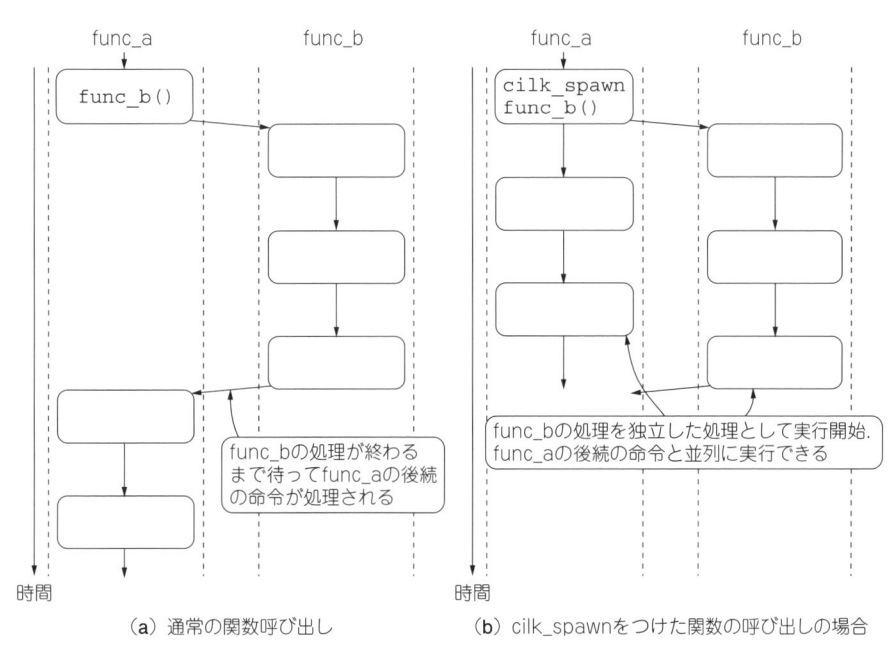

図10 Cilkのしくみ…cilk_spawnという文を入れるだけで関数の処理を複数のワーカーに分散できる

(a) 通常の関数呼び出し　(b) cilk_spawnをつけた関数の呼び出しの場合

▶結果…スレッド分散成功!

実行すると,

```
[0/4] Hello World
[2/4] Hello World
…(略)…
[0/4] Hello World
```

と,10回Hello Worldが表示されます.[]内には,[実行ワーカID/使用可能なワーカ数]を表示しています.cilk_spawnによって,hello関数を実行するスレッドが,うまく分散されています.

使用可能なスレッドの数はCILK_NWORKERS環境変数で指定できます.

例えば,

`CILK_NWORKERS=2 ./a.out`

とすると,2個のスレッドに分散して実行できます.

● 実験4-2…再帰呼び出しで並列化してみる

関数呼び出し時に,動的にワーカを起動できるため,再帰呼び出しを多用するプログラムのマルチコアによる並列化も簡単です.例えば,リスト8はフィボナッチ数を求めるプログラムです.フィボナッチ数は,$F_0 = 0$, $F_1 = 1$として$F_{n+2} = F_n + F_{n+1}$ $(n \geq 0)$で定義される数です.

▶結果…関数が呼び出された時点で複数のワーカに分散できている

コンパイルして実行してみます.

`gcc -DDEBUG -fcilkplus hello_cilk.c -lcilkrts`
`./a.out 5`

と,コンパイルして実行すると,

`[0/4] fib(5)`

リスト8 Cilkで並列実行するフィボナッチ数を求めるプログラム(fib.c)

```c
// Cilkで並列実行するフィボナッチ数を求めるプログラム.
#include <stdio.h>
#include <stdlib.h>
#include <cilk/cilk.h>
#include <cilk/cilk_api.h>

int fib(int n) {
    int ret;
#ifdef DEBUG
    printf("[%d/%d] fib(%d)\n",
        __cilkrts_get_worker_number(),
        __cilkrts_get_nworkers(), n);
#endif
    if (n < 2){
        ret = n;
    }else{
        // cilk_spawnを付けて呼び出すことで,
        // n-1のfib呼び出しを別のワーカに任せる
        int a = cilk_spawn fib(n-1);
        int b = fib(n-2);
        cilk_sync;  // n-1のワーカの終了を待つ
        ret = a + b;
    }
    return ret;
}

int main(int argc, char** argv) {
    int n = atoi(argv[1]);
    int result = fib(n);
    printf("result=%d\n", result);
    return 0;
}
```

第2部　大解剖！ラズベリー・パイ2

リスト9　クイック・ソートをCilkで並列化する例（qsort.cの抜粋[15]）

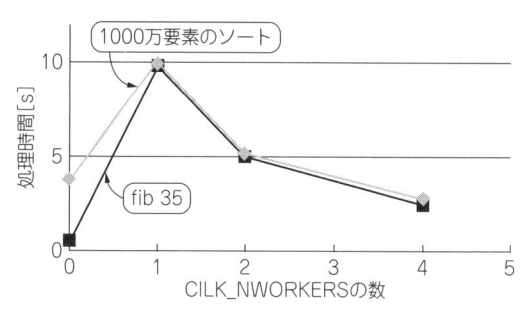

```
// クイックソートをCilkで並列化する例(文献(15)より)
void sample_qsort(int * begin, int * end)
{
  if(begin!=end){
    --end; // Exclude last element (pivot)
    int * middle =
      std::partition(begin, end,
              std::bind2nd(std::less<int>(),*end));
    std::swap(*end,*middle); // pivot to middle
    // cilk_spawnをつけることで前半のソートを別のワーカに任せる
    cilk_spawn sample_qsort(begin, middle);
    // 後半のソートは、引き続きこのワーカで処理
    sample_qsort(++middle, ++end); // Exclude pivot
    cilk_sync;
                // 別ワーカに任せたsample_qsortの終了を待つ
  }
}
```

図11　Cilk並列化はマルチコア化の恩恵あり！ただしやり過ぎ注意
CILK_NUMWORKERSが0は、Cilkを使わなかった場合

```
[0/4] fib(4)
[0/4] fib(3)
… (略) …
[3/4] fib(1)
[2/4] fib(0)
```

というように、関数が呼び出された時点で複数のワーカに分散されている様子が確認できます。

● 実験4-3…クイック・ソートで行う再帰呼び出しを複数スレッドに分散してみる

リスト9は、文献(16)で例に挙げられているC++で記述したCilkを使用するクイック・ソートの例です。再帰的な`sample_qsort`呼び出しを`cilk_spawn`で複数スレッドに分散させています。

"fib 35"と"1000万要素のソート"を、Cilkで並列化して実行したときの性能を評価します。CILK_NWORKERSを1、2、4と指定して、使用コア数に応じた処理性能を測定しました。

▶結果…マルチコアの恩恵で性能向上！ただしオーバヘッドに注意

図11が測定結果です。CILK_NWORKERS=0は、Cilkを使わないプログラムの実行結果を示しています。

使用できるワーカの数を増やすに従って、並列化による性能向上が実現できているようです。ただし、一方で、"fib 35"では、Cilkを使わない方が性能がよいという残念な結果であることも見てとれます。関数呼び出しに伴うCilkランタイムのオーバヘッドが関数の処理に対して大きすぎるためです。qsortでは苦戦しながらも4ワーカ使うことで、Cilkを使わない1コアより実行時間は短縮できています。

ラズベリー・パイのフォーラムのCilkに関するトピック・ページ[6]でも、ベンチマーク結果が紹介されていますので、興味があれば見ることができます。

◆参考文献◆

(1) UnixBench, https://github.com/kdlucas/byte-unixbench
(2) STREAM: Sustainable Memory Bandwidth in High Performance Computers, http://www.cs.virginia.edu/stream/
(3) GtkPerf, http://gtkperf.sourceforge.net
(4) Octane, https://developers.google.com/octane/?hl=ja
(5) https://www.raspberrypi.org/blog/3d-parametric-plotter/
(6) Cilkplus on Rpi2B, https://lb.raspberrypi.org/forums/viewtopic.php?f=33&t=102743&p=729791
(7) GCC mirrors site, https://gcc.gnu.org/mirrors.html
(8) RealView Compilation Tools Assembler Guide, http://infocenter.arm.com/help/index.jsp?topic=/com.arm.doc.dui0204ij/Bcfhfbga.html
(9) LINPACK.C, http://www.netlib.org/benchmark/linpackc.new
(10) http://openmp.org/wp/
(11) OpenMP チュートリアル, http://www.hpcs.cs.tsukuba.ac.jp/~taisuke/EXPERIMENT/openmp-txt.pdf
(12) C言語によるOpenMP入門, http://www.cc.u-tokyo.ac.jp/support/kosyu/03/kosyu-openmp_c.pdf
(13) https://www.nas.nasa.gov/publications/npb.html
(14) Omni OpenMP Compiler Project, http://www.hpcs.cs.tsukuba.ac.jp/omni-compiler/
(15) Intel Cilk Plus, https://www.cilkplus.org
(16) インテル CilkTM Plus ユーザーガイド, http://www.isus.jp/file/toolguide/Intel_Cilk_Plus_User_Guide.pdf

みよし・たけふみ

第5章 マイコン的に使う前に基本性能を診断

実験！三大I/O GPIO/I²C/SPI

三好 健文

写真1 ラズベリー・パイ2のGPIO/I²C/SPIの性能を測定

図1 ラズベリー・パイ2の拡張コネクタ

ピン	機能	ピン	機能
1	3.3V	2	5V
3	GPIO2	4	5V
5	GPIO3	6	GND
7	GPIO4	8	GPIO14
9	GND	10	GPIO15
11	GPIO17	12	GPIO18
13	GPIO27	14	GND
15	GPIO22	16	GPIO23
17	3.3V	18	GPIO24
19	GPIO10	20	GND
21	GPIO9	22	GPIO25
23	GPIO11	24	GPIO8
25	GND	26	GPIO7
27	ID_SD	28	ID_SC
29	GPIO5	30	GND
31	GPIO6	32	GPIO12
33	GPIO13	34	GND
35	GPIO19	36	GPIO16
37	GPIO26	38	GPIO20
39	GND	40	GPIO21

ラズベリー・パイ2は，GPIOなどのI/Oを使える小型のLinuxコンピュータです．本章では，基本的な3大インターフェース，GPIO，I²C，SPIのI/O性能を調べてみました． （編集部）

実験内容

● GPIO/I²C/SPIの速度を測ってみる

写真1のラズベリー・パイ2の拡張コネクタ（ピン・ヘッダJ8）を使うと，簡単にセンサなどの物理デバイスを接続できます．

汎用入出力であるGPIOとして使えるほか，I²CやSPIでデバイスと接続できます．ピン配置を図1に，各ピンの機能を表1に示します．なお，ピン配置はウェブ[1]や本書第1章で確認できます．

本章では，このピン・ヘッダJ8に注目して，GPIO/I²C/SPIの速度を写真2，図2のように測ってみます．

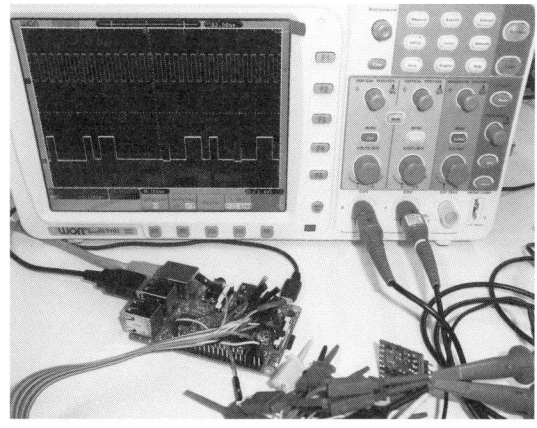

写真2 I²Cを測定する実験の様子

▶実験1…GPIOで '0' と '1' を交互に出力し，トグル時間を調べてみる

▶実験2…I²Cの通信速度を調べる

▶実験3…SPIの転送速度を調べる
- 実験3-1…速度を変えながら波形を見る
- 実験3-2…転送時間を調べる
- 実験3-3…16ビットD-Aコンバータと通信してみる

表1 ラズベリー・パイ2拡張コネクタの機能

ピン番号	機能	備考
1	3.3V	3.3V出力．50mAまで（1番ピンと17番ピンの合計）
2	5V	電源5V入力
3	GPIO2/SDA (I2C1)	1.8kΩプルアップ抵抗付き．I2Cデータ信号
4	5V	電源5V入力
5	GPIO3/SCL (I2C1)	1.8kΩプルアップ抵抗付き．I2Cクロック信号
6	GND	グラウンド
7	GPIO4/GPCLK	
8	GPIO14/TXD (UART0)	起動時にシリアル・コンソールとして使用
9	GND	グラウンド
10	GPIO15/RXD (UART0)	起動時にシリアル・コンソールとして使用
11	GPIO17	
12	GPIO18/PCM_CLK/PWM0	I2Sクロック信号/PWM0出力
13	GPIO27/PCM_DOUT	
14	GND	グラウンド
15	GPIO22	
16	GPIO23	
17	3.3V	3.3V出力．50mAまで（1番ピンと17番ピンの合計）
18	GPIO24	
19	GPIO10/MOSI (SPI0)	SPI0マスタからスレーブへのデータ信号

ピン番号	機能	備考
20	GND	グラウンド
21	GPIO9/MISO (SPI0)	SPI0スレーブからマスタへのデータ信号
22	GPIO25	グラウンド
23	GPIO11/SCLK (SPI0)	SPI0クロック信号
24	GPIO8/CS0 (SPI0)	SPI0チップ・セレクト信号
25	GND	グラウンド
26	GPIO7/CS1 (SPI0)	SPI
27	ID_SD	拡張基板搭載EEPROM用のコンフィグレーション信号
28	ID_SC	拡張基板搭載EEPROM用のコンフィグレーション信号
29	GPIO5	
30	GND	グラウンド
31	GPIO6	
32	GPIO12/PWM0	PWM0出力
33	GPIO13/PWM1	PWM1出力
34	GND	グラウンド
35	GPIO19/MISO (SPI1)/PWM1/PCM_FS	SPI1スレーブからマスタへのデータ信号/PWM1出力/I2S LRクロック信号
36	GPIO16/CS2 (SPI1)	SPI1チップ・セレクト信号
37	GPIO26	
38	GPIO20/MOSI (SPI1)/PCM_DIN	SPI1マスタからスレーブへのデータ信号/I2Sデータ入力信号
39	GND	グラウンド
40	GPIO21/SCLK (SPI1)/PCM_DOUT	SPIクロック信号/I2Sデータ出力信号

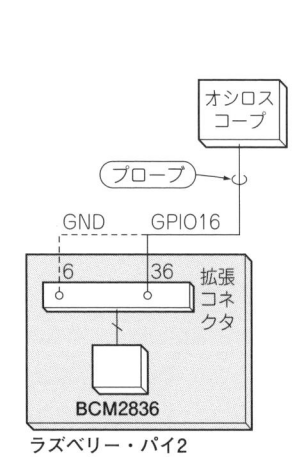

(a) 実験1…GPIOで'0'と'1'を交互に出力

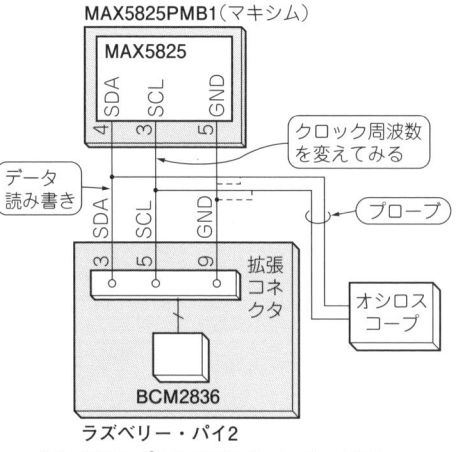

(b) 実験2…I2C接続でD-AコンバータICを読み書きする

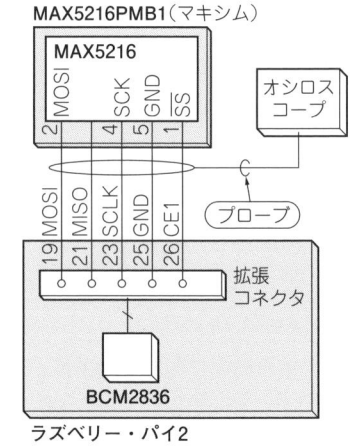

(c) 実験3…SPIの転送速度を調べる

図2 実験の構成

● 実験に使ったOS

ラズベリー・パイ2では，パソコンと同じようにLinuxやWindowsを使えます．LinuxやWindowsはデバイスへのアクセス層を抽象化するため，OSの提供するしくみを使ってI/Oにアクセスできます．

Linuxでは，デバイスをファイル・システム上の仮想的なファイルとして見せてくれます（図3）．そのためユーザ（アプリケーション・プログラム）はファイル・

アクセスと同じ手順でデバイスにアクセスします．

本章では，LinuxディストリビューションとしてRaspbianを使います．

実験1：GPIOのON/OFF速度

General Purpose Input/Output (GPIO) は，その名の通り，汎用のディジタルI/Oです．ラズベリー・パイ2では，J8に引き出されている，電源とグラウンド以外のすべてのピンをGPIOとして使うことができます．

● プログラムを書かずに3ステップの手順で動かす

まずはGPIOの使い方から紹介します．

Linuxではデバイスの多くをファイル・システムにマッピングしてアクセスできるようにするしくみを持っています．2015年7月現在のRaspbian（カーネル3.18.11-v7+）では，GPIOはsysfsという機能でファイルとして扱えます．GPIOで値の入出力をするには，プログラムを書く必要はありません．

おおまかな流れは，次の通りです．

手順1…使用したいポートを書く
手順2…入出力方向を決める
手順3…値を入出力する

● 手順1…使用したいポートを書く

まず，/sys/class/gpio/exportというファイルに使用したいポートを書き込みます．例えばBCM16（J8の36番ピン）を使いたい場合は，シェルで，次のように実行するだけです．

echo 16 > /sys/class/gpio/export↵

● 手順2…入出力方向を決める

使用したいポート番号（ここでは16）をexportに書き込むと，BCM16が使用できるようになり，/sys/class/gpio16というディレクトリが作成されます．今度は，このピンを入力として使うのか出力として使うのかを決めます．

例えば出力ピンとして使うのであれば，

echo out > /sys/class/gpio/gpio16/direction↵

と，文字列"out"を/sys/class/gpio/gpio16/directionに書き込みます．もし，入力に使用したければ，

echo in > /sys/class/gpio/gpio16/direction↵

です．許可されていない文字列の書き込み，例えば，

echo hoge > /sys/class/gpio/gpio16/direction↵

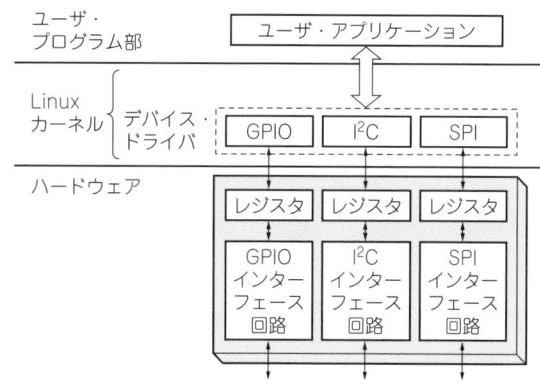

図3 I/Oを行う前に理解しておくこと…LinuxではOSが提供するしくみを使ってデバイスにアクセスする

などを実行すると，

-bash: echo: write error: Invalid argument

と，ちゃんとエラーになります．

● 手順3…値を入出力する

directionにoutを書き込み，出力に設定した状態で値を出力します．値の出力もファイル経由です．BCM16を'1'にする場合は，

echo 1 > /sys/class/gpio/gpio16/value↵

'0'にする場合は，

echo 0 > /sys/class/gpio/gpio16/value↵

です．実は0以外の数字を書き込むと'1'が出力されます．

入力の場合はdirectionにinを書き込んだ後で/sys/class/gpio/gpioXX/valueを読めば，ポートXXの値を取り込むことができます．例えば，

cat /sys/class/gpio/gpio16/value↵

とします．

▶使い終えたら削除しておく

使わなくなったI/Oは，/sys/class/gpio/unexportに書き込むことで片づけられます．

echo 16 > /sys/class/gpio/gpio/unexport↵

実行すると，/sys/class/gpio/gpio/gpio16が削除されます．

● 実験…'0'と'1'を交互に出力してみる

リスト1のようにシェルのループを使えば，'1'と'0'を交互に出力することができます．

▶結果…周期6.8kHzでパタパタできている

出力波形を観測した結果が図4です．周波数6.8kHzで，また，規則的な周期の矩形波が得られています．

リスト1　GPIOで '0' と '1' を交互に出力する実験プログラム

```
# GPIO23の使用を開始
echo 23 > /sys/class/gpio/export
# GPIO23を出力ポートに設定
echo out > /sys/class/gpio/gpio23/direction

# 以下無限ループ
while true
do
  # GPIO23に '1' を出力
  echo 1 > /sys/class/gpio/gpio23/value
  # GPIO23に '0' を出力
  echo 0 > /sys/class/gpio/gpio23/value
done
```

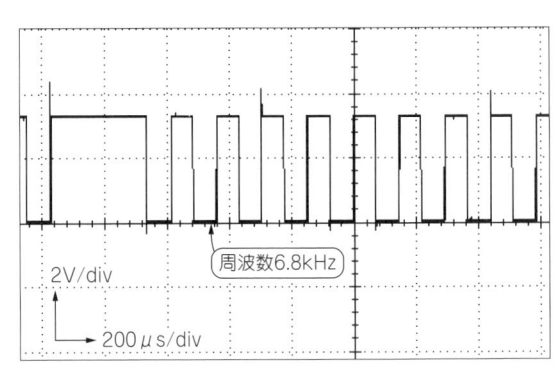

図4　GPIOは周波数6.8kHzでパタパタトグルできる
sysfs経由でGPIOに '1' と '0' を交互に出力したときの出力波形．運悪く周期が乱れた個所をキャプチャ

ただし，必ずしも一定の周期の矩形波が得られるとは限りませんので注意が必要です．

● もっと高速にGPIOにアクセスするには

ファイル・システムへのアクセスをシェル・コマンドで制御するのではなく，直にGPIOを制御するレジスタを操作するプログラムを書くと，もっと高速にGPIOを制御できます．詳しくは第6章で説明します．

実験2：I²C通信速度

今度はI²Cの通信速度を測ってみます．I²CはSCLとSDAの2本の信号線を使ったバスで，制御をつかさどるマスタに対して複数のスレーブ・デバイスをぶらさげることができます（図5）．

各I²Cスレーブ・デバイスへのアクセスはアドレスによって区別できます．データはSCLに同期したシリアル信号として受け渡しされます．配線数が少なくてすむ手軽なインターフェースとして，低速のA-DコンバータやD-Aコンバータ，各種センサやコントローラなど多数のデバイスに採用されています．I²C

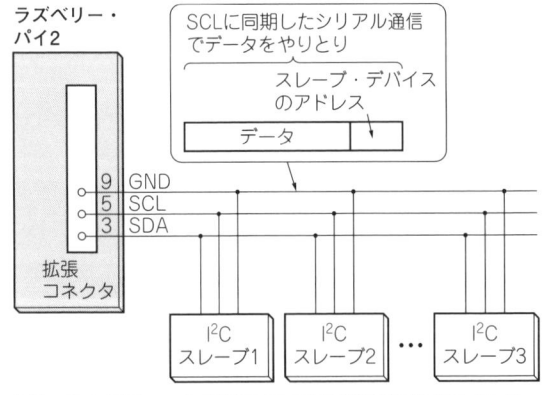

図5　ICやモジュールを追加するのに非常に便利なI²Cインターフェースの通信性能を確認する
マスタに複数のデバイスをぶらさげることができる

の詳細は，文献（2）などを参照してください．

● 手順…デバドラの設定以外はGPIOと同じ

RaspbianではI²Cデバイスもファイル経由でアクセスできます．ただし，GPIOと違ってデバイス・ドライバのロードが必要です．lsmodコマンドを実行してi2c_devとi2c_bcm2708が見当たらない場合には，まず設定が必要です．

I²Cを動かす基本的な手順は以下です．
手順1…デバイス・ドライバなどを準備する
手順2…アクセスを試す
手順3…通信速度を変更する

● 手順1…デバイス・ドライバなどを準備する

まず，raspi-configを使ってI²Cを有効にします．
`sudo raspi-config`
で設定メニューを開き，"8 Advanced Options"→"A7 I2C"と選択し，有効にするかどうかの質問に"YES"を選択します．設定変更後はリブートが必要です．

リブートしたらi2c-devをロードします．
`sudo modprobe i2c-dev`

これで，lsmodを実行するとi2c_devとi2c_bcm2708がロードされているはずです．また，I²Cポートに相当する/dev/i2c-1ファイルが作成されていることが確認できます．次回の再起動時に自動的にi2c-devを読み込むためには，/etc/modulesにi2c-devと書き加えましょう．

デバイス・ファイルが用意できたら，I²Cにアクセスするユーティリティ・ツールもインストールしておきましょう．
`sudo apt-get install i2c-tools`

● 手順2…I²Cアクセスを試す

i2c-toolsに同梱されているI²C上のデバイスを

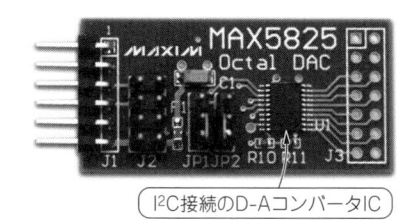

写真3 I²C接続のD-Aコンバータ・モジュールMAX5825PMB1

I²C接続のD-AコンバータIC

表2 I²C接続のD-Aコンバータ・モジュール MAX5825PMB1の仕様

項　目	仕　様
型　名	MAX5825PMB1
メーカ名	マキシム
搭載IC名	MAX5825
種　類	D-Aコンバータ
分解能	12ビット
チャネル数	8
インターフェース	I²C
価　格	$19.95

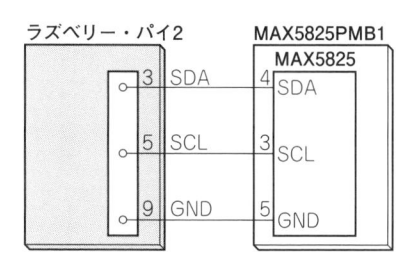

図6 D-Aコンバータ・モジュールMAX5825PMB1とラズベリー・パイ2の接続

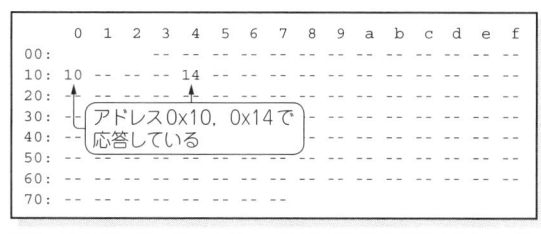

```
      0 1 2 3 4 5 6 7 8 9 a b c d e f
00:            -- -- -- -- -- -- -- -- -- -- -- -- --
10: 10 -- -- -- 14 -- -- -- -- -- -- -- -- -- -- --
20: -- -- -- -- -- -- -- -- -- -- -- -- -- -- -- --
30: -- アドレス0x10, 0x14で -- -- -- -- -- -- -- --
40: -- 応答している        -- -- -- -- -- -- -- --
50: -- -- -- -- -- -- -- -- -- -- -- -- -- -- -- --
60: -- -- -- -- -- -- -- -- -- -- -- -- -- -- -- --
70: -- -- -- -- -- -- --
```

図7 D-Aコンバータ・モジュールMAX5825PMB1のI²Cアドレスを調べてみた

見つけるツールを実行してみましょう.

`sudo i2cdetect -y 1`

とします. ここで引き数の1は, 使用するデバイス・ファイル/dev/i2c-1の"1"に相当します. また, "-y"はi2cdetet実行時の"本当に処理を継続する?"という質問にyesと応えるオプションです.

写真3, **表2**に示すI²C接続のD-Aコンバータ・モジュールMAX5825PMB1[3]を**図6**のように接続して上記のコマンドを実行すると, **図7**のように得られました. このデバイスはアドレス0x10, 0x14で応答するようです.

i2cdetect実行中のSCLとSDAの波形をキャプチャした様子が**図8**です. SCLに応じてSDAがパタパタしている様子が確認できます.

● 手順3…通信速度を変更する

I²Cの通信速度は, 標準モードが100kbpsですが, 10kbps（低速モード）, 400kbps（ファースト・モード）, 3.4Mbps（高速モード）と, さまざまに設定されます. 通信速度は/boot/config.txtに,
`dtparam=i2c_baudrate=200000`
のようにbps単位での通信速度の設定を記述します. 設定を反映させるためにはラズベリー・パイの再起動が必要です.

通信速度を変更して, i2cdetectを実行したときの波形を観測した結果を**図9**に示します. 5MHzで通信すると波形がなまってしまっています.

● 実験…I²Cの読み書き

I²Cの読み書きを試してみます. ターゲット・デバ

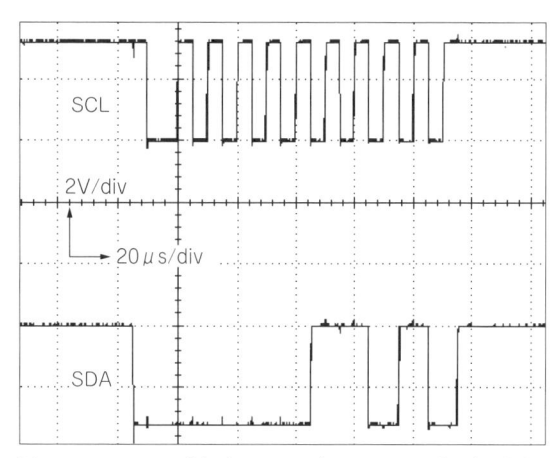

図8 i2cdetect実行中はSCLに応じてSDAがパタパタ動く

イスは12ビット8チャネルのD-AコンバータIC MAX5825PMB1です. このデバイスは48ビットからなる「コマンドとデータ」を書き込むことで, アナログ出力を決定します. I²Cデバイス・ドライバ（i2c-dev）を使った読み書きのコードは**リスト2**のようになります. D-Aコンバータの出力をフルスケールでON/OFFしているときの出力値とI²C通信の様子を観測した結果は**図10**のとおりです.

▶結果…400kHzまできれいに対応できた

読み書きの速度を測ってみました（**図11**）. デバイスのサポートする通信速度が400kHzまでなので, 10kHz, 100kHz, 400kHzの3点で測ってみましたが, ほぼリニアに転送性能の恩恵を受けられていることが

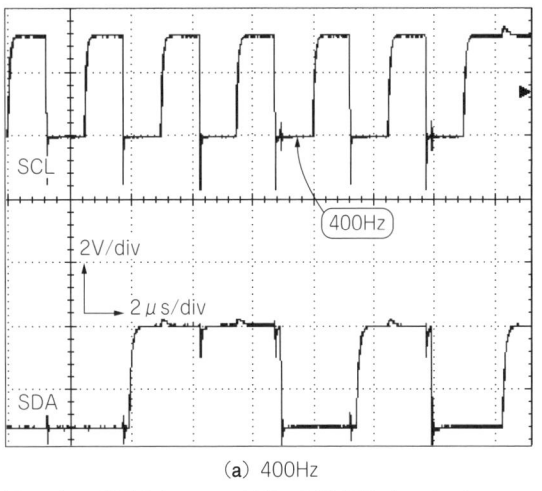

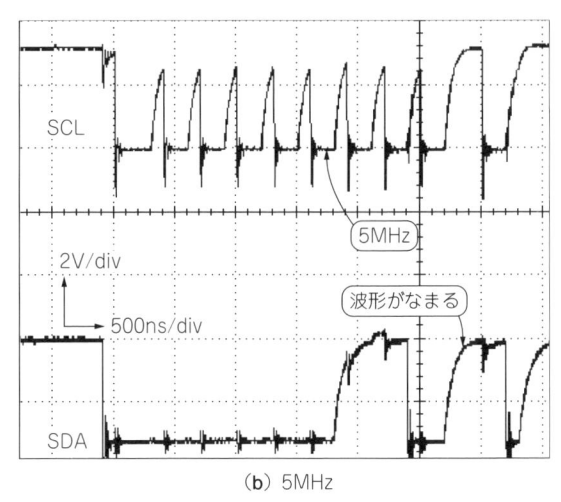

図9 I²Cの通信速度5MHzではだいぶ波形がなまっている
SCLの周波数を変更して，i2cdetectを実行したときの波形を観測した結果

(a) 400Hz
(b) 5MHz

リスト2 I²Cデバイス・ドライバi2c-devを使って読み書きするプログラム

```c
#include <stdio.h>
#include <stdlib.h>
#include <string.h>
#include <unistd.h>
#include <fcntl.h>
#include <sys/ioctl.h>
#include <linux/i2c-dev.h>

int main(int argc, char **argv)
{
  int fd, ret;

  // 第1引き数でアクセスするデバイスのアドレスを指定
  int dev = strtol(argv[1], NULL, 0);

  // I²Cデバイスファイルを読み書きモードで開く
  fd = open("/dev/i2c-1", O_RDWR);
  if(fd < 0){
    printf("cannot open /dev/i2c-1\n");
    return -1;
  }

  // アクセスするデバイスのアドレスを指定
  ret = ioctl(fd, I2C_SLAVE, dev);
  if(ret < 0){
    printf("cannot access I2C slave: %08x\n", dev);
    return -1;
  }

  unsigned char buf[3];

  buf[0] = 0xc2; // 送信データを適当に用意
  buf[1] = 0x34;
  buf[2] = 0x30;

  #define ARRAY_SIZE(a) (sizeof(a)/sizeof((a)[0]))

  // 書き込み
  ret = write(fd, buf, ARRAY_SIZE(buf));
  if(ret != ARRAY_SIZE(buf)){
    printf("write error\n");
    return -1;
  }

  // 読み出し
  ret = read(fd, buf, ARRAY_SIZE(buf));
  if(ret != ARRAY_SIZE(buf)) {
    printf("read error\n");
    return -1;
  }
  printf("%02x %02x %02x\n", buf[0], buf[1], buf[2]);

  close(fd);
  return 0;
}
```

わかります．

実験3：SPIの転送速度

Serial Peripheral Interface (SPI) は，I²C同様，デバイス間を接続するインターフェースです．I²Cと違って，SCLK，MOSI，MISOの3本の信号を使います（**図12**）．クロック（SCLK）に同期したMOSI（マスタ出力/スレーブ入力）とMISO（マスタ入力/スレーブ出力）の双方向のシリアル信号で通信します．マスタに対して複数のデバイスをスレーブとしてぶらさげることができますが，スレーブへのアクセスの識別には別途，セレクト信号が必要になります．I²Cと比べると配線数が多くなりますが，高速かつ双方向通信が可能であるという特徴を持っています．

● 使用手順

RaspbianではSPIデバイスもファイル経由でアクセスできます．I²Cと同じようにデバイス・ドライバのロードが必要です．lsmodコマンドを実行してspi_bcm2708が見当たらない場合には，まず設定が必要です．

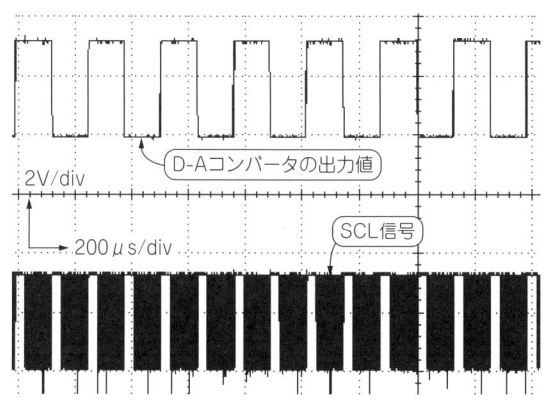

図10 D-Aコンバータの出力値とI²C通信のようすを同時に測定
ch1が出力，ch2はSCL．I²Cアクセス後にDACの値が変化している

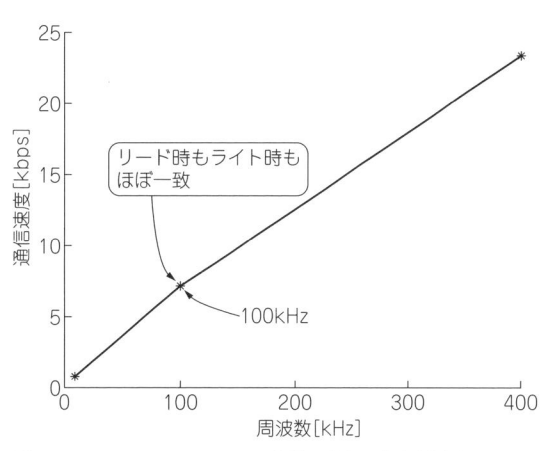

図11 10kHz/100kHz/400kHzと読み書きの速度を調べてみた
3バイトのリード/ライトを10000回繰り返した結果より算出

手順1…SPIをイネーブルにする
手順2…動作テスト・プログラムを動かす

● 手順1…SPIをイネーブルにする

raspi-configを使ってSPIを有効にします．
`sudo raspi-config`
で設定メニューを開き，"8 Advanced Options" → "A6 SPI"と選択し，有効にするかどうかの質問に"YES"を選択します．設定変更後はラズベリー・パイの再起動が必要です．

これで，lsmodを実行すると，`spi_bcm2708`がロードされているはずです．また，SPIポートに相当する/dev/spidev0.0と/dev/spidev0.1を確認できます．

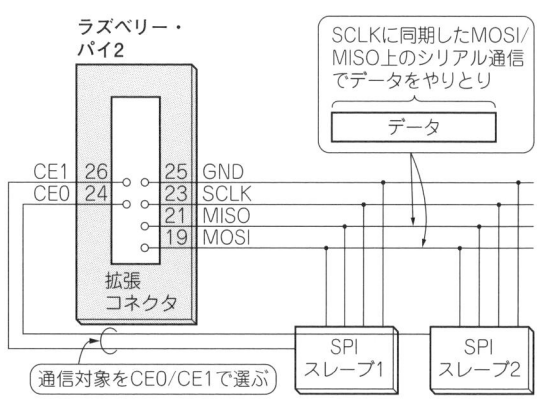

図12 SPIはSCLK，MOSI，MISOの3本の信号線で接続される
CE0とCE1でデバイスを選択できる

● 手順2…動作テスト・プログラムを動かす

SPIテスト用のプログラム[4]で通信の様子を確認してみます．MISOとMOSIを直結することでループバック試験ができます．ダウンロードしたspidev_test.cをコンパイルして実行してみます．

```
gcc -O3 -o spidev_test spidev_test.c
sudo ./spidev_test -D /dev/spidev0.0 -s 60000000 -d 0
```

実行すると，自分自身が送信したデータを受信した結果が表示されます．
ソースコード中の
```
uint8_t tx[] = {
0xFF, 0xFF, 0xFF, 0xFF, 0xFF, 0xFF,
0x40, 0x00, 0x00, 0x00, 0x00, 0x95,
0xFF, 0xFF, 0xFF, 0xFF, 0xFF, 0xFF,
0xFF, 0xFF, 0xFF, 0xFF, 0xFF, 0xFF,
0xFF, 0xFF, 0xFF, 0xFF, 0xFF, 0xFF,
0xDE, 0xAD, 0xBE, 0xEF, 0xBA, 0xAD,
0xF0, 0x0D,
};
```
が送信データです．-sオプションの引き数を変更すると転送速度を変更できます．

● 実験3-1…速度を変えながら波形を見る

転送速度を変更しながら，MOSI/MISOとSCLKをオシロスコープで観測したところ，図13のような結果が得られました．ここで，送信データtxの先頭6バイトがずっと0xFFでは味気ないので，0x55, 0x00, 0xaa, 0xFF, 0xFF, 0xFFと変更しています．

▶きちんと受信できるレートは30Mbps程度まで

観測しながら実行してみると，30Mbps程度までは波形もきれいで受信データに誤りもないのですが，それよりも転送速度を速くしてみると波の形が崩れ，また受信データに誤りが交じる様子が確認できます．

(a) 3.9MHz

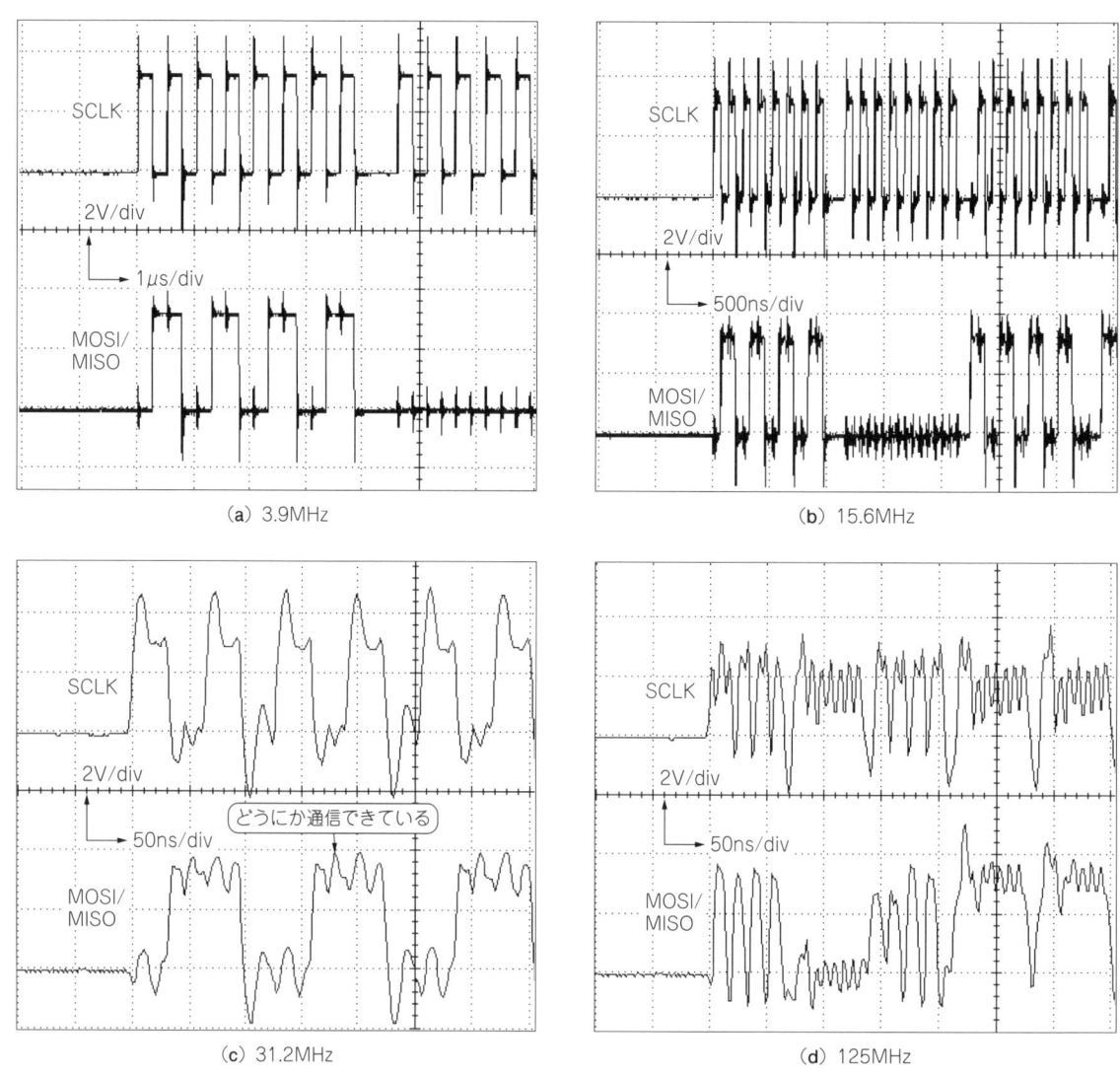

(b) 15.6MHz

(c) 31.2MHz

(d) 125MHz

図13 30Mbps程度まではきちんと動いている
転送速度を変更（SCLKの周波数を変更）しながら，MOSI/MISOとSCLKをオシロスコープで観測した．31.2MHzではだいぶ波が崩れているが通信に誤りはなかった．125MHzではうまく通信できなさそうにみえる．わかりやすくするため，tx()先頭を0x55, 0x00, 0xaa…に変更して測った

● 実験3-2…転送時間を調べる

　転送にかかる時間も測定してみました．SPIではMISOとMOSIを使って双方向通信ができるのですが，spitest_dev.cのテスト・データ32バイトの転送を1単位として，繰り返したときの時間を測定します．つまり，spidev_test.cの60行目 `ret = ioctl(fd, SPI_IOC_MESSAGE(1), &tr);` を複数回繰り返し，その実行時間を計測しました．

　結果を図14に示します．なお，64Mbpsではデータが化けてしまって正しい通信はできていませんでしたので，あくまで参考データです．通信速度が上がると通信時間は短くなることがわかりますが，一方でセットアップに必要な時間が見えてしまって頭打ちになるようです．

● 実験3-3…16ビットD-Aコンバータと通信

　SPI対応のD-AコンバータICを接続して動作を試してみましょう．使用したのは，16ビットD-AコンバータMAX5216を搭載した写真4のモジュールMAX5216PMB1[5]です．仕様を表3に示します．このデバイスは，24ビットのデータでD-Aコンバータの出力電圧を設定します．spidev_test.cのtxの配列を変更すればD-Aコンバータへの出力値をSPIか

第5章 実験! 三大I/O GPIO/I²C/SPI

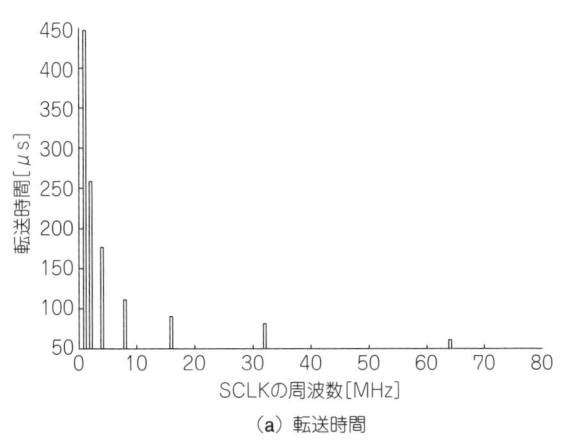

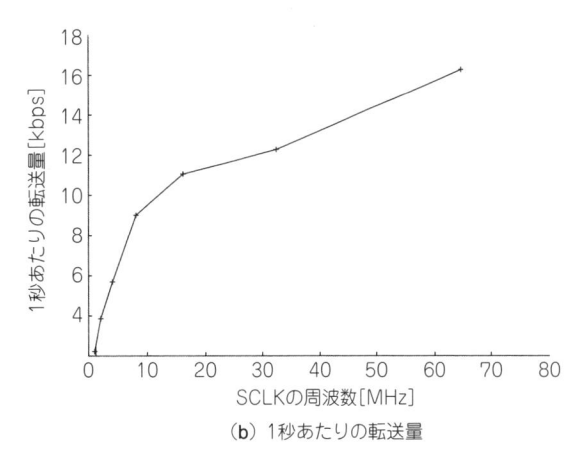

図14 SPIのクロック速度が上がると通信時間は短くなるがリニアには増えない
(a) 転送時間
(b) 1秒あたりの転送量

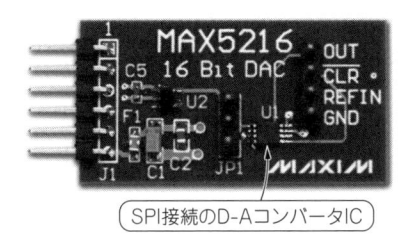

写真4 SPI接続の電圧出力D-Aコンバータ・モジュール MAX5216PMB1

表3 16ビットD-Aコンバータ・モジュール MAX5216PMB1の仕様

項　目	仕　様
型名	MAX5216PMB1
メーカ名	マキシム
搭載IC名	MAX5216
種類	D-Aコンバータ
分解能	16ビット
チャネル数	8
インターフェース	SPI
価格	$19.95

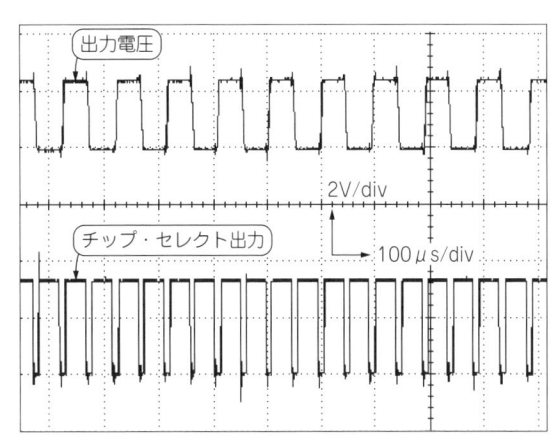

図15 出力電圧とSPIのチップ・セレクト出力を調べてみた
データ転送の周波数は30MHzでも，コマンドは10kHz程度でしか発行できていない

ら出力できるようになります．

フルスケールで出力のON/OFFの繰り返しを試してみたときの出力電圧とSPIのチップ・セレクト出力を**図15**に示します．通信速度の実験同様，通信速度をあげても，最終的にはセットアップにかかるオーバヘッドが大きくみえてしまうようです．

◆参考文献◆
(1) Raspberry Pinout, http://pi.gadgetoid.com/pinout
(2) 岡野 彰文：2線シリアル・インターフェースI²C詳解，トランジスタ技術 2014年10月号，CQ出版社．
(3) MAX5825PMB1データシート，http://www.maximintegrated.com/jp/products/analog/data-converters/digital-to-analog-converters/MAX5825PMB1.html
(4) spidev_test.c, https://raw.githubusercontent.com/raspberrypi/linux/rpi-3.10.y/Documentation/spi/spidev_test.c
(5) MAX5216PMB1データシート，http://www.maximintegrated.com/en/products/analog/data-converters/analog-to-digital-converters/MAX5216PMB1.html

みよし・たけふみ

第2部 大解剖！ラズベリー・パイ2

第6章

アセンブラ・レベルで最適化して全速力でON/OFF

レジスタ直接アクセスで50MHz！GPIO出力

三好 健文

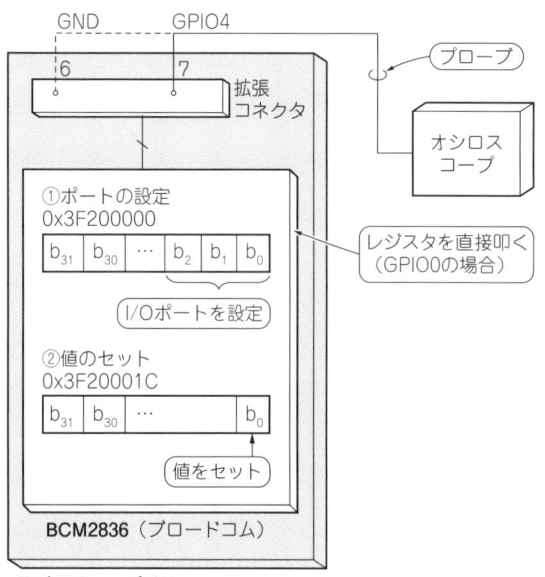

図1 レジスタを直接叩いてGPIO出力高速トグルにチャレンジ！

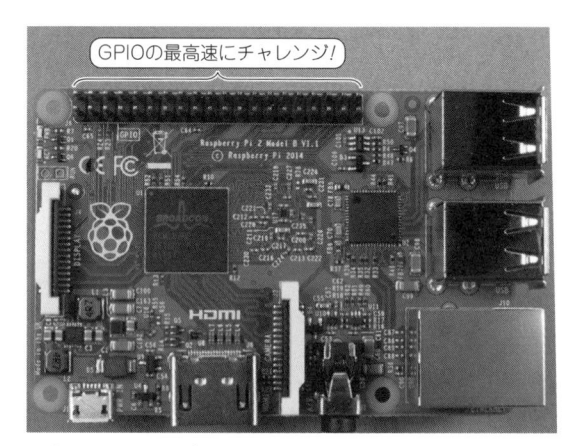

写真1 GPIOをレジスタ直叩きで速く動かす

GPIOを直接操作してみる

● BCM2836プロセッサのGPIO制御レジスタに直接アクセスすると最高50MHzで動作できる

第5章では，Linuxのsysfsを使ってGPIOを操作しました．今度は，より高速にデバイスにアクセスするために，CプログラムでGPIOに直接アクセスしてみましょう（図1，写真1）．

GPIOに直接アクセスすると，Raspbianのsysfileをシェルでアクセスした GPIO "L" / "H" の周期6.8kHz よりも高速になります．後述する実験では，およそ50MHzでの動作を確認しました．

● レジスタ経由でGPIOを制御する

ラズベリー・パイに搭載されているSoC BCM2836 では，I/Oは0x3F200000〜0x3F2000B0のメモリ空間にマッピングされたレジスタ経由で制御できます．Linuxを使うとGPIOやI²C，SPIをファイルのように扱うことができますが，その裏ではレジスタ経由でI/Oにパラメータを設定，制御しています．同じように自分でレジスタを制御することで，直接I/Oを操作することができます．

● I/O操作の流れ

GPIOとしてI/Oを利用する，おおまかな流れは，次の通りです．
(1) I/Oの設定レジスタで入力/出力機能に設定する
(2) レジスタ経由で値のセット（'1' にする）/クリア（'0' にする）を指定する

Cプログラムでメモリ空間にマッピングされたレジスタにアクセスするには，ポインタを利用します．ポインタでレジスタのアドレスを指し，ポインタの先の領域を読み書きすればよいのです．

レジスタに直接アクセスする方法

● /dev/memとmmapでI/Oへのポインタを取得する

Linuxに限らず近代的なOSの上で動くソフトウェ

第6章 レジスタ直接アクセスで50MHz! GPIO出力

アでは，物理アドレスに直接アクセスできません．これは複数のプログラムがプロセッサやメモリを融通して動作するために，OSによる管理を受けるからです．残念ながら，I/Oのレジスタがマップされたアドレスも直接指定することはできません．

そこで利用するのが/dev/memとmmapというLinuxの機能です．/dev/memはメモリ空間に相当する仮想的なファイルです．Linuxではデバイスがファイルのように見える機構が提供されていますが，物理メモリもほかのデバイスと同様にファイルに見えます．開いてread/writeすればメモリの値を読み書きできます．

値の読み書きのたびにread/writeでファイル・アクセスするのは面倒です．そこで次に登場するのがmmapです．mmapはファイル（の一部）をメモリのようにアクセスできるようにする機能です．Cの言葉でいえば，ファイルの特定の個所をポインタで指して，そのポインタ経由で値の読み書きができるようになります．

リスト1が，/dev/memとmmapを利用した，I/Oがマップされた0x3F200000にアクセスする関数の実装例です．ポインタ変数gpioを介して読み書きできるようになります．

▶注意! ラズベリー・パイ2とラズベリー・パイ1ではGPIO制御レジスタのアドレスが異なる

ラズベリー・パイ2に搭載されているSoCはBCM2836ですが，従来のラズベリー・パイにはBCM2835が搭載されていました．型番は異なりますが，CPUコアがARM1176JZF-SからCortex-A7クアッド・コアに変更されている以外の基本的なアーキテクチャは同じです[1]．

ただし，GPIOのアドレスが変更になっているので直接アクセスする場合には注意が必要です．従来は，BCM2835のペリフェラル仕様[2]にあるように，0x20200000以降にGPIOの制御レジスタがマッピングされていましたが，ラズベリー・パイ2では0x3F200000に変更されています（BCM2836 ARM-local peripherals[3]にI/O領域のベース・アドレスが0x3E000000に変更になっていると記載されています）．ウェブなどで配布されているラズベリー・パイ用のプログラムをラズベリー・パイ2で利用する場合

表1 I/Oポートの設定レジスタ

レジスタ番地	I/Oポート
0x3F200000 ～ 0x3F200003	GPIO0 ～ GPIO9
0x3F200004 ～ 0x3F200007	GPIO10 ～ GPIO19
0x3F200008 ～ 0x3F20000B	GPIO20 ～ GPIO29
0x3F20000C ～ 0x3F20000F	GPIO29 ～ GPIO39
0x3F200010 ～ 0x3F200013	GPIO40 ～ GPIO49
0x3F200014 ～ 0x3F200017	GPIO50 ～ GPIO53

リスト1 I/Oがマップされた0x3F200000に/dev/memとmmapを使ってアクセスする関数

```
unsigned int * get_base_address()
{
  int fd = open("/dev/mem", O_RDWR | O_SYNC);
  if(fd < 0){
    printf("cannot open /dev/mem\n"); exit(-1);
  }

  // mmapでマップするサイズ
  // 必要なのは0x3F200000~0x3F2000B3の180バイトだが
  // mmapは4Kバイト単位でマップしなければならない
  #define PAGE_SIZE (4096)
  void * mmaped = mmap(NULL,
                       PAGE_SIZE,
                       PROT_READ | PROT_WRITE,
                       MAP_SHARED,
                       fd,
                       0x3F200000);
  if(mmaped < 0){ printf("mmap failuer\n");
                                      exit(-1); }
  close(fd);  // メモリ番地を取得したら/dev/memは閉じてよい
  return (unsigned int*)mmaped;  // 取得したポインタを返す
}
```

には注意が必要です．

● GPIOの機能を設定する

ポインタが取得できたので，まずは設定レジスタで使用したいレジスタを入力/出力ポートとして利用できるようにします．各I/Oポートの設定は3ビットの値で設定します．32ビット単位のレジスタに10個のI/Oポートの設定ビットが表1のように割り当てられています．

例えば，GPIO0の設定レジスタへは0x3F200000～0x3F200003にある32ビット・レジスタの2～0ビット，GPIO11の設定レジスタであれば0x3F200004～0x3F200007にある32ビット・レジスタの5～3ビットにアクセスすればよい，ということです．

一般化すると，ポートpの設定レジスタは，

リスト2 ポート設定を行うプログラムを一般化した

```
// modeが0なら入力，1なら出力
void gpio_configure (unsigned int* addr, int port,
int mode)
{
  if(0 > port || port > 31){
    printf("port out of range: %d\n", port);
    exit(-1);
  }
  unsigned int *a = addr + (port / 10);

  // 操作したくない部分だけ1の32bitのデータ
  unsigned int mask = ~(0x7 << ((port % 10) * 3));

  // 操作する部分だけ'0'とANDをとって'0'に．
  //                         他のポートの値はそのまま
  *a &= mask;

  // 該当部分に設定値を埋め込む
  *a |= (mode & 0x7) << ((port % 10) * 3);
}
```

表2 値のセット/クリアを行うレジスタ

レジスタ番地	内容
0x3F20001C～0x3F20001F	GPIO0～GPIO31への値のセット
0x3F200020～0x3F200023	GPIO32～GPIO53への値のセット
0x3F200028～0x3F20002B	GPIO0～GPIO31への値のクリア
0x3F20002C～0x3F20002F	GPIO32～GPIO53への値のクリア

リスト3 I/Oの値のセットとクリアを行う関数

```c
// GPIOポートに相当するGPIO_SETレジスタのbitを'1'に
void gpio_set(unsigned int* addr, int port)
{
  if(0 > port || port > 31){
    printf("set: port out of range: %d\n", port);
    exit(-1);
  }
  *(addr + 7) = 0x1 << port; // 0x1C(=28) / 4
}

// GPIOポートに相当するGPIO_CLEARレジスタのbitを'1'に
void gpio_clear(unsigned int* addr, int port)
{
  if(0 > port || port > 31){
    printf("clear: port out of range: %d\n", port);
    exit(-1);
  }
  *(addr + 10) = 0x1 << port; // 0x28(=40) / 4
}
```

リスト4 CでI/Oをパタパタするためのmain関数

```c
#include <stdio.h>
#include <stdlib.h>
#include <fcntl.h>
#include <sys/mman.h>
#include <unistd.h>

#define GPIO_INPUT  (0)
#define GPIO_OUTPUT (1)

unsigned int * get_base_address();
void gpio_configure(unsigned int*, int, int);
void gpio_set(unsigned int *, int);
void gpio_clear(unsigned int *, int);

int main (int argc, char **argv)
{
    int p = atoi(argv[1]);
    int w = atoi(argv[2]) / 2;
    int n = atoi(argv[3]);
    volatile unsigned int * addr = get_base_
                                       address();
    gpio_configure(addr, p, GPIO_OUTPUT);
    unsigned int i;
    for(i = 0; i < n; i++){
        gpio_set(addr, p);
        usleep(w);
        gpio_clear(addr, p);
        usleep(w);
    }
    return 0;
}
```

"0x3F200000 + (p/10)"番地にある32ビット・レジスタの(p%10)＊3+2～(p%10)＊3の位置の3ビットにある

ということになります．リスト2はポート設定を行うプログラムを一般化した実装例です．

● 値のセット/クリア

I/Oの値のセットとクリアは，表2に示す専用のレジスタ経由で行います．

'0'を書いたビットは無視されます．そのため，例えば，GPIO0の出力値を'1'にしたければ，0x3F20001C番地に0x00000001と書けばGPIO0に'1'が出力され，GPIO1～GPIO31の値はそのまま保持されます．また，GPIO1の出力を'0'にしたければ，0x3F200028番地に0x00000002と書けば，GPIO1の出力だけが'0'になり，それ以外のGPIOではそのままの出力が保たれます．一般化するとリスト3のようになります．

実験

● CプログラムでI/OをON/OFFしてみる

リスト4のmain関数を用意します（gpio_test.c）．またリスト1～リスト3で説明した関数をその後に記述します．コンパイルして実行します．

例えば，GPIO4（7番ピン）を1000μs周期で1000回

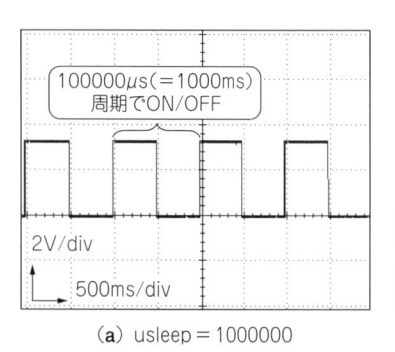

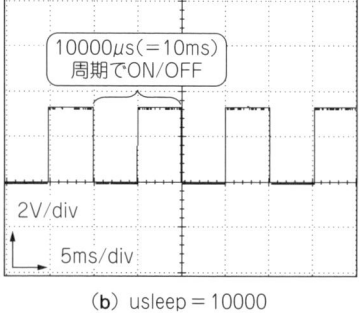

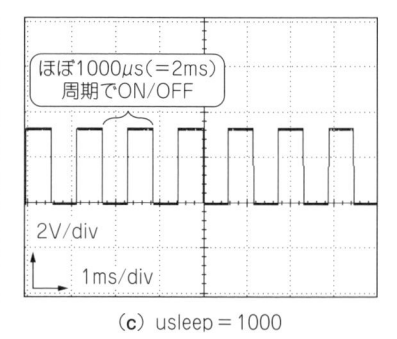

(a) usleep = 1000000　　(b) usleep = 10000　　(c) usleep = 1000

図2 usleepの遅延を調整してCプログラムでI/O制御をしたときの出力
usleep=1000あたりからは，正確な周期でON/OFFするためにはタイマの精度，各種オーバヘッドを考慮する必要がある

第6章 レジスタ直接アクセスで50MHz! GPIO出力

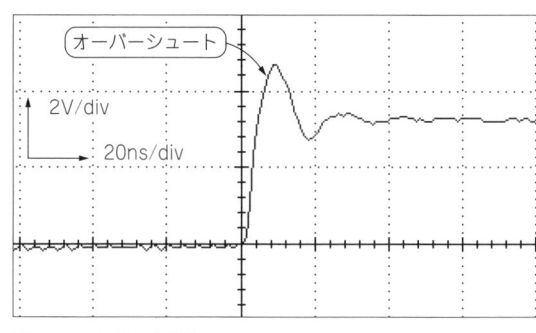

図3 GPIOの出力波形
10ns～20nsほどのオーバーシュートが観測される

リスト5 コードを改造してシンプルにする

```
// main.cのGPIOのON/OFF部分をコンパクトにする
    for(;;){
        *(addr+7)  = 1<<p;
        *(addr+10) = 1<<p;
    }

//gccで生成したコードのループ部分の抜粋
.L13:
        str     r5, [r4, #28]
        str     r5, [r4, #40]
        b       .L13
```

ON/OFFする場合には，
```
gcc -O3 -o gpio_test gpio_test.c
./gpio_test 4 1000 1000
```
とします．
　図2は周期を変えて出力波形を調べた様子です．

● どのくらい速くON/OFFできるか
　矩形波の立ち上がりを観測してみると，10ns～20nsほどのオーバーシュートが観測されます(**図3**)．usleepを取り除き，GPIO_SET/CLEARをソース・コードに直書きし，forは無限ループにする，など変更すると，**リスト5**に示すような実にシンプルなコードが生成されます．

```
.L13:
        str     r5, [r4, #28]
        str     r5, [r4, #40]
        b       .L13
```

このコードを実行したときの波形を観測した様子が**図4**です．およそ20ns周期，50MHzの波形が観測できています．オーバーシュート／アンダーシュートがそのまま見えているような波形です．単純にSET/CLEARレジスタでI/O制御を行うのであれば，このあたりがI/Oポートとしてもプログラムの実行速度としても限界だと言ってよさそうです．

　　　　　　　＊　　　＊　　　＊

　GPIOを使用した非常にユニークな応用事例の一つにPiFMがあります[4][5]．これはGPIOからI/Oクロック信号を変調して出力することで，100MHz程度の変調信号を作り，FM送信機を作ったという例です．ちなみに，試すには，ラズベリー・パイ2でI/Oのアドレスが変更されているため，pifm.cの114行目の0x20000000を0x3F000000に書き換える必要があります．

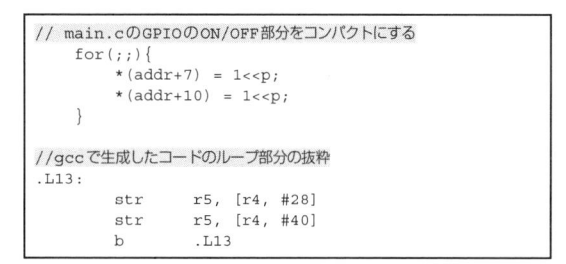

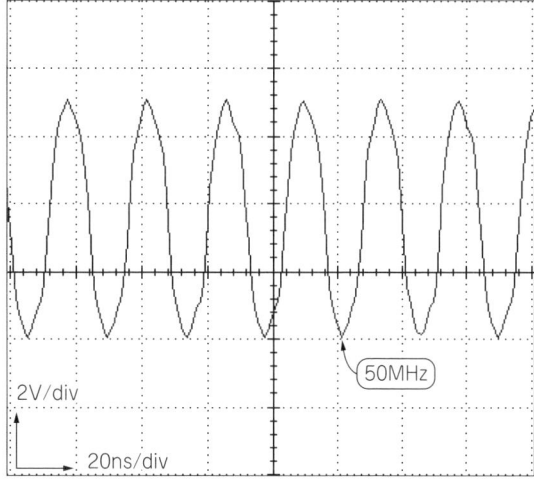

図4 コードを最適化して全力でGPIOをON/OFFするとMax.50MHzの信号が出力できた

◆参考文献◆
(1) https://www.raspberrypi.org/documentation/hardware/raspberrypi/bcm2835/README.md
(2) Peripheral specification，https://www.raspberrypi.org/documentation/hardware/raspberrypi/bcm2835/BCM2835-ARM-Peripherals.pdf
(3) BCM2836 ARM-local peripherals，https://www.raspberrypi.org/documentation/hardware/raspberrypi/bcm2836/QA7_rev3.4.pdf
(4) http://www.icrobotics.co.uk/wiki/index.php/Turning_the_Raspberry_Pi_Into_an_FM_Transmitter
(5) 高橋 知宏；SDカードの音源で76M～108MHzをFM変調して飛ばす，トランジスタ技術 2014年7月号，CQ出版社．

みよし・たけふみ

第7章 ラズベリー・パイ2の心臓部 Cortex-A7アーキテクチャ大研究

最大4コア！機能全部入りで消費電力効率を追求した組み込み向け？

野尻 尚稔，石井 康雄

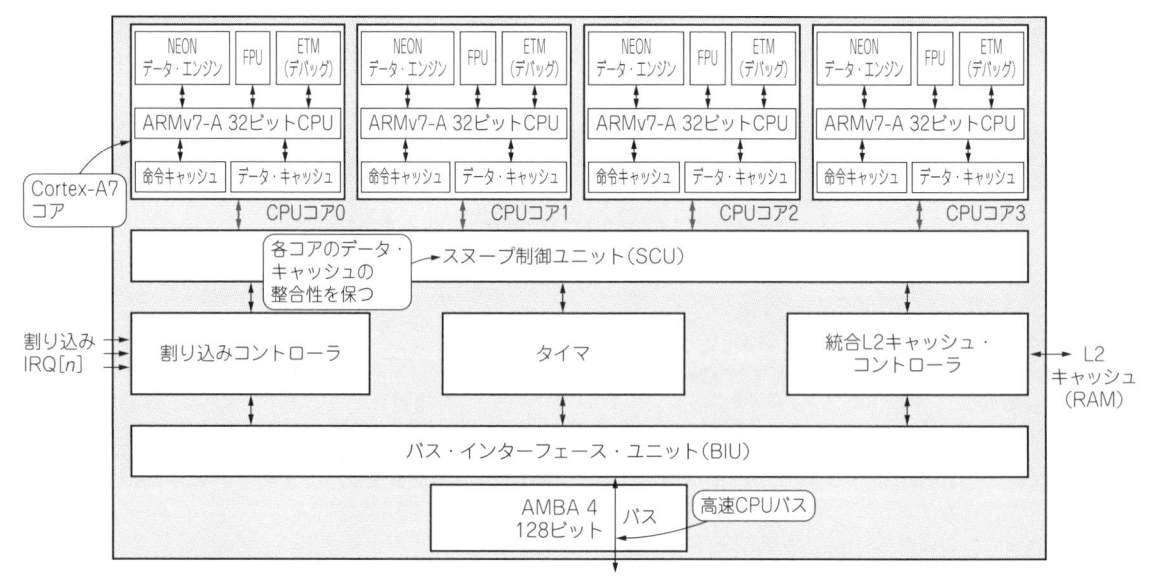

図1 シリーズの基本機能全部入り！ラズベリー・パイ2搭載BCM2836プロセッサのCPUコア Cortex-A7 MPCoreのアーキテクチャ

ラズベリー・パイ2のプロセッサBCM2836は，CPUとして最高900MHzで動作するARM Cortex-A7コアを4個内蔵しています．Cortex-A7は，ラズベリー・パイ1に搭載されているSoC BCM2835内蔵のARM11コアの後継プロセッサ・コアです．

Cortex-A7搭載プロセッサは，国内ではあまり目立っていませんが，ルータやスマートフォン，タブレットなどで使われています．Webブラウジングなど，大量のメモリにアクセスするアプリケーションに強いコアです．SIMD命令NEONやセキュリティ拡張TrustZoneなどの機能が使えます．本章では，このCortex-A7コアのアーキテクチャを研究します．　　　　　　　　　　　　　　　（編集部）

Cortex-A7の特徴

● 最大4コアまでマルチコア構成にできる

Cortex-A7は2011年に発表された，ARMv7-Aアーキテクチャ・プロファイルに基づくプロセッサです（図1）．最大4コアまでで一つのクラスタを構成し，割り込みコントローラ，タイマ，L2キャッシュを共有します．各コアのデータ・キャッシュの内容は，スヌープ制御ユニット（SCU）によりコヒーレンシが確保されます（図2）．

Cortex-Aシリーズの仕様を表1に示します．

● 全機能入りで性能もそこそこ

Cortex-A7の各コアは，ARM926EJ-S並みの面積と消費電力でARM1176JZF-Sを上回る性能をもつCortex-A5の設計をもとに，電力効率を落とすことなく性能を15〜20％向上させています．第8章で紹介するように，シンプルな構造ながら大量のメモリにアクセスするアプリケーションに強く，Webブラウズなどでは同一動作周波数での比較で，より複雑なCortex-A8をしのぐ性能を発揮します．

浮動小数点ユニットFPUや高性能演算命令NEON（後述）だけでなく仮想化拡張，ラージ物理アドレス拡張（LPAE），クラスタ間キャッシュ・コヒーレンシ

◆参考文献◆
(1) ARM Information Center, http://infocenter.arm.com/help/index.jsp

第7章 ラズベリー・パイ2の心臓部 Cortex-A7アーキテクチャ大研究

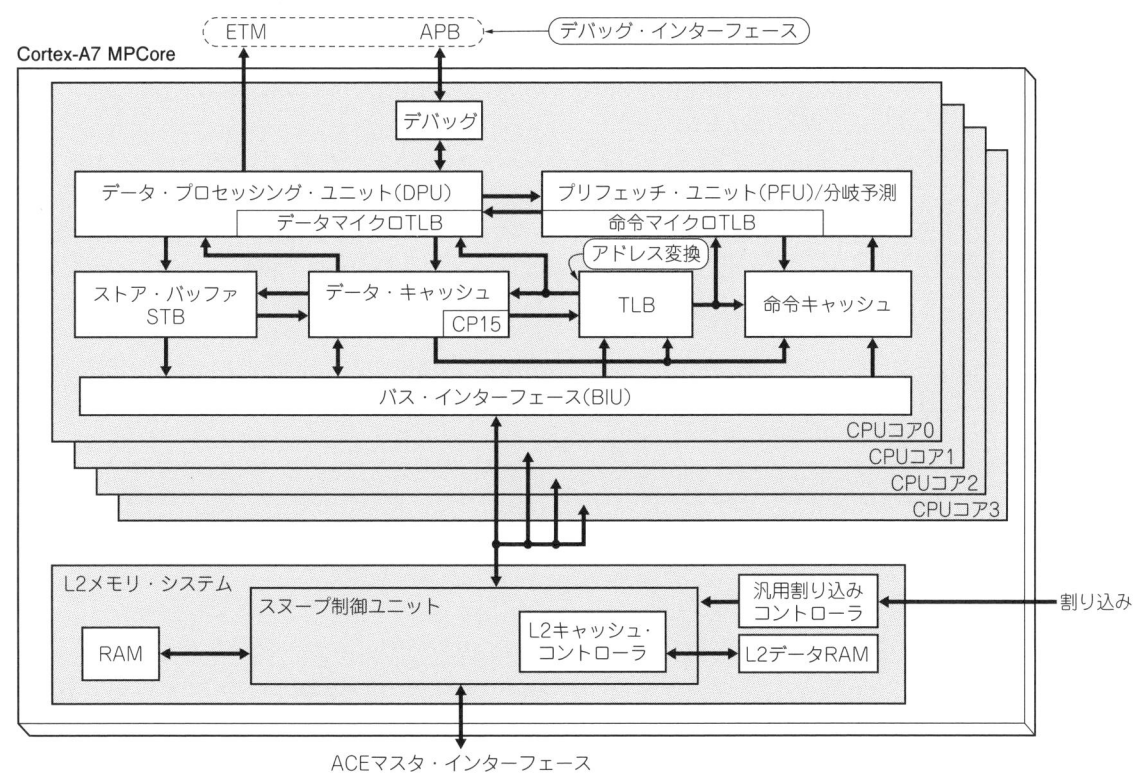

図2 Cortex-A7でマルチコア（最大4コア）を実現するためのしくみ…各コアのデータ・キャッシュの内容はスヌープ制御ユニットで同期される

表1 Cortex-AシリーズCPUコアの基本仕様
全部入りで消費電力効率を追求したCortex-A7は組み込みに向く

CPUコア名	ARM1176JZF-S	Cortex-A8	Cortex-A9	Cortex-A5	Cortex-A15	Cortex-A7
アーキテクチャ名	ARMv6Z	ARMv7-A	ARMv7-A	ARMv7-A	ARMv7-A + 仮想化拡張	ARMv7-A + 仮想化拡張
命令セット	ARM命令, Thumb	ARM命令, Thumb + Thumb-2				
浮動小数点演算ユニット（FPU）	VFPv2	VFPv3	VFPv3	VFPv3	VFPv4	VFPv4
128ビットSIMD命令NEON	×	Adv. SIMDv1	Adv. SIMDv1	Adv. SIMDv1	Adv. SIMDv2	Adv. SIMDv2
整数除算命令		×	×	×	○	○
ラージ物理アドレス拡張（LPAE）		×	×	×	○	○
L1命令キャッシュ（I-Cache）［バイト］	4K～64K	16K～32K	16K～64K	4K～64K	32K	8K～64K
L1命令キャッシュ（D-Cache）［バイト］	4K～64K	16K～32K	16K～64K	4K～64K	32K	8K～64K
L2キャッシュ［バイト］	外部	0～1Mバイト	外部	外部	512K～4M	0～1M
マルチコア（SMP）対応		×	○	○	○	○
big.LITTLE対応		×	×	×	○	○

といったCortex-A15と同一の機能を持つため，big.LITTLE構成（コラム1参照）を採ることができ，電力と性能の最適化を行うことができます．

● 1コアなんと0.45mm²! 消費電力効率を追求したコンパクト設計

Cortex-A7の実装面積はとても小さく，NEON，FPU，32Kバイトずつの命令およびデータ・キャッ

(2) Snapdragon S4 Processors: System on Chip Solutions for a New Mobile Age White Paper, https://www.qualcomm.com/documents/snapdragon-s4-processors-system-chip-solutions-

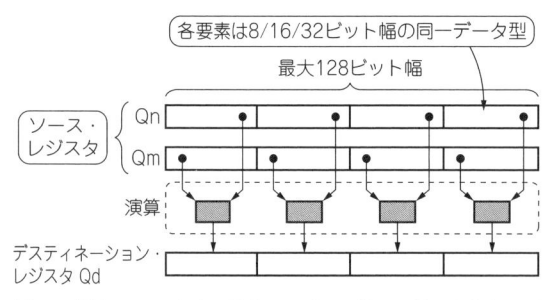

図3　1個のNEON命令で最大128ビット幅のレジスタをまるごと演算できる

シュを含んだ1コアのサイズは，コスト効率が高いとされる28nmプロセスでわずか0.45mm²です（1GHzで動作するよう実装した場合）．面積が小さく，消費電力もキャッシュとMMUを搭載したプロセッサとしては非常に低いため，Cortex-A7はすでに広く利用されているスマートフォンのアプリケーション・プロセッサだけでなく，自動車，ウェアラブル製品，今後の市場拡大が期待されるIoT製品へも搭載されていくと見込まれています．

なんと最大128ビット演算を1命令で！高性能SIMD命令NEON

Cortex-A7の主な機能として，以下が挙げられます．

- アドバンストSIMD拡張機能「NEON」
- セキュリティ用の仮想CPUを動かす機能「TrustZone」
- 複数のOSを切り替えられる仮想化拡張機能
- マルチプロセッシング拡張
- Thumb-2テクノロジ

ARMv7アーキテクチャとして目玉となる追加機能がアドバンストSIMD（Single Instruction Multiple Data）です．NEONとしてご存知の方もいるかもしれ

ません．NEONでは，8，16もしくは32ビット幅の同一データ型の要素が複数格納された，最大128ビット幅のレジスタに対して，1命令でまとめて演算を行います（図3）．実際に何並列の演算器で演算されるかはマイクロ・アーキテクチャに依存します．一般的に画像や音声などの演算処理の性能向上に効果があります．

ARMv6のSIMD命令と比べると，SIMD幅が広い（32ビット対128ビット），整数レジスタの内容を破壊しない，レジスタ数が多い（128ビットとして使用した場合16個）ため，より少ないコード量で同等の処理が行え，メモリ・アクセスも減らせます．また，同一レジスタ内や複数レジスタ間のデータ（要素）を並び替える命令を備えているため，多くの処理に対して並列演算命令を適用できるのが特徴です．

NEONの性能を最大限引き出すためには，アセンブリ言語によるコーディングがよく行われますが，コンパイラによる自動ベクトル化でも十分な効果が得られることもあります．後述の例を参考にコンパイル・オプションを試してみてください．

オプション機能1…セキュリティ用仮想CPUを使えるしくみTrustZone

NEONと同様にTrustZoneとしてよく知られていますが，どのように利用されているのかご存知の方は少ないのではないでしょうか．TrustZoneの仕組み自体はシンプルで，LinuxなどリッチOSを実行するための非セキュア状態と，十分にレビューされた信頼できるコードだけを実行するためのセキュア状態の，二つの仮想CPUを一つの物理CPU上に構築します（図4）．つまり，メインCPUとは別のセキュリティ用CPUを統合したシステム構成を，一つのCPU上で仮想的に実現するものです．

メモリ空間がセキュア状態と非セキュア状態で分離される点は一般的な仮想化と似ていますが，この二つの仮想CPUの権限は非対称で，セキュア側から非セキュア側のメモリ空間などのリソースを見ることはできても，その逆はできません．また，非セキュア状態とセキュア状態の遷移は，セキュア・モニタを経由した非常に限られた方法でしか行えません．これにより，レビューしなければならないコードを限定することができ，セキュリティを担保しやすくなります．

● TrustZoneの正体は外からは見えない

一般のユーザにとってTrustZoneが馴染みのないものになっている理由は，セキュア側にどのようなコードや周辺回路が実装されているのか，非セキュア側からは全く見えないからです．セキュア側の初期化はブート時に行われ，通常，その中の重要なコードはチップ内に格納されているため，外部から観測するこ

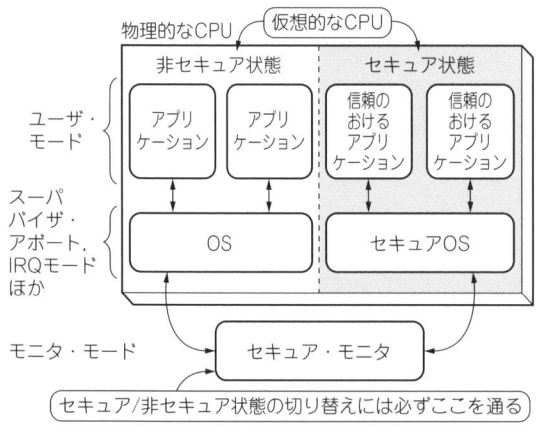

図4　セキュリティを確保するしくみTrustZone…二つの仮想CPUのうち一方をセキュリティ用として扱う

new-mobile-age
(3) HOT CHIPS 2014 NVIDIA'S DENVER PROCESSOR http://www.hotchips.org/wp-content/uploads/hc_archives/hc26/

第7章 ラズベリー・パイ2の心臓部 Cortex-A7アーキテクチャ大研究

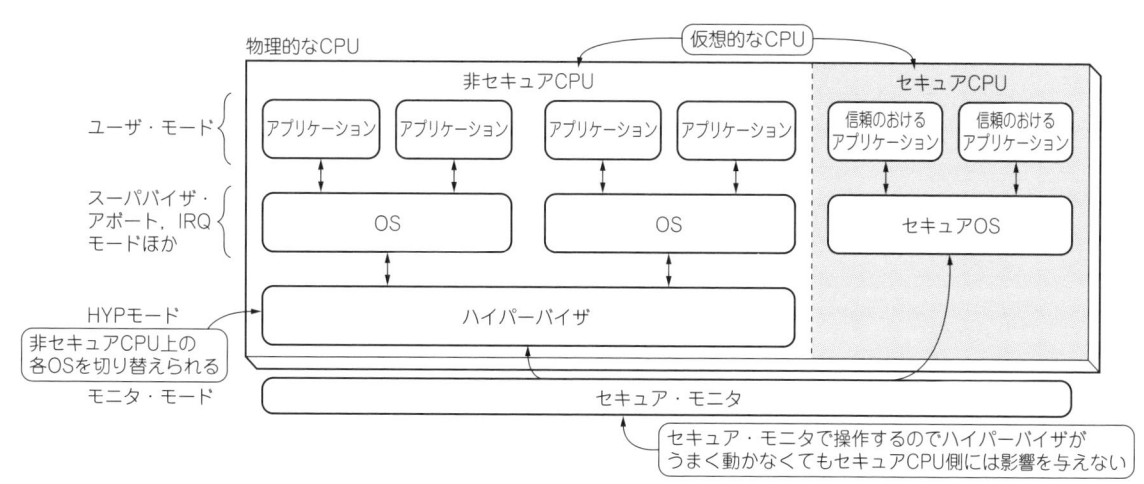

図5 仮想化拡張モードを使えば複数のOSを切り替えられる

とができません．セキュア側に対するデバッグ機能も無効に設定されているのが普通です．しかも，チップ全体としてどのようにセキュリティが確保されているかはチップを設計したベンダ次第なので，ARM社でさえそれを知ることはできません．これがゲストOSを対等に扱う一般的な仮想化との違いです．

● セキュリティ用のAPIがある

では多種多様なスマートフォンで，セキュア側のモバイル決済アプリや生体認証アプリを呼び出したい場合，どのようにしているのでしょうか．そのためにAPIの標準化が進められており，一例がGlobalPlatformのTrusted Execution Environment (TEE) Client APIです．

こういったAPIやセキュアOSの整備により，セキュア側に複数の信頼できるアプリを登録し，複数の非セキュア側アプリから利用できる環境が構築されています．パスワード以外のユーザ認証や，多数のデバイスが接続されるIoTでのデバイス間相互認証など，今後セキュリティはますます重要になると考えられていますので，TrustZoneを基盤としたソフトウェア・エコ・システムがさらに発展すると見込まれます．

オプション機能2…複数のOS切り替え用仮想化機能

TrustZoneは用途限定型の仮想化の仕組みですが，仮想化拡張（Virtualization Extension）は汎用的な仮想化の仕組みです．この拡張により主に，新たなモード（HYP）と新たなロング・ディスクリプタ・ページ・テーブル・フォーマット，そしてそのページ・テーブルを引く機能が追加されます．HYPモードはOSが実行される特権レベルより高い特権レベルを持ち，この追加機能にアクセスしたり，各ゲストOSのコンテキ

スト・スイッチを行ったりすることができます．

HYPモードは非セキュア側にしか存在せず，モニタ・モードはより強い権限を持ちますので，ハイパーバイザが問題を起こした場合でも，セキュア側が影響を受けずに済みます（図5）．

● 仮想化時のアドレス変換

仮想化拡張を有効にしたときのアドレス変換は以下のように行います．

(1) アプリケーションから見える仮想アドレス（VA）から，ゲストOSが管理する従来のページ・テーブル（ステージ1ページ・テーブル）を引いて得られるアドレスを中間物理アドレス（IPA）として扱う
(2) このIPAを今度はハイパーバイザが管理するステージ2ページ・テーブルによって実際の物理アドレスに変換する（図6）．

このステージ2ページ・テーブルは，40ビットの変換結果を得るためにロング・ディスクリプタでなければなりませんが，OSが管理するページ・テーブル・フォーマットは，変換結果が32ビットとなる従来の形式（ショート・ディスクリプタ）でもロング・ディスクリプタでも構いません．

● 仮想化拡張を使うには除算命令も必要

仮想化拡張を実装する場合は，同時にセキュリティ拡張やラージ物理アドレス拡張LPAE，マルチプロセッシング拡張も実装する必要があります．加えて整数除算命令（SDIV/UDIV）も実装しなければならないと規定されています．この除算命令はARMv7-R/Mプロファイルにはもともとあったものですが，当初のAプロファイルでは規定されていませんでした．仮想化拡張を実装していないCortex-A8/A9/A5には除算

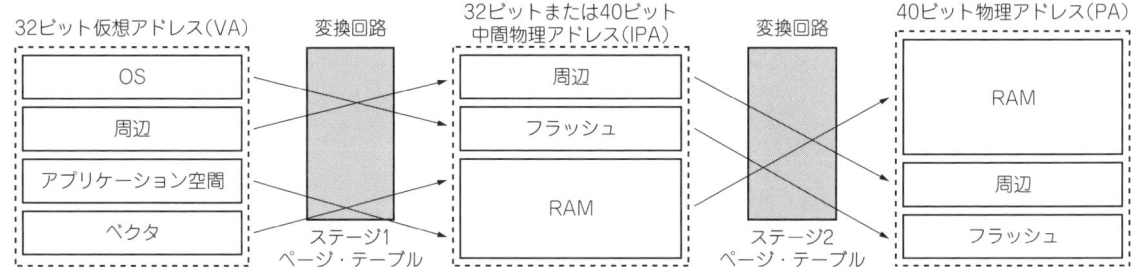

図6 仮想化拡張モードを使うときは32ビットの仮想アドレスを40ビットの物理アドレスに変換する

命令も実装されていません．

オプション機能3… マルチプロセッシング拡張機能

　以前と比べると，一つのプロセッサでの性能向上は次第に難しくなってきています．これは半導体製造プロセス世代の進化による動作周波数向上率が減ってきていることや，消費電力や熱密度の制限のため，そもそも動作周波数が上がるようにプロセッサを実装できないことなどが理由です．特にARMプロセッサは消費電力や放熱，コストに対する要求が厳しい用途で使用されることが多いので，高速かつドライブ能力が高い反面，リーク電流と面積が大きいトランジスタは多く使用できず，動作周波数を低めに実装する傾向があります．

　一方でアプリケーションからの性能要求は向上し続けているため，必然的にマルチプロセッサ化が必要となり，ソフトウェアにとって比較的扱いやすい，対称型マルチプロセッシング（SMP）構成が一般的に利用されています．

● マルチプロセッサ化の難点…キャッシュの同期を取る必要がある

　複数プロセッサでシステムを構成する場合の課題の一つは，プロセッサ間で共有されるデータの一貫性を確保しながら，システム全体の性能を上げることです．データの一貫性だけを考えれば非キャッシュ領域にデータを置けばよいのですが，それではすべてのデータがメイン・メモリを経由して交換されることになるため，メイン・メモリの帯域がボトルネックになって，システム全体の性能が上がりません．そこで，個々のプロセッサがおのおののキャッシュ・メモリを参照できるようにしつつ，キャッシュ・メモリ間のコヒーレンシをハードウェアで確保する必要が生じます．

　ARMv7-Aアーキテクチャでは，プロセッサ間のイベント送受信，排他データ・アクセスといった，基本的マルチプロセッサを構築するための機能を規定していますが，マルチプロセッシング拡張ではさらに，キャッシュとTLBの保守操作が複数プロセッサに対して行われるよう拡張されます．また，ページ・テーブルのメモリ領域属性設定により，共有可能（shareable）と設定されたメモリ領域は，共有可能ドメイン内の各プロセッサから見えるデータがコヒーレントであることが保証されます．ただし，キャッシュ・メモリ間のコヒーレンシを保証するためのプロトコルは，アーキテクチャとしては規定していません．

● スマホなど同時に多機能を使う場合に有効

　モバイルのようなアプリケーションの場合，マルチプロセッシングの効果は性能向上だけではありません．電話の発着信を行うときと，ウェブ・ブラウザを実行しているときでは，必要とされるCPU性能は大きく異なりますので，要求に合わせた数のプロセッサだけに電源を与えることで電力を削減し，バッテリ動作時間を延ばせます．SMP構成が一般的になる以前は，こういった性能と電力のスケーラビリティはDVFS（Dynamic Voltage and Frequency Scaling）によって行っていましたが，今ではマルチプロセッシングとDVFSを組み合わせて使うことが一般的です．

　このマルチプロセッシング拡張の応用が，ヘテロジニアス・マルチプロセッシング構成となるbig.LITTLE技術です．big.LITTLEはアーキテクチャ・レベルでは通常のマルチプロセッシングと違いがありません．

コード・サイズと命令の種類のバランスを両立！Thumb-2命令

　かつてARMプロセッサ用にコードをコンパイルする際に悩みの種だったのは，ARM命令セットを使うかThumb命令セットを使うかの選択でした．ARM命令セットは命令の種類が豊富なため，少ない命令数で高い性能を発揮できました．しかし1命令が32ビット長のため，コード・サイズが大きくなる傾向にありました．

　一方のThumb命令セットはその逆で，コード・サ

コラム1　似たもの同士 Cortex-A9とCortex-A7の違い

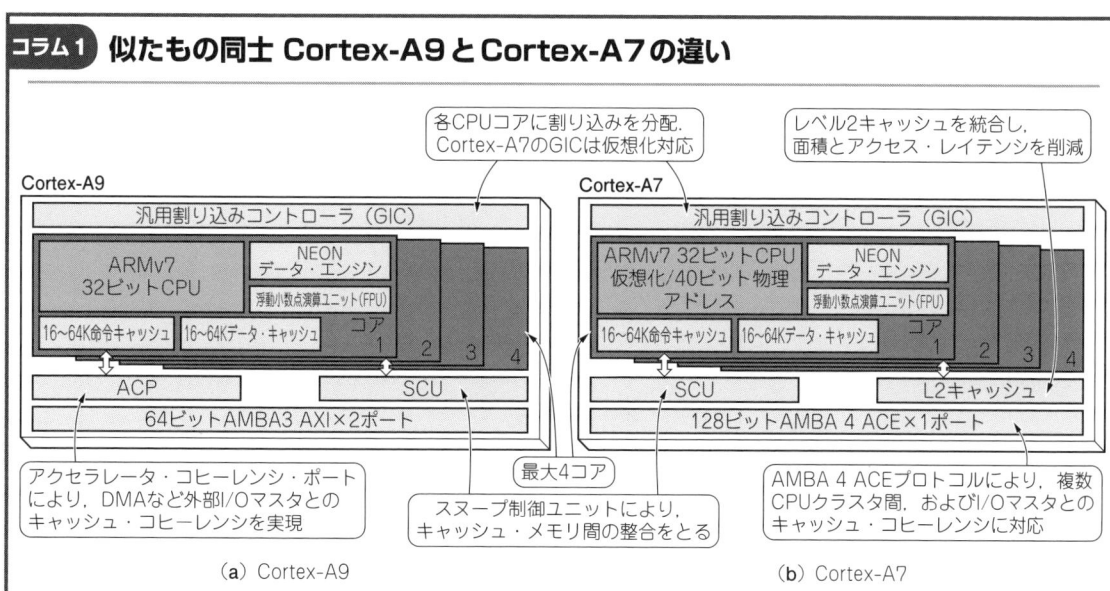

図A　Cortex-A9とCortex-A7の基本構成はだいたい同じ

(a) Cortex-A9
(b) Cortex-A7

幅広い用途で使用されているCortex-A9とCortex-A7を比較してみましょう.

● 基本構造は似ている

両者の内部構造は大きく異なるものの,ブロック図レベルで見るとよく似ています(図A).どちらも一つのCPUクラスタ内に最大4コアを構成することができ,SCU(スヌープ制御ユニット)によりL1データ・キャッシュ-キャッシュ間のコヒーレンシが保たれます.割り込みは汎用割り込みコントローラ(GIC)により分配されます.

▶ Cortex-A7はレベル2キャッシュ内蔵

目立つ違いはレベル2キャッシュが統合されていることです.Cortex-A9ではAMBA 3 AXIポートの先にL2キャッシュ・コントローラを接続する必要がありました.Cortex-A7ではこの機能を統合することにより,面積とアクセス・レイテンシを削減しています.

▶ Cortex-A7は最新big.LITTLE対応バスを持っている

細かい違いとしては,Cortex-A9に存在していたアクセラレータ・コヒーレンシ・ポート(ACP)がなくなり,代わりにAMBA 4 ACEポートを使用してDMAコントローラなどのI/Oマスタとのキャッシュ・コヒーレンシを実現するようになったことが挙げられます.ACEポートはbig.LITTLEのように,複数CPUクラスタ間,およびCPUとGPU間のキャッシュ・コヒーレンシのためにも使われます.もっとも,ACPに適した用途も存在するため,ARMv8-A世代のLITTLEプロセッサであるCortex-A53にはACEポート以外にACPも搭載されています.

● Cortex-A7だけの異なる機能

▶ ハイパーバイザ用の仮想インターフェースが付いている

GICについて異なるのは,Cortex-A7の方にはハイパーバイザがアクセスするためのインターフェース以外に,ゲストOSがアクセスするための仮想インターフェースがあることです.これによりハイパーバイザは物理的には存在しない仮想割り込みを生成したり,仮想割り込みのルーティング処理の一部をGICに任せたりすることができます.

イズは小さくなるものの,同じ処理を行うのに必要な命令数が増えてしまうため,動作周波数あたりの性能が低くなる傾向にありました.

この長年の問題を解決したのがThumb命令セットに対する拡張としてのThumb-2テクノロジです.ARM命令セットと同等の性能が約30%少ないコード・サイズで実現できるとされています.もともとメモリ容量の制約が厳しいことを想定しているARMv7-MプロファイルはThumb-2のみを規定しています.しかし,比較的メモリが潤沢な環境で使用されることの多いAプロファイルであっても,IoTアプリケーションにおいては電力やコストが厳しいため,Thumb-2が重宝されるかもしれません.

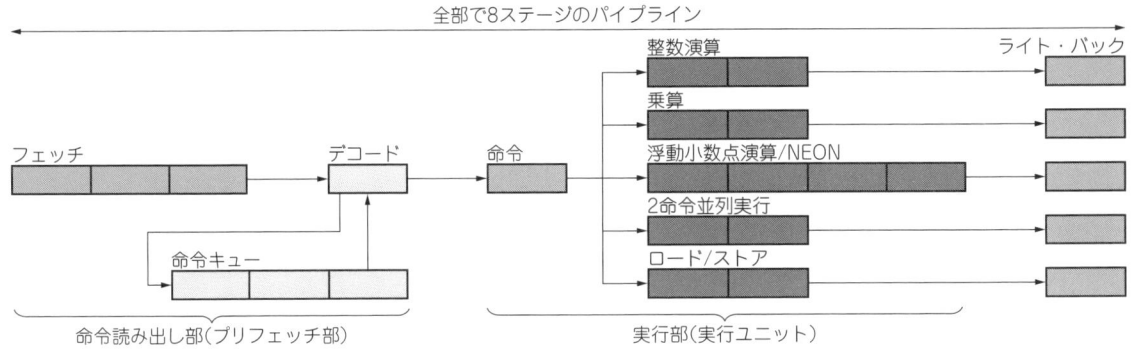

図7 Cortex-A7のパイプライン構成

Cortex-A7の マイクロ・アーキテクチャ

● パイプラインは8ステージ

Cortex-A7はCortex-A5をベースとした，シンプルなインオーダ・パイプライン構造をしています．

図7にCortex-A7のパイプライン構造を示します．パイプライン段数は8段で，1ステージあたり二つの命令を同時に実行することができます（デュアル・イシュー）．本章で紹介するマイクロ・アーキテクチャの多くの工夫は64ビット版のインオーダ・コアであるCortex-A53にも多く採用されています．

▶命令読み出し部…プリフェッチ

はじめの3ステージで命令キャッシュを参照して実行するべき命令を読み出します．ARMアーキテクチャでは，この動作をプリフェッチと呼びます．プリフェッチと並行して分岐予測を行うことで，次に実行する命令を予測し，分岐命令によるパイプライン・ストールの発生が最小になるように設計されています．

▶実行部…命令の種類ごとにパイプラインがある

命令キャッシュから読み出された命令は，デコードされたあとで各実行ユニットに投入されます．実行ユニットでは加算／乗算／メモリ・アクセスなどの各命令分類ごとに独立したパイプラインを備えています．命令の実行に必要となるパイプラインが利用できる場合には，同時に二つの命令が実行できるように設計されています．なお，先述のSIMD命令（NEON）はFP（浮動小数点演算）パイプラインを利用します．

● 処理が滞らないようにする工夫…読み出した命令をためておく

パイプラインでは，順番ずつ（インオーダ）で命令を処理するため，依存関係がある命令が連続する場合など，先行する命令との依存関係によって後続の命令を即座に実行できない場合には，実行ユニットがプリフェッチした命令の実行を開始できません．そのような場合には，プリフェッチ・ユニットが新たな命令をプリフェッチできない場合があります．あるいは，命令キャッシュ・ミスなどによりプリフェッチを継続できない場合に，実行ユニットが実行するべき命令がないというケースもあります．

このような場合でも，なるべくパイプラインを止めずに実行を継続できるように，命令キューがデコード・ステージに実装されています．命令キューにプリフェッチした命令を貯めておくことで，プリフェッチ・ユニット，または，命令実行部のどちらかがストールした場合にも，反対のユニットが動作を継続できるようになります．

実行ユニットがデータ・キャッシュ・ミスなどで命令実行が滞った場合にも，プリフェッチ・ユニットは命令のプリフェッチを継続し，その結果を命令キューにためておくことができます．逆に，命令キャッシュ・ミスが発生してプリフェッチを継続できない場合にも，実行ユニットは命令キューに貯めてある命令を処理することで，パイプラインをストールさせることなく命令の実行を継続できます．

マイクロ・アーキテクチャその①… 命令読み出し部の特徴

● 実行結果に関係なくひたすら命令を読み出す

プリフェッチ・ユニットは，1サイクルに最大2命令（64ビット／サイクル）のスループットでプリフェッチを実施します．このスループットを維持するためにはプリフェッチした命令の実行結果を待たずに次の命令のプリフェッチを開始する必要があり，Cortex-A7では分岐予測機構を利用することで次の命令のアドレスを予測し，命令実行のスループットを維持しています．

また，一般に命令キャッシュに格納された命令は，キャッシュから追い出されるまでの期間で複数回利用されることが多く，プリフェッチのたびに命令のデコードを行う必要があります．当然，命令デコードの

結果は毎回同じですから，同じ計算を何度も行っていることになり，電力を無駄に消費していることになります．しかし，命令デコード後のデータは一般にエンコードされた状態の命令よりも巨大なことが多く，デコード後の命令を格納すると，命令キャッシュの容量が肥大化し，逆に電力が肥大化してしまいます．

そこでCortex-A7では，メモリから読みだした命令を命令キャッシュに格納する前に，命令の一部分だけをデコードし，その情報を合わせて命令キャッシュに格納することで電力の削減を実施しています．完全な命令デコードを実施しないことで命令キャッシュの肥大化を回避しつつ，電力を削減しています．

● プリフェッチ高速化のキモ! 分岐予測

Cortex-A7は，図8の分岐方向予測や分岐先アドレス予測の複数の分岐予測機構を使っています．

▶過去の命令実行状況から次の一手を見積もる…分岐方向予測

分岐方向予測は，分岐履歴と呼ばれる過去の分岐命令の実行状況から将来の分岐の挙動を予測する方式を採用しています．命令キャッシュから出力された分岐命令が分岐するか，分岐しないかを，この予測機構を用いて予測します．各分岐履歴に対応する予測を保存するために分岐履歴テーブル(BHT)という256要素のバッファを持ちます．予測結果が「分岐をする」となった場合には，予測対象の命令から分岐先アドレスを計算して，次のプリフェッチを分岐先アドレスから実施します．

▶分岐先のアドレスを保存して高速化…分岐先アドレス予測

分岐先アドレスは，命令アドレスと命令フォーマットから計算可能な場合が多いですが，関数のリターンや仮想関数呼び出しのようにレジスタの値を必要とする分岐命令もあり，それらの分岐命令は命令フォーマットから分岐先アドレスを計算することができません．

こうした命令の分岐先アドレスを正確に予測するために，リターン・スタックと分岐ターゲット・アドレス・キャッシュ(BTAC)を実装しています．

リターン・スタックには直前の関数呼び出しを実施した命令の次のアドレスを保存しておき，関数戻りの分岐命令を検出した際に保存していた命令アドレスを分岐先アドレスとして適用します．BTACはレジスタ相対分岐の分岐先アドレスを保持しておき，その命令が再度利用される際に過去の分岐先アドレスとして利用します．

▶プリフェッチできない期間を減らす工夫…分岐予測用のキャッシュを持っている

これらの分岐予測機構ではジャンプする命令(条件を満たしてPCを+2や+4ではない値に更新する命令)を検出して，更新されたPCで命令フェッチを再開する場合に，「命令キャッシュ・アクセス，分岐検出，分岐先アドレス計算，命令キャッシュ・アクセス，…，…，…」というループを実施する必要があります．ところが，このループは1サイクルでは完了しないため，アプリケーションで負荷の高い個所が小さなループ構造をとっている場合には，プリフェッチを行えない期間が目立ち，性能が低下してしまいます．

このペナルティを削減するために，Cortex-A7は分岐ターゲット命令キャッシュ(BTIC)という小さなキャッシュを実装しています．BTICは1サイクルでアクセスができるバッファで，予測した分岐先アドレスの命令データを四つ保持します．

もしも，小さなループで分岐命令を検出した場合には，ジャンプをする分岐命令の分岐先アドレスの計算を行う最中に，BTICに登録された命令を実行することで，分岐先アドレスの計算のレイテンシを隠蔽し，小規模なループでの分岐予測待ちによるパイプライン・ストールが発生しないように動作します．

これらの分岐予測機構は，8エントリのBTAC，8エントリのRAS，4エントリのBTIC，256エントリのBHTを持ちます．

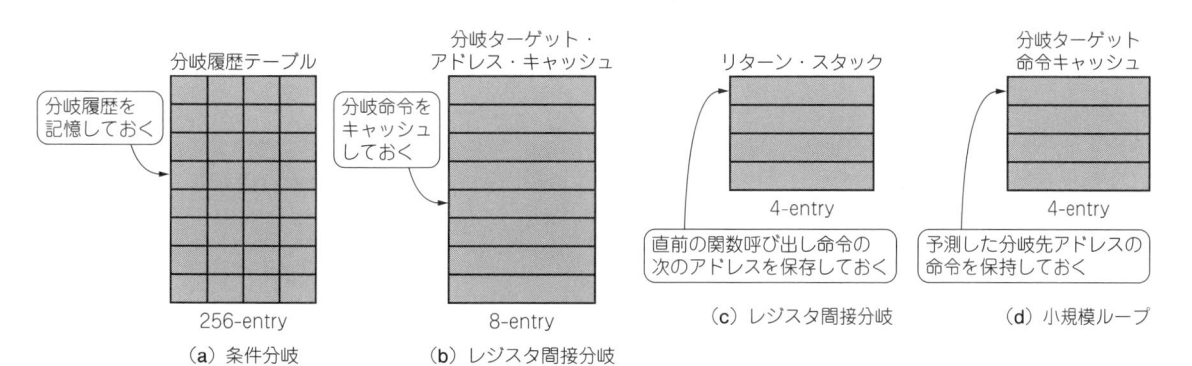

図8 Cortex-A7の分岐予測機構

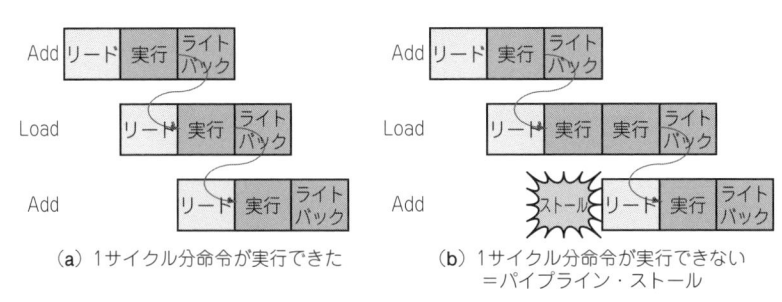

図9 Cortex-A7で採用されているインオーダ実行の課題…1サイクル分命令が実行できないパイプライン・ストールが発生してしまう
Cortex-A7では命令がなるべく1クロックで終わるような構成にしてある

(a) 1サイクル分命令が実行できた
(b) 1サイクル分命令が実行できない＝パイプライン・ストール

マイクロ・アーキテクチャその②…実行部の特徴

● 最大で1サイクル2命令

実行ユニットはプリフェッチされた命令を最大で1サイクル2命令のスループットで順番ずつ（インオーダ）で実行していきます．インオーダで各命令を処理するため，一つの命令がストールすると，後続の命令を実行できなくなります．そのため，性能向上のためには，なるべくストール時間を抑える必要があります．

● 演算レイテンシを短縮

Cortex-A7のパイプラインでは32ビット乗算やL1にヒットするロード命令などを含め，多くの命令が図9（a）のように1サイクルで完了するように作られています．そのため，命令の実行完了を待つためのストールの発生が最小となるように設計されています．

例えば，「ロードしたデータを次の命令で利用する」という処理は，多くのアプリケーションで頻繁に使います．ここでロード命令の実行が2サイクル必要だとすると，図9（b）のように1サイクルぶん命令の実行できない時間（パイプライン・ストール）が発生します．

実際に，ラズベリー・パイ1に採用されたARM1176JZF-Sでは，ロードのレイテンシが最短の場合でも2サイクルでした．そのため，前述のようなケースでパイプライン・ストールが発生していたのですが，Cortex-A7では設計の工夫によってロードのレイテンシを削減することでストールの発生を回避し，性能の向上を実現しています．

▶ちなみに…アウトオブオーダ実行は処理が速いがコアのサイズが大きくなる

ところで，低消費電力・低コストを目指したCortex-A7に対して，ほぼ同時期に開発された高性能コアCortex-A15では，アウトオブオーダ実行方式を採用することで，後続の命令の中から先に実行できる命令をハードウェアで抽出して実行することで，パイプライン・ストールを回避するように設計されています．

しかし，アウトオブオーダ実行を実現するためには，複雑な命令依存解析が必要で，コアのサイズや電力が増大する問題があります．

近年，ARMが提案しているbig.LITTLEというマルチプロセッサ構成では，Cortex-A15のような性能が高いが消費電力・実装コストも高いプロセッサ・コアと，Cortex-A7のようにシンプルで電力効率が高いコアを適切に組み合わせることで，二つの特性の異なるコアの「いいとこ取り」を実現しています．

● ストア・バッファ完備でキャッシュ・アクセス回数を減らせる

文字列処理などでは1Bや2Bの小さなデータを複数個メモリに書き込む処理を行う場合があります．そのような場合に，毎回キャッシュに対してアクセスを行うと，キャッシュ・ライン単位で管理をするキャッシュ・メモリにおいては，大きな電力を消費してしまいます．

Cortex-A7ではストア・バッファを用いて連続するストア・データをマージして一度にキャッシュに書き込むことで電力の削減を行います．このストア・バッファでは8Bアラインされたアドレス領域に対する複数のストア・データを単一のストア・データにマージします．また，キャッシュに書き込まないストア・データの処理にも活用されるため，ストア・バッファはキャッシュ・メモリや主記憶への書き込み要求の発行，キャッシュへの書き込みのためのライン・フィル要求を発行できます．Cortex-A7は4エントリのストア・バッファをもちます．

メモリ・システムの特徴

● データ・キャッシュもプリフェッチする

前述のとおり，Cortex-A7のパイプラインは，多くの命令を1サイクルで実行するため，命令依存によるストールが発生しにくい構成です．しかし，L1データ・キャッシュがキャッシュ・ミスしてしまうと，

第7章 ラズベリー・パイ2の心臓部 Cortex-A7アーキテクチャ大研究

コラム2 社名，プロセッサ名，アーキテクチャ名…こんがらがりそうな重要キーワード「ARM」

「ARM」は三つの異なる意味で使われます．社名，プロセッサ・アーキテクチャ，そしてプロセッサです．

● ARM社

ARM Cortex-A7といった場合のARMは社名です．ARM社は1990年に，イギリスのコンピュータ・メーカAcorn Computersから独立した半導体IPのベンダで，自らは半導体製品の製造や販売は行わず，設計データを半導体ベンダにライセンスするというビジネスを行っています．このため，ARMからチップそのものを買うことはできません．当初，正式な社名はAdvanced RISC Machinesでしたが，現在では単にARMとなっています．

● ARMアーキテクチャ…ARMv6，ARMv7-Aなど

ARMv6やARMv7-Aというのは，それぞれARMアーキテクチャのバージョン6，バージョン7のアプリケーション・プロファイルという意味です．

ARMアーキテクチャの実体はARM Architecture Reference Manual (冗談のようですが，略してARM ARM) と呼ばれるドキュメントで，ARMプロセッサがARMプロセッサとしてあるべき要件が書かれています．例えば，命令セット (命令の名前，動作，エンコーディング)，メモリ・モデル，例外モデルといった，プロセッサの機能に関わる仕様を規定しています．

▶要注意…アーキテクチャのバージョンと性能は直接関係ない

一方で，アーキテクチャは演算ユニットの数やパイプライン段数など，プロセッサの実装上の構造 (これをマイクロ・アーキテクチャと言う) は規定しませんので，ARMアーキテクチャがv6からv7になることと，プロセッサの性能が上がることは基本的には別な議論です．

● ARMプロセッサ

ARM1176JZF-SやCortex-A7というのは，ARM社が設計したARMアーキテクチャに準拠したプロセッサです．ARM社自身が設計したもの以外にも，アーキテクチャ・ライセンシ各社が設計したARM互換プロセッサもあり，Qualcomm社のKrait[2]やNvidia社のDenver[3]などがあります．

それぞれのARMプロセッサはターゲットとする市場に合わせて性能と電力のバランスに工夫を凝らしていますが，重要なのは同じアーキテクチャのバージョンに準拠している限り，各プロセッサの間でソフトウェアの互換性が保たれることです．ARMはソフトウェア・エコシステムをとても重視していて，互換性をなくすような形での独自の命令拡張や機能拡張を認めていません．そのおかげでユーザはARMアーキテクチャ用ソフトウェアに安心して投資でき，異なる半導体ベンダのデバイス間でソフトウェア資産を再利用できるのです．

データ待ちのパイプライン・ストールが発生してしまいます．

この影響を緩和するために，Cortex-A7ではアクセス・パターンに基づくインテリジェントなL1データ・プリフェッチャを実装しています．このプリフェッチ・ユニットは固定ストライドのデータ・アクセスを検出して，最大で三つのメモリ・リクエストをL2キャッシュに対して発行します．

● 仮想アドレスから物理アドレスへの変換テーブルTLBは大容量

キャッシュ・ミスと同様に頻繁にパイプラインをストールさせる要因にTLBミスがあります．TLBは仮想アドレスから物理アドレスへの変換の履歴をプロセッサ・コアにキャッシュしたものです．TLBミスが発生すると，主記憶，ないしは各キャッシュ階層に配置されたページ・テーブルに複数回のアクセスを実施してから，仮想アドレスに対する物理アドレスの変換を行う必要が生じます．そのため，パイプラインを長い時間ストールさせてしまいます．この問題を緩和して，性能を向上させるために，256エントリのTLBを実装しています．

さらにCortex-A7では，TLBミスが発生した場合のペナルティを低減するため，主記憶に配置されたページ・テーブルの一部を，L1・L2キャッシュや，64エントリのウォーク・キャッシュなどに配置する機能を備えています．

前述のとおり，TLBミスが発生した場合には複数回の主記憶アクセスを行う必要があり，すべてが主記憶に配置されていると仮定すると，主記憶のアクセスが100nsの場合には，300ns程度のストールが発生してしまいます．しかし，主記憶アクセスをキャッシュへのアクセスで代替できる場合には，1回の参照を大幅に短い時間で完了することができます．

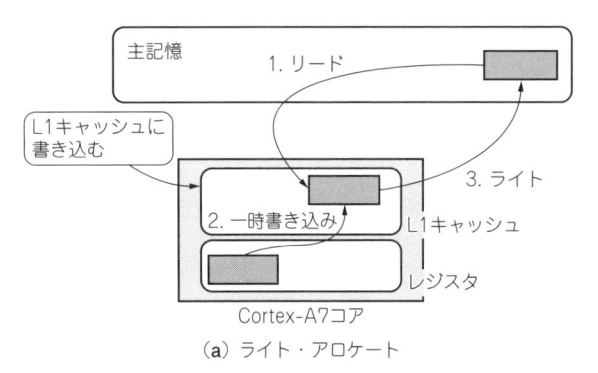

図10 アプリケーションの動作に応じてメモリ・アクセスの方法を変える

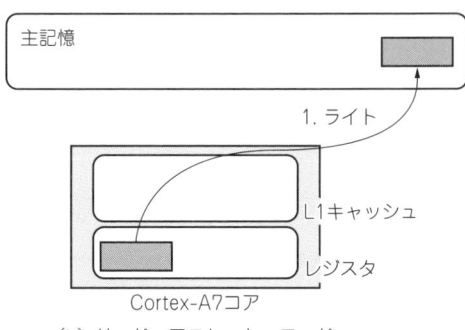

● L2キャッシュ・コントローラもコアに内蔵

　Cortex-A7ではL2キャッシュ・コントローラをコアに統合することで，L2キャッシュ・コントローラを外付けするよりも面積を削減しています．L2キャッシュ・コントローラではMOESI型のコヒーレンス・プロトコルを採用し，複数コアでのデータの共有をサポートします．

　このL2キャッシュ・コントローラは128バイト，256Kバイト，512Kバイト，1Mバイトの容量をサポートして，Cortex-A7を採用するLSI設計を行う技術者が，システム要求に応じた容量を選べるようになっています．ちなみに，本特集の対象であるラズベリー・パイ2では，1MバイトのL2キャッシュが実装されており，それが四つのコアに共有されています．

　このコアに統合されたL2キャッシュ・コントローラは，Cortex-A15やCortex-A17などのプロセッサ・コアに統合されたL2キャッシュ・コントローラと協調することで，big.LITTLEの実現にも活用されます．

● L1キャッシュへの書き込み状況で動作モードを自動チェンジ

　Cortex-A7ではライトバック・キャッシュを採用するため，通常の場合，ライト・リクエストはリード・モディファイ・ライト（read-modify-write）動作で処理されます．これは一度，キャッシュ・ラインの情報をすべてL1キャッシュに読み出したあとに書き換えるという意味です．このような動作を行うポリシをライト・アロケート（write allocate）動作と呼びます．

　しかし，書き込みデータが64バイトのキャッシュ・ラインすべてを書き換えるような場合には，主記憶からデータを読み出す必要はなく，コアが書き込むべき情報をキャッシュせずに主記憶に書けばよくなります．このように書き込みデータをL1キャッシュに書き込まずに，より下位階層のL2キャッシュやL3キャッシュ，主記憶に書き込み要求を発行する動作をライト・ノー・アロケート（write no allocate）動作と

呼びます．

　これらの手法を比較すると後者の動作は単純なメモリ・コピーやメモリをゼロで初期化する場合に読み出しが必要ない，という利点がありますが，スタックの伸長などでデータを書き込む場合には，同じ値をすぐに読みだす可能性があるため，不利となります．

　Cortex-A7は基本的にストアでのキャッシュ・ミスに対してライト・アロケート動作を行います．しかし，ストアのために読み出しを開始したキャッシュ・ラインの読み出し動作が完了する前に，そのキャッシュ・ラインの64バイトすべてのデータがストア・データで書き換えられるような状況が一定回数以上連続した場合には，ライト・ノー・アロケート動作に移行します．この動作では書き込みデータをL1キャッシュやL2キャッシュに書き込まず，直接主記憶に書き込みます．Cortex-A7では，この動作モードをリード・アロケート・モードと呼びます．

　Cortex-A7では上記の状況が3回以上連続するとL1キャッシュがリード・アロケート・モードに遷移し，127回以上連続するとL2キャッシュもリード・アロケート・モードに遷移します（図10）．このモードはライン・フィル中のデータがストア・データで埋められない場合，もしくは，そのデータをロード命令が参照した場合に即座に解除されます．

　このように，Cortex-A7ではアプリケーションの動作状況に合わせて制御を変更することができます．

▶ちなみに…ARM11では自動でできない

　ちなみに，ラズベリー・パイ1で採用されていたARM11でも似た機能は実装されているのですが，メモリ空間（ページ単位）ごとにソフトウェアで明示的に制御する必要がありました．このため，初期化時にはライト・ノー・アロケートで動作して，その後はライト・アロケートで動作するということができません．

のじり・なおとし，いしい・やすお

第8章

レジスタ直たたき！Linuxコマンドだけで試せる

CPUアーキテクチャ Cortex-A7の基本性能を調べる

野尻 尚稔，石井 康雄

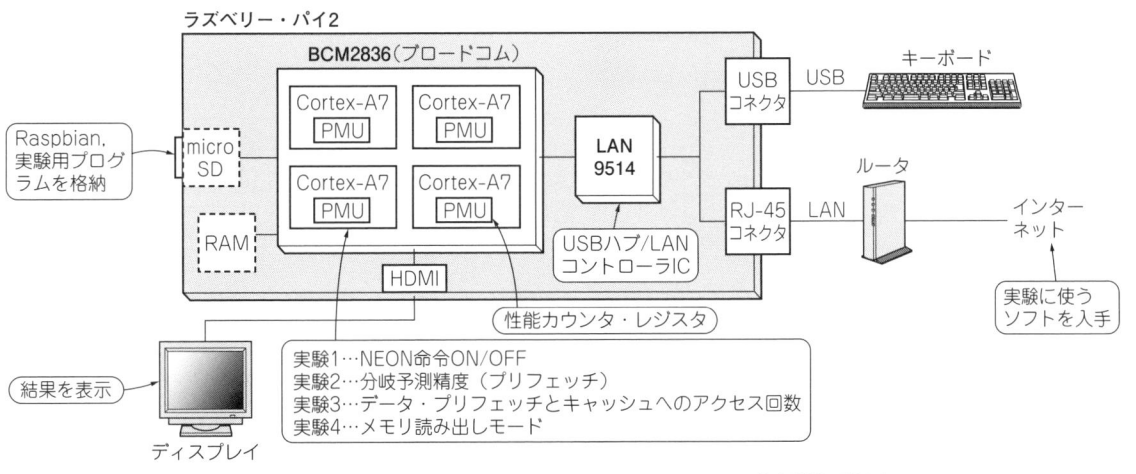

図1 実験の構成…Cortex-A7に備えられた内部イベント用カウンタPMUを調べるとCPUの基本性能が得られる

　ラズベリー・パイ2の実機を使って，Cortex-A7のマイクロ・アーキテクチャの動作を見てみます．残念ながら40nmのプロセスで製造されたBCM2836のCortex-A7の内部動作をプローブを当てるなどして直接観測することは非常に困難です．しかし，アプリケーションでどの程度キャッシュ・ミスが発生したか，といった内部動作に関する情報をゲットすることは可能です．アプリケーション開発を行う上で有用です． (編集部)

実験内容

● CPUコアには内部イベント用カウンタPMUが内蔵されている

　Cortex-A7にはPMUというCPU内部で発生したイベント回数を数える性能カウンタが実装されています．ユーザからこのレジスタを参照することで，プロセッサ内部の回路が意図した通りに動作しているかを確認できます．図1に示す以下の実験を行います．
実験1…NEON命令のON/OFF
実験2…分岐予測精度

実験3…データ・プリフェッチとL2キャッシュへのアクセス回数
実験4…メモリ読み出しモード

● Linuxコマンド「perf」で内部イベント・カウンタPMUを読み取る

　本章ではperfコマンドを利用してPMUの内容を確認する方法を紹介します．perfコマンドとはLinuxに標準的に搭載された性能評価ツールで，もちろん，ラズベリー・パイ専用のLinuxであるRaspbianでも利用できます．

準備

● ハードウェア

　本章ではOSとしてRaspbianを搭載した写真1のラズベリー・パイ2を利用します．
　スタンドアロンで試す場合は，そのほかにキーボード，ディスプレイ，LAN環境，電源が必要です．リモート・ログインする場合は各自の環境に合わせてください．

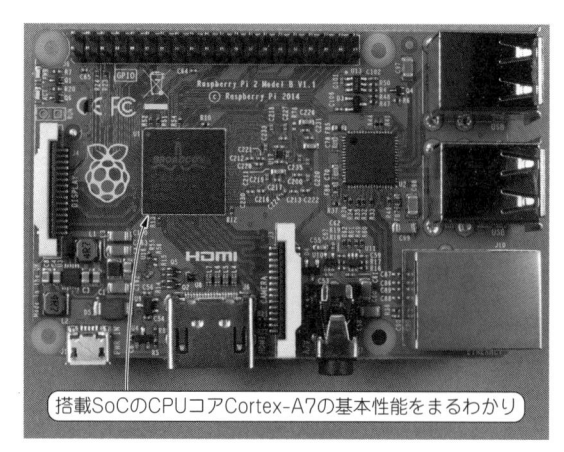

写真1 ラズベリー・パイ2を用意する
搭載SoCのCPUコアCortex-A7の基本性能をまるわかり

● ソフトウェア

ファームウェア・アップデート，評価用ソフトウェア・ツールをインストールします．

なお，ファームウェア・アップデート，ソフトウェアのインストールの後にはシステムの再起動が必要です．

▶ファームウェア・アップデート

Raspbianも`rpi-update`コマンドでファームウェアの更新を行います．

```
% sudo rpi-update
% sudo reboot
```

▶ツールの更新＆インストール

apt-getコマンドを利用してソフトウェア・ツールlinux-toolsをインストールします．apt-getでほかのソフトウェアも最新のものにしておくとよいでしょう．以下のコマンドで実行して完了しておいてください．

```
% sudo apt-get update
% sudo apt-get upgrade
% sudo apt-get install linux-tools
% sudo reboot
```

▶一般的なLinuxディストリビューションでも使える

なお，筆者が評価した時点（2015年6月）ではuname -aをした場合のバージョン表記がLinux raspberrypi 3.18.11-v7+でした．また，これらのソフトウェア環境は一般的なLinuxディストリビューションであれば利用可能ですので，異なるOS環境で同じ機能を利用することも可能です．

■ 実験1…CPU評価の定番Dhrystoneで性能を測る

● Cortex-A7内蔵の性能カウンタを使う

Cortex-A7は全部で四つの性能カウンタを備えています．例えば，分岐予測ミスの回数と分岐回数を取得することで，分岐予測がどの程度正確に分岐結果を予測しているかを知ることができます．表1に利用するカウンタを示します．他にも多数のイベントを計測可能なのですが，誌面の都合で割愛します．詳しくはTechnical Reference Manual（TRM）をご覧ください．

● 測定方法

組み込みCPUの評価によく利用されるDhrystoneを実行した場合にどのような出力が得られるかを確認してみましょう．Dhrystoneはユーザが指定した回数だけ文字列コピーや比較を繰り返す単純なプログラムです．1回の繰り返しが数百命令ほどあり，そこそこタスクが複雑なため，CPUの基礎体力を評価するのに便利なベンチマーク・プログラムです．

ここではDhrystoneを -O2 のオプションでコンパイルして生成した実行ファイルを，ループ回数100万回で実行した場合の性能カウンタの値を調べます．

- 実行した命令数（0x08）
- CPUサイクル（0x11）
- 分岐予測ミスの発生回数（0x10）
- 分岐命令の実行回数（0x0C）

の四つの数値を採取する場合には以下のコマンドでアプリケーション（dhrystone.exe）を起動します．

```
% perf stat -e r08,r11,r10,r0c ./dhrystone.exe
```

すると，各イベントの観測回数がアプリケーションの実行終了時に表示されます．今回のDhrystone実行の結果は表2のようになりました．

表1 測定に使うCortex-A7コア内蔵の性能カウンタ

Event ID	イベント概要	ドキュメント注1上の表記
0x08	実行した命令数	Instruction Architecturally executed
0x11	CPUサイクル	Cycle counter
0xC2	プリフェッチ回数	Line fill because of prefetch
0x16	L2キャッシュ・アクセス回数	Level 2 data cache access
0x05	データTLBミス回数	Data read or write operation that cause a TLB refill at the lowest level TLB
0x10	分岐予測ミスの発生回数	Branch misprediction / not predicted
0x0C	分岐命令の実行回数	Software change of PC
0xC5	リード・アロケート・モード	Read allocate mode

注1：Technical Reference Manual（TRM）

● 結果…1サイクルあたり1命令以上実行できている

実行された命令数が3億4100万命令，CPUサイクル数が3億3100万サイクルですから，1サイクルあたり平均で1.03命令実行されていたことになります．1サイクルあたりの命令実行数がわずかですが1を超えているので，1サイクルに1命令発行しかできないシングルイシューのコアでは達成不可能な性能を発揮したことが確認できます．

また，分岐予測失敗回数が約200万回です．100万回ループさせていますので，1ループあたりの分岐予測ミス回数は2回です．分岐命令数が全部で約4800万回ですので，分岐予測成功率は約96％ということになります．

Perfコマンドを使えば，CPU内部で発生したイベントを観測して，プログラマが意図したようにCPUが動作しているかを確認できます．

■ 実験2… NEON命令による実行性能UP

まずは，NEON命令を使ったときの性能向上を確認してみます．

● コンパイル時にオプションで指定すればNEONを使える

NEONは第7章で紹介したとおり，複数のデータを単一の命令で処理するSIMD命令としてARMv7-Aで新たに追加された命令セットです．非正規化数の処理などがVFP命令などと異なるため，プログラムのコンパイル時に適切なコンパイル・オプションを指定しないと，コンパイラはその命令を利用した機械語を出力してよいか判断がつかず，NEONを利用しないコンパイル結果を出力します．

● コンパイル時のオプション指定

▶NEON命令を使うように指定

リスト1は単純な浮動小数点数の配列同士の加算ですが，ラズベリー・パイ2上で特に指定なくコンパイルを実施すると，通常のARM命令のみを利用した結果を出力します．コンパイラに対してこの配列をSIMD命令を用いて処理してほしいと明示的に伝えるには-mfpu=neonとNEON命令を持つアーキテクチャであることを通知する必要があります．

▶ゼロに近い値を簡易的にゼロとして演算する

さらに，-funsafe-math-optimizationsというオプションを加えてコンパイルを実行する必要があります．このオプションは浮動小数点数の非正規化数の演算を簡略化することを許容するために必要なオプションです．NEON命令では非正規化数のうち，

表2 Dhrystone実行結果…1サイクルあたり1命令以上実行できている

イベント	回 数
実行した命令数	341,925,959
CPUサイクル	331,966,133
分岐予測ミスの発生回数	2,028,666
分岐命令の実行回数	48,101,378

ゼロに近い値をゼロとして演算する（flush-to-zero）という動作を実施します．わずかですが結果が変わる可能性があるため，通常はコンパイラで勝手に適用することはありません．そのため，ユーザが明示的に指定する必要があります．

そうした簡略化を行うと十分な精度が出ないのではないかという心配もあるかもしれませんが，非正規化数は32ビット表現で2^{-127}以下（10^{-40}）の数値を表すとき以外には出現せず，しかも，これらの値は2^{-100}以上の値に対して加算した場合にはゼロとして扱われるため，多くの場合アプリケーションの実行結果には影響を与えません．こうした簡略化はSIMD命令を備える多くのプロセッサで採用されています．

▶ベクトル化でNEONの効果が十分に出るようにする

さらに，自動的にNEONを有効に利用するためには，ベクトル化が必要なので-ftree-vectorizeオプションも必要です．

まとめると，以下のようなオプションでコンパイルすることになります．vsum.cはソースコード，-O2は標準的な最適化を指定する最適化オプションです．

```
% gcc -O2 -mfpu=neon -ftree-
vectorize -funsafe -math-
optimization -c -o vsum.o vsum.c
```

ちょっと長くて面倒だ，という場合には，-O3の最適化が-ftree-vectorizeを含み，-ffast-mathが-funsafe-math-optimizationsを含むエイリアスなので，

```
% gcc -O3 -mfpu=neon -ffast-math
 -c -o vsum.o vsum.c
```

としてコンパイルすることもできます．

リスト1 実験で使うプログラム

```
#define SIZE (1<<20)
float a[SIZE], b[SIZE], c[SIZE];
void work(int m){
    int i;
    int n=1<<m;
    for(i=0; i<n; i++){  //配列の加算
        a[1] = b[i] + c[i]
    }
}
```

表3 NEON命令を使うと処理速度が2.5倍近くアップする

イベント	NEONあり	NEONなし	比注
CPUサイクル	4,907,311,299	11,844,523,757	2.41
実行した命令数	3,688,644,062	9,471,436,828	2.56
1サイクルあたりの実行命令数	0.75	0.8	0.93

注：NEONなしを1としたときの性能比

リスト2 分岐予測の実験で使うプログラム

```
int work(int n){
    int s = 1;
    while(n > 0){
        s = (s + 1) << 1;
        n--;
    }
    return s;
}
```

● 実験プログラム…100万要素の行列加算を1000回繰り返す

では，このような手間をかけてNEON命令を使うことで，どれだけの性能向上が得られるかを調べるため，100万要素のベクタ加算を1000回繰り返すプログラムを実行して，その実行時間を利用して評価してみます．

● 実験結果

表3に各コンパイル・オプションでの実行時間を示します．

▶処理速度…2.41倍の高速化

ご覧のように実行時間で2.41倍の高速化がなされていることがわかりました．高速化の要因にはベクトル化された命令で2要素を一度に処理できる，という点が大きいのですが，ベクトル演算向けのロード・ストア命令のアドレッシング・モードの強化も大きな要素として挙げられます．

▶命令数…2.56倍の差

結果として，最内ループがNEONありの場合には7命令で2要素処理するコードが生成されています．対して，NEONなしの場合には9命令で1要素を処理するコードとなっていて，命令数で2.56倍の差が出ていました．NEONありの場合には1クロックあたりの実行命令数が93％程度とわずかに低下しているものの，ほぼ変わらない効率で処理できており，結果として非常に大きな実行時間の差になっています．

実験3…分岐予測精度

● 分岐予測ミス回数をカウントする

分岐予測機構の性能を見てみます．単純なループに対する分岐予測ミス回数を見ることで，分岐予測機構がどの程度の分岐を予測可能かを確認します．

分岐予測機構の評価に利用したプログラムをリスト2に示します．

● 実験プログラム…指定した回数だけループする

プログラム自体は非常に簡単で，関数の引き数で渡したループ回数だけループを実行して，返り値を戻すという処理を行います．同じ引き数で上記の関数を100万回実行します．

● 実験結果

分岐命令数，分岐予測失敗回数，1サイクルあたりの実行命令数は図2のように変化しました．

▶ループ長11でなぜか分岐予測ミスが起きる

興味深い点はループ長10の場合では約1200万回の分岐命令実行で分岐予測失敗回数が13,891回と99.9％程度の予測成功率を達成しているのに対して，ループ長を11回に増やすと失敗回数が約100万回に増加する点です．これはCortex-A7の分岐予測機構が過去の分

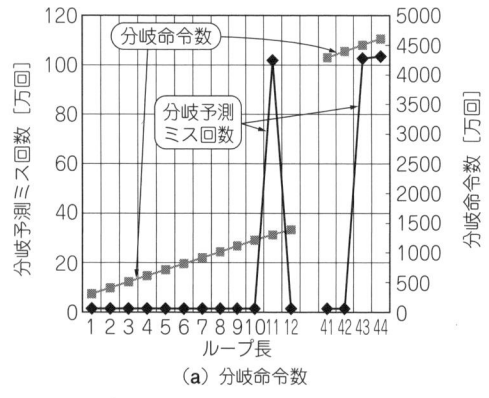

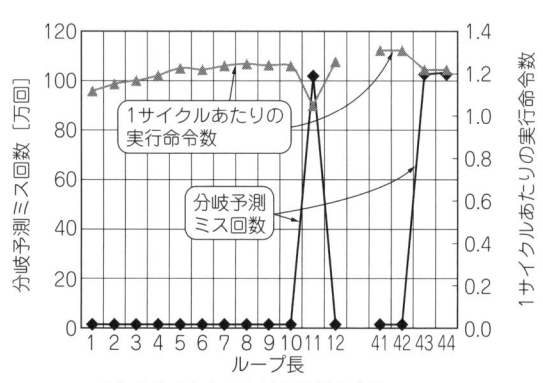

図2 ループ長11と43以上で分岐予測がおかしくなる

(a) 分岐命令数

(b) 1サイクルあたりの実行命令数

岐結果を10個程度まで確認して学習する能力をもっていたことを意味します．さらにループ長を12以上に増やすと再び予測精度が99.9%となり，ループ長42までは予測精度が高い状態が続きます．ループ長が43になった時点で，再び100万回程度の分岐予測ミスを観測しました．

また，分岐予測精度が最も低かったループ長11回のケースでは，1サイクルあたりの実行命令数も1.05とループ長10の1.25から約15%ほど低下しており，8段パイプラインで分岐予測ミスのペナルティが小さい小規模なコアでも意外と大きな性能インパクトがあることがわかります．

実験4…データ・プリフェッチとL2キャッシュの効き目

● 配列の和を取るプログラムでプリフェッチとL2キャッシュへのアクセス回数を調べる

キャッシュ・メモリへのプリフェッチを評価するために，NEONの評価で利用した二つの配列の和を取るプログラムを使います．配列は2048要素（3×8Kバイト＝24Kバイト）と65536要素（3×256Kバイト＝768Kバイト）の二つのサイズで評価をしてみます．前者の設定ではデータはL1キャッシュに載り切るはずで，後者の設定ではデータはL2キャッシュに残っていることが想定されます．それぞれ，配列の和を100回，200回，300回実施した場合に，どの程度プリフェッチやL2キャッシュへのアクセスが発生しているかを調べてみます．

● 実験結果

表4に実験結果を示します．

▶ L1キャッシュを有効利用できる場合…プリフェッチ＆L2アクセス回数は固定

2048要素の場合には，ループ回数にかかわらず1000回程度のプリフェッチと数十万回程度のL2アクセスがありました．

▶ L2キャッシュにデータがある場合…ループ回数によってプリフェッチ＆L2アクセス回数が増減する

65536要素の場合には，ループ回数の増加に伴うプ

表4 プリフェッチとキャッシュへのアクセス回数
L1キャッシュに載り切るかどうかで回数と傾向が変わる

イベント	2048要素	65536要素
プリフェッチ回数（100回）	1295	22702
プリフェッチ回数（200回）	1027	31875
プリフェッチ回数（300回）	1355	55322
L2キャッシュ・アクセス回数（100回）	332729	9557799
L2キャッシュ・アクセス回数（200回）	165006	16067025
L2キャッシュ・アクセス回数（300回）	224001	27565705

リフェッチ回数，L2キャッシュ・アクセス回数が増加しています．

キャッシュ・メモリは分岐予測機構と異なり，ほかのコアと共有されているため，ほかのコアの挙動次第で，予期しない値が現れることもあります．そのため，皆さんが評価をするときには，何度かデータを採取するようにしてみてください．

実験5…高速メモリ読み出し

● L1キャッシュを使わないで動かすリード・アロケート・モードへの移行を調べる

第7章でリード・アロケート・モードという動作があることを紹介しました．このモードは不要なリード・モディファイ・ライトを抑止する動作です．不要な場合にL1キャッシュを利用しないためメモリの読み出しが高速になる動作です．

● 実験用プログラム…配列を更新/コピーする

以下の二つのプログラムを使って，その影響を確認してみましょう．

- 同一の配列を更新するプログラム（リスト3）
- 配列をコピーして格納するプログラム（リスト4）

双方ともに配列の各要素を＋1するというものです．しかし，前者のプログラムでは同一の配列を更新しているのに対して，後者のプログラムでは一つ目の配列の要素を＋1して，ほかの配列に格納するという挙動を行います．以下では，それぞれ更新型，コピー型と呼ぶことにします．更新型では配列aがリード・

リスト3 同一の配列を更新するプログラム…リード・アロケート・モードの実験1

```
#define SIZE(1 << 20)
int a[SIZE];
void work(int m){
    int i;
    int n = 1 << m;
    for(i=0; i < n; i++){    //配列の更新
        a[i] = a[i] + 1;
    }
}
```

リスト4 配列をコピーして格納するプログラム…リード・アロケート・モードの実験2

```
#define SIZE(1 << 20)
int a[SIZE], b[SIZE];;
void work(int m){
    int i;
    int n = 1 << m;
    for(i=0; i < n; i++){    //配列のコピー
        a[i] = a[i] + 1;
    }
}
```

表5 L1キャッシュを使わないリード・アロケート・モードの実験結果

イベント	更新型	コピー型	比率
実行した命令数(100回)	528,644,192	634,790,645	0.83
実行した命令数(200回)	1,056,964,279	1,262,647,715	0.84
CPUサイクル(100回)	833,239,412	650,750,499	1.28
CPUサイクル(200回)	1,636,755,383	1,276,363,038	1.28
リード・アロケート・モード(100回)実行時間	6,758,891	641,727,424	0.0105
リード・アロケート・モード(200回)実行時間	6,934,959	1,269,083,565	0.0055

表6 NEON命令でもやってみた

イベント	更新型	コピー型	比率
実行した命令数(100回)	266,208,528	265,946,987	1
実行した命令数(200回)	530,326,140	529,624,615	1
CPUサイクル(100回)	544,489,462	345,636,444	1.58
CPUサイクル(200回)	1,093,361,737	690,567,174	1.58
リード・アロケート・モード(100回)実行時間	6,764,179	341,123,029	0.0198
リード・アロケート・モード(200回)実行時間	6,300,244	675,250,774	0.0093

モディファイ・ライトされますが，コピー型では配列aのデータはプログラム中では利用されず，配列bがダブルバッファリングされたような状態になっていることを覚えておいていただければと思います．

● 実験結果

　更新型，コピー型のプログラムを100回実行した場合と200回実行した場合の命令数，実行サイクル数，リード・アロケート・モードの時間を表5に示します．

▶プログラムの内容によってはコピー型を使うと有利になる

　更新型はコピー型と比較して命令数が2割弱少ないのですが，実行時間は1.28倍に伸びています．また，コピー型の場合にはリード・アロケート・モードの実行時間がCPUサイクル時間とほぼ同じ数値になっています．

　これは何を意味するかというと，ライフ・ゲームのように時間発展して状態を変更するようなプログラムでは，リード・アロケート・モードを上手に活用すれば性能を向上できる可能性があるということを意味します．

▶おまけ…NEONでも同じ効果が得られる

　ちなみに，このプログラムもNEONによって高速化できます．NEON向けの最適化オプションを付けてコンパイルをしたバイナリで得られた実行時間は表6のようになります．

　NEON命令を利用する際の最適化で更新型，コピー型双方で命令数がほぼ等しくなっていますが，相変わらずCPUサイクル数には差があり，リード・アロケート・モードによるリード・モディファイ・ライトの抑止が性能向上に貢献していることが確認できます．

*　　　*　　　*

　Cortex-A7マイクロ・アーキテクチャの性能への影響を，実際にラズベリー・パイ2を利用して確認しました．性能カウンタの内容はARM Architecture Reference Manual（ARM ARM）で規定されるものとTechnical Reference Manualに記載される実装依存のものがあります．今回利用した例では，CPUサイクルはほかのプロセッサ・コアでも共通ですが，リード・アロケート・モードはCortex-A7特有のものになります．もしも皆さんがほかのプロセッサ・コア（Cortex-A9やCortex-A57）でperfコマンドを利用する場合には，各デバイスのTechnical Reference Manual（TRM）を読んで，適切なオプションを利用するようにします．

のじり・なおとし，いしい・やすお

コラム　最低限これだけ！ARMアーキテクチャの基礎知識　　　野尻 尚稔，石井 康雄

● ARMv6までのアーキテクチャ

　ARMアーキテクチャは，その時々の携帯電話，スマートフォンといったモバイル製品からの機能上の要求や，こういった製品に利用できる半導体技術，製造コストに大きな影響を受けています．

　もともとのARMアーキテクチャは，32ビット固定長命令（ARM命令セット）のみを規定していましたが，プログラム格納用メモリが高価だった1990年代には，コード密度を高めるためにARMv4に対する拡張としてThumbという16ビット長命令セットが追加され，2000年代にはJavaのバイト・コードを直接実行するためにARMv5に対する拡張としてJazelleが，ARMv6では音声・画像のメディア処理などを高速化するSIMD命令が追加されました（図A）．

　その後ARMv6には，モバイル決済などのためのセキュリティ拡張（TrustZone），Thumb命令セットに対する拡張としての32ビット長命令Thumb-2テクノロジなどが追加されました．実際のARMプロセッサに対しては，これらの拡張が個別に異なる

第8章　CPUアーキテクチャ Cortex-A7の基本性能を調べる

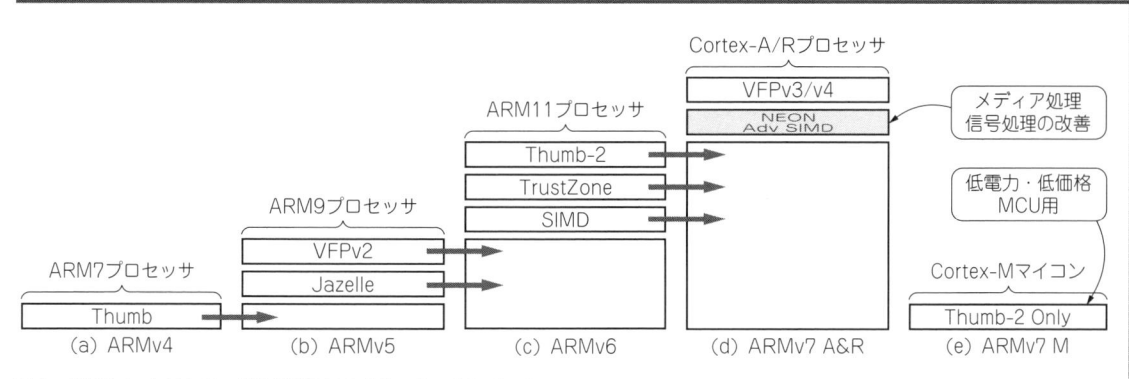

図A　ARMアーキテクチャは世代ごとに命令をマシマシしている

(a) ARMv4 : Thumb (ARM7プロセッサ)
(b) ARMv5 : VFPv2, Jazelle (ARM9プロセッサ)
(c) ARMv6 : Thumb-2, TrustZone, SIMD (ARM11プロセッサ)
(d) ARMv7 A&R : VFPv3/v4, NEON Adv SIMD (Cortex-A/Rプロセッサ) — メディア処理 信号処理の改善
(e) ARMv7 M : Thumb-2 Only (Cortex-Mマイコン) — 低電力・低価格 MCU用

ARM11プロセッサに実装されたため（例えばARM1176 JZF-SにはTrustZoneのみが実装），すべての拡張を同時に取り込んだARMプロセッサは，ARMv7世代のCortex-A9 MPCoreが最初となりました．

● アーキテクチャを整理したARMv7

　ARMv7では複雑化するアーキテクチャ仕様を用途別に整理し，三つのプロファイルに分割しました．このプロファイルには，リッチOSを実行するためのMMUを搭載するアプリケーション・プロファイル（A），MMUの代わりにMPU（メモリ保護ユニット）を用いることでリアルタイム応答性を重視したリアルタイム・プロファイル（R），命令セットと例外モデルを単純化したマイクロコントローラ・プロファイル（M）が規定されています．それまで性能要求が高くない用途には，ARM7やARM9といったARMv4/v5世代のプロセッサが使われていましたが，このままでは性能レンジによって使用できる機能セット，命令セットに大きな差異が生じ，OSやコンパイラ，ミドルウェアからのサポートを複雑にする，アーキテクチャ上の新しいアイディアを小規模なプロセッサに反映させることができないという課題がありました．

　プロファイルを分割することにより，各ARMプロセッサは最新の機能をもちながら，用途に応じて内部構造を最適化できるようになったのです．ARMではARMv7世代以降（後に追加されたARMv6-M世代を含めて），プロセッサ製品にCortexというブランド名を使用し，Cortex-A8/R4/M3といったように，どのプロファイルを実装したプロセッサなのか対応が付くような名称を与えています．

　このプロファイルという考え方は最新のARMv8にも引き継がれていて，現時点でARMv8-Aと-Rが発表済みです．ARMv8-Aは，AArch64という64ビット・アーキテクチャを含む形で進化しましたが，ARMv7-Aまでの従来のコードはAArch32実行モードでほぼそのまま実行できるようになっています．またARMv8-Aの拡張として，ARMv8.1-Aを開発中であることが明らかにされています[1]．

● 64ビットのARMv8-Aアーキテクチャ

　ラズベリー・パイ2で採用されたCortex-A7はARMv7アーキテクチャに基づく32ビット・アーキテクチャのプロセッサですが，ARMでは最新のアプリケーション・プロセッサ向けのアーキテクチャであるARMv8-Aアーキテクチャで64ビット化を実現し，サーバやPCなどを含めた多くのプラットホームで透過的に利用できるアーキテクチャを提案しています．すでにARMv8-Aアーキテクチャを採用したCortex-A53，Cortex-A57，Cortex-A72を発表してスマートフォンやタブレットなどで利用できるようになっています．

　ARMv8-AアーキテクチャではARMv7までの命令セットをAArch32として継承しつつ，あらたにAArch64という命令セットをサポートしています．AArch64では，32ビットのアドレス空間を64ビットに拡張するほか，ARM命令セットで広く利用されていた「条件付き実行（Conditional Execution）」を大幅に縮小し，空いた命令空間を利用してレジスタ数を，AArch32の16本（2本はスタック・ポインタとプログラム・カウンタ）から，31本（スタック・ポインタとプログラム・カウンタは独立）へとほぼ2倍に増やしています．さらに，例外レベルをPL0，1，2の三つからEL0，1，2，3の四つに拡張してより強力な仮想化機能もサポートしています．

◆参考文献◆
(1) http://community.arm.com/groups/processors/blog/2014/12/02/the-armv8-a-architecture-and-its-ongoing-development

のじり・なおとし，いしい・やすお

第2部 大解剖！ラズベリー・パイ2

Appendix 1

公開済みドキュメントから読み解く

BCM2835/2836プロセッサの内部構造を考察する

中森 章

写真1 ラズベリー・パイ1の心臓部はARM11プロセッサBCM2835

写真2 ラズベリー・パイ2の心臓部はCortex-A7プロセッサBCM2836

搭載BCM2835/BCM2836プロセッサの素性

● 元祖ラズベリー・パイ1用BCM2835は汎用マルチメディア・プロセッサ

　ラズベリー・パイのプロセッサであるBCM2835（写真1）のシリーズ名はBCM2708です．参考文献(2)によれば，BCM27xxとは「Broadcomの携帯マルチメディア・プロセッサで使用されている携帯電話，ディジタル・カメラ，ビデオ・カメラ，TVに必要とされる機能を集積した次世代の携帯向けプロセッサ」とあります．

　ラズベリー・パイの開発目的は教育用のシングル・ボード・コンピュータです[3]ので，そのコンピュータ体験を実感するために，画像とか音などのマルチメディア環境がすぐに使えるというのは非常にわかりやすいことだと思います．BCM2835はラズベリー・パイのためのカスタム・プロセッサではなく，Broadcomの標準プロセッサです．

● 最新ラズベリー・パイ2用BCM2836はスマホ向けプロセッサの選別品か？！

　BCM2836（写真2）とは，簡単にいえば，ラズベリー・パイ1のBCM2835のCPUコア部をARM1176JZFからARM Cortex-A7 MPCore（4コア）に差し替えたプロセッサです．これはBCM2709がプロセッサのシリーズ名でBCM2836が個体を示します．CPUコアの動作周波数は700MHzから900MHzに向上していますが，周辺の動作周波数に変更はないようです．たとえば，GPUであるVideoCore IVの動作周波数は250MHzのままです．

　BCM2836の開発経緯に関しては全く謎です．スマートフォン向けにBroadcomがCoretx-A7のクアッド・コアとVideoCore IVを内蔵したBCM23550（動作周波数は1.2GHz）を開発しています[10]ので，そのダウンサイジング版なのかもしれません．実際，BCM2836を1020MHzまでクロック・アップして動かしたという話もあるみたいなので，無理すれば1GHz超えの動作周波数も可能なようです（そもそも，開発者自身がオーバー・クロックの可能性を示唆している[17]）．BCM2836はBCM23550の周波数選別品なのかもしれません．

情報ほぼ未公開… BCM2836プロセッサの内部構造

　名前は有名なBCM2835/2836ですが，内部資料は皆無に近い状態です．最近（？）のプロセッサであるBCM2836だけでなく，その原型のBCM2835に関しても情報はあまりありません注1．

　ラズベリー・パイ上でのプログラム開発において

Appendix1 BCM2835/2836プロセッサの内部構造を考察する

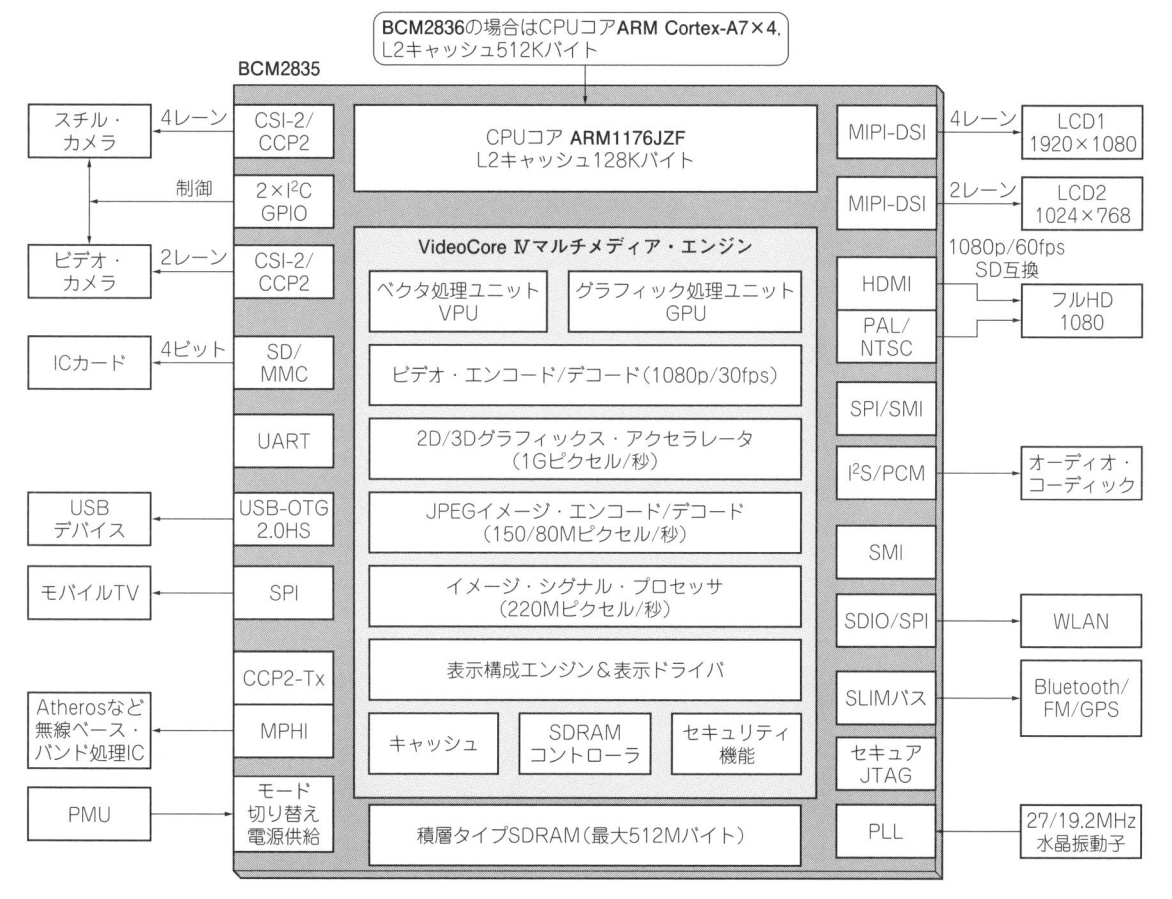

図1 元祖ラズベリー・パイ用BCM2835プロセッサの内部ブロック
最新ラズベリー・パイ2用BCM2836プロセッサは，基本的には，CPUコア部がARM Cortex-A7 MPCore（4コア）とL2キャッシュ512Kバイトに変わっただけ．BCM2708/BCM2709と同じシリーズで恐らく同様の構造だと思われるBCM2727（VideoCore III内蔵）のブロック図である参考文献(20)を基本に，参考文献(5)(6)(18)(19)などを参照して筆者が想像

は，参考文献(5)で何とか間に合うのですが，筆者のようなハードウェア・オタクにとっては，ハードウェアに関する情報がないというのはフラストレーションたまりまくりです．

しかし，乗りかかった船です．これで泣き寝入りすることはできません．

参考文献を基に筆者が作図したのが**図1**です．並べてみただけですが，こうして図示されるとBCM2835のマルチメディア・プロセッサとしての特徴が俯瞰できて非常に有用です．**図1**を見ての感想は，マルチメディア系のインターフェースを周辺機能として多数持っていますが，結局は，CPUコアとマルチメディア・エンジン（VideoCore IV）が主要な機能のように思えます．

注1：BroadcomのサイトにはBCM2835の詳細が掲載されていた形跡があるのですが，今ではリンク切れです．元になったと思われるBCM23550の資料も存在しないようです（2015年6月執筆時点）．

▶元祖BCM2835プロセッサ

図1ではARM1176JZF部に「L2キャッシュ」なる表記がありますが，ARM1176は専用のL2キャッシュ・インターフェースを有していないので，これは独立した128Kバイトのシステム・キャッシュになります．

▶最新BCM2836プロセッサ

BCM2836ではCortex-A7のL2キャッシュ・インターフェースを利用して512KバイトのL2キャッシュを実装します[17]．その割には「ARMのトラフィックは直接SDRAMに流れる」そうで，Cortex-A7はL2キャッシュを使用していない雰囲気もあります．Cortex-A7に直結するL2キャッシュは外部からはアクセスできないはずです．VideoCore IVが従来使用していたシステム・キャッシュが排除されたとなると，Coretx-A7直結のL2キャッシュは膨大な無駄領域になってしまいます．ここら辺の構造は謎です．個人的には，従来のシステムL2キャッシュの容量が倍増したと考えるのが妥当だと思います．

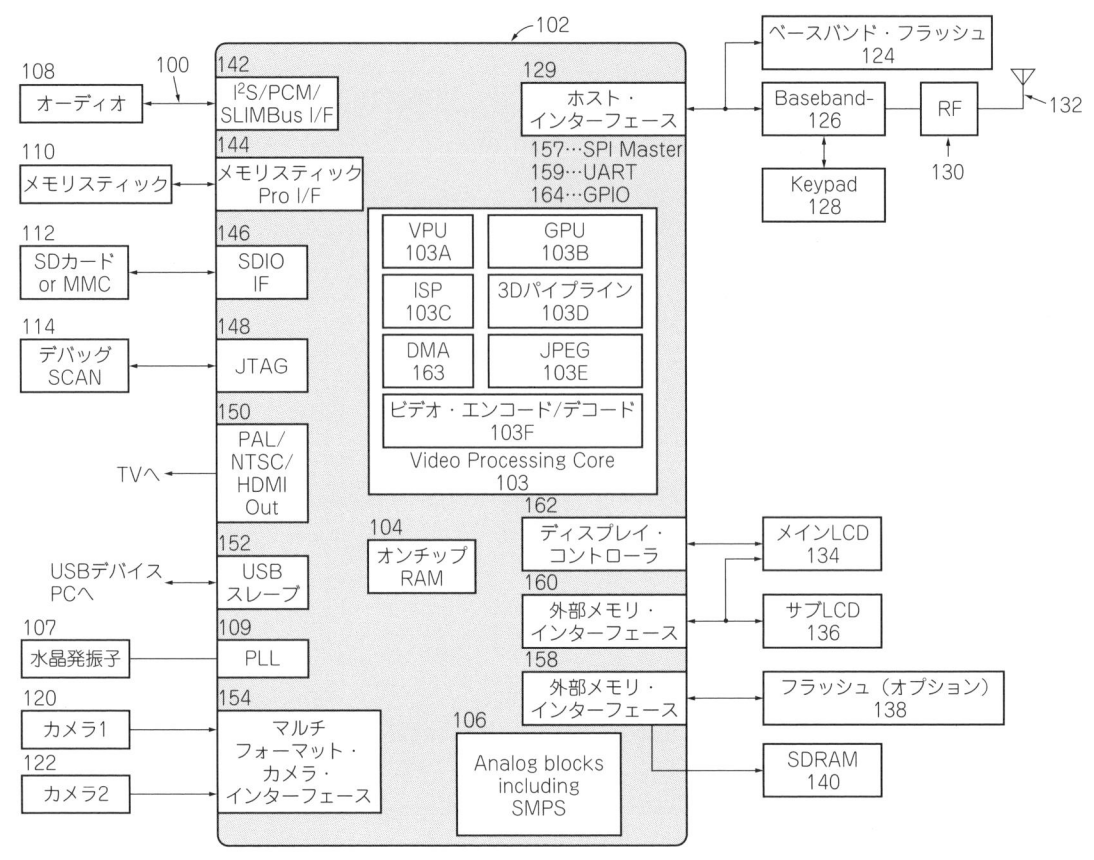

図2[18] 世界の有志は図1の元祖ラズベリー・パイ用BCM2835プロセッサの内部構造とほぼ同じ図が示されているBroadcomの特許US20110264902を解析しているようだ

GPUコア VideoCore IV

　CPUコア以外でキーとなるGPUコアVideoCore IVの内部構造に関して調査報告を行います．

　VideoCore IVは，謎の多いGPU（？）です．図1を見るとVPU（ベクトル処理ユニット）とGPU（グラフィックス処理ユニット）の二つのコアがあり，当初デュアル・コアなどといわれていました．しかし，初代ラズベリー・パイが発売されて2年後の2014年2月28日にVideoCore IVのリファレンス・マニュアル[6]がBroadcomから公開されましたが，デュアルコアという表記はどこにも見当たりません．むしろ，QPUというグラフィックス・コアを4個搭載するスライスという塊が（最大）4組実装可能な1コアのプロセッサのように感じます．これは，一体どういうことなのでしょう？

● Broadcomの特許から考察

　デュアル・コアという噂が立ったのは，明らかにBroadcomの情報公開が遅いせいであるのですが，有志によるBroadcomの特許の解析が発信元だと思われます．その特許はUS20110264902です．参考文献(7)にその解説が載っています．これは非常に興味深い内容です．ここでも，いくつか図表を引用します．

　まず，図2に件の特許の図1Bを示します．「どこかで見たような…」と思っていたら，図1とほとんど同じものですね．番号103で言及されているVideo Processing CoreはVideoCore IVそのものです．ということは，BCM2835とは，CPUコアを除くと，VideoCore IVしか内蔵されていないのかもしれません．Video Processing CoreではVPUとGPUが機能分解されて示されていますので，おそらくこれがデュアル・コアの由来です．同特許の図2ではVideo Processing Coreのブロック図が示されています．それを図3に示します．図3を見ると，VPUというのはVideo Processing Coreの一機能に過ぎないことがわかります．しかし，同特許では，VPU（Scalar/Vector Processor）とGPU（3Dパイプライン）が2大機能として取り上げられています．VPUとGPUの概要は後述します．

　しかも，図3で興味深いのはビデオ処理コアの中にSDRAMコントローラやディスプレイ・コントローラ

Appendix1 BCM2835/2836プロセッサの内部構造を考察する

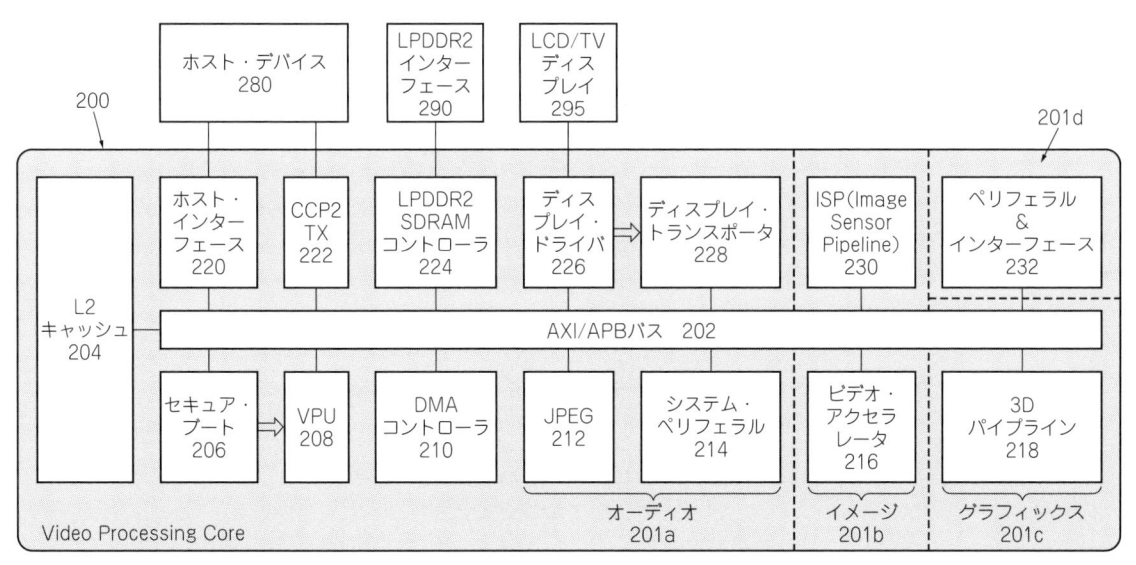

図3[18] Broadcomの特許US20110264902に示されている図…実はBCM2835/BCM2836プロセッサのCPUコア以外の部分はほぼVideoCore IVだけなのかもしれない
特許の話なので現実は異なる可能性があります

などの周辺デバイスを内蔵していることです．もしこの特許を信じるとしたら，上述の推測の通り，VideoCore IVの内部に周辺デバイスの機能をほとんど内蔵していることになります．

● VPUを2個とQPUスライスを3個内蔵している…ようです

参考文献(8)によると，実際のBCM2835の実装では，図4のようにVPUが2個，QPUのスライスが3個含まれているそうです．この情報も確認する術がありません．VideoCore IVの浮動小数点性能が24GFLOPS（計算は後述）というのはBroadcomの公式見解なので，それから逆算するとQPUが3個（スライス）となるのだと考えられます．

VPUが2個というのは実は非常に謎です．参考文献(6)に記載されたVideoCore IVのブロック図を見てもVPUに相当する個所を見つけることができません．ただし，GPUの駆動はVPUのためのバイナリ・ファームウェアで行われることから，VPUという部分は確実に存在していると思われます．しかし，それはBroadcomとのNDA案件なのかもしれません．VPUはコプロセッサという表記もあり，やはり秘密の（隠された）ユニットというのが筆者の見解です．

● VPUの特徴

VPUの機能は参考文献(7)によると，次のように解説されています．要するにビデオ処理用のSIMDエンジンです．
・VideoCore IVのデュアル・コア形態のマルチメディア・コプロセッサ

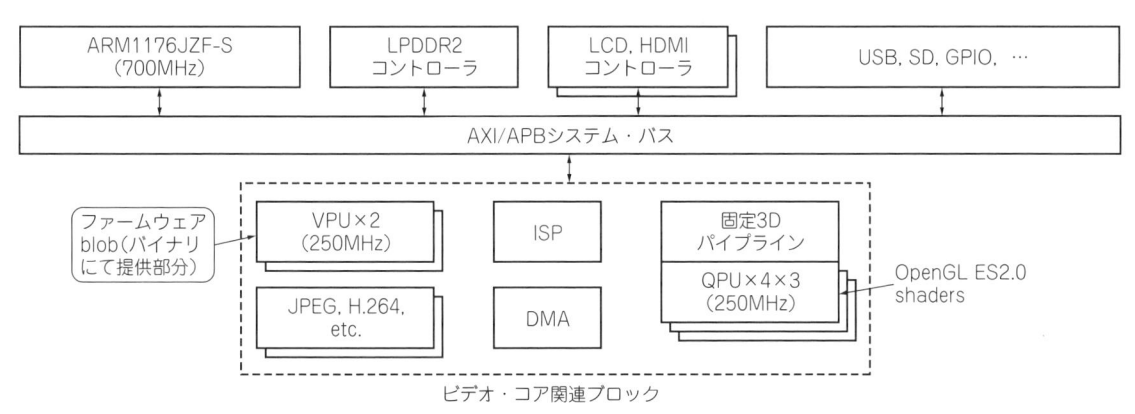

図4[8] VPUが2個とQPUスライスが3個入っている

- ベクタ・ユニットを使用し，DVD用途でVP6，VP7，VP8，RV（RealVideo），Theora，WMV9のソフトウェアによるデコードが可能

参考文献（8）ではVPUを次のように解説しています．

- ほとんどすべてのOpenGLコマンドをオフロード（負荷低減）するメディア/DSPコプロセッサ
- ソフトウェアでいくつかのビデオ・コーディックをデコード（VP8，Theroa，WMV9など）
- 2次元ベクタ・レジスタは行と列で参照可能
- PPU（Pixel Processing Unit）は同時に16要素を処理可能

こちらも件の特許が情報源のようです．しかし，実チップに実装されたVPUの詳細を記載した資料はどこにも見当たりません．2組のスカラ・ポートを1組のベクタ・ポートで共有するような構造ですので，この形態がデュアル・コアなのかもしれません．GPUを駆動するためのVPUに対するファームウェアはオープン・ソースではなく，バイナリ形式のBLOBという形態で供給されます．やはり，VPUの中には何らかの謎が潜んでいると思われます．

● GPU（QPUスライス×3）の特徴

GPUの機能は参考文献（7）によると，次のように解説されています．要するにグラフィックス処理用のSIMDエンジンです．このGPUは，1スライスに4個のプロセッサを内蔵するためクアッド・プロセッシング・ユニット（Quad Processing Unit：QPU）と呼ばれます．1チップには最大4スライスを内蔵可能なようです．

- 低消費電力で高性能なOpenGL-ES 1.1/2.0をサポートするGPU．
  フィル・レートは1Gピクセル/秒．
  ［（6）によると，OpenVG 1.1もサポートする］
- 24GFLOPSの浮動小数点性能（3×4×8×250MHz）．
  "3"の意味：参考文献（3）ではBCM2835は3個のQPUを含む（参考文献（6）では4個のQPUを内蔵）
  "4"の意味：一つのQPUは4個のプロセッサを含む
  "8"の意味：QPUは128ビット幅のALU（単精度浮動小数点4個分）を加算と乗算で2命令同時発行

また，参考文献（8）ではGPUを次のように解説しています．

- 時分割にによる仮想的な16ウェイSIMD
  物理的には4ウェイ
  ALUのレイテンシは隠ぺいされる
- 加算と乗算の2命令同時発行可能
- 2組のレジスタ・ファイル
  各32ビット×32エントリ
- 特殊レジスタ
  r0-r4：アキュムレータ

3Dパイプラインと内蔵メモリへのI/Oマップされたレジスタ
- ハードウェアによるマルチスレッド

QPUのパイプラインは1スライスに4個存在するQPUのそれぞれが2命令同時発行可能な8段パイプラインで浮動小数点演算を実行します[6]．パイプラインのフロントエンドでは，描画命令が共有命令キャッシュから各QPUに供給されます．

一つのQPUの演算部は加算用パイプラインと乗算用パイプラインの2系統を備え，それぞれに対して同時に最大2命令を発行できます（Appendix2参照）．加算用パイプラインでは，加算形タイプの演算，整数ビット操作/シフト/論理演算，8ビット・ベクタの飽和機能付き加減算を処理します．乗算用パイプラインは整数と浮動小数点間の乗算，8ビット・ベクタの加算/減算/最小値/最大値，乗算を処理します．各パイプラインの処理時間は4サイクルで，1サイクルごとに一つの加算と一つの乗算を完了できます．

● VideoCore IVのほかの特徴

参考文献（7）に記載されているそのほかのVideoCore IVの機能には次のようなものがあります．

▶ビデオ・エンコーダ/デコーダ
　1080p30fpsのフルHD/HP/H.264形式のビデオのエンコード/デコード機能
　H264，MPEG1/2/4，VC1，AVS，1080p30fpsのMJPG形式をハードウェアでデコード可能

▶イメージ・センサ・パイプライン（ISP）
　最高20Mピクセルのカメラにおいて，最高220Mピクセル/秒の処理が可能

▶L2キャッシュ（ARMコアに密着しているL2キャッシュを流用）
　容量：128Kバイト
　4ウェイ・セット・アソシアティブ構成
　デフォルトではGPU専用でARMコアからのアクセスはバイパスする

BCM2835とBCM2836の互換性

● 基本的には互換性がある

BCM2835のCPUコアはARM1176JZF，BCM2836のCPUコアはCortex-A7であることは既に述べました．そこで気になるのがソフトウェア（バイナリ）の互換性です．ラズベリー・パイ2は，ハードウェア的には，初代ラズベリー・パイのモデルB+とメモリ・サイズ以外の違いはないようです．基本的には周辺デバイスの互換性はありそうです．

● 変更になった部分はLinuxが吸収してくれる

周辺デバイスのベース・アドレスが，0x20200000から0x3F20000に変更になっていますが，どちらもLinux（Raspbian）の仮想アドレス（0xF2200000）からアクセスできるようになっていると思いますので，ソフトウェアの変更は不要だと思います．

CPUコアに関しては同じARMなので下位互換性があると思われますが，片やARMv6，片や後発のARMv7-Aアーキテクチャなので拡張機能があります．新規に拡張された部分は問題ないと思われますが，問題は削除された機能です．

すぐに思いつくのはL1データ・キャッシュの一括操作機能（無効化，クリーン・ナップ）がARMv6からARMv7-Aで削除されました．もっとも，キャッシュ操作命令は特権命令なので，Linuxカーネルの中に隠ぺいされてユーザ・プログラムへの影響はないと思われます．動作周波数が高くなったことによるタイマ機能の誤差修正もカーネルの問題でしょう．

その意味では，OSの実装を前提とするラズベリー・パイのようなシングル・ボード・コンピュータでは，互換性の問題はほとんど発生しないのかもしれません．実際，OSであるRaspbianではCPUコア依存部の差し替え（/boot/kernel.img→/boot/kernel7.img）だけでラズベリー・パイ2対応になるそうです．

● 例外…SIMD命令は互換性がない

ただし，ARM1176のSIMD命令（DSP拡張）が使われていた場合は，Cortex-A7のAdvanced SIMDと互換性がないので，注意する必要があります．

CPUコアがCortex-A7になってよかったこと

BCM2835やBCM2836の内部バスはAMBA4 ACE（AXIバス上位互換）で，これはCPUコアであるARM1176JZFやCortex-A7の仕様に合致したものです．しかし，BCM2835ではCPUコアから周辺デバイスへのアクセスに制限がありました．それは周辺デバイスからのリード応答がアウト・オブ・オーダー（順不同）で返ってくるということです．

もっとも同一の周辺デバイスからのリード応答はイン・オーダー（順序通り）ですが，アクセスする周辺デバイスを切り替えた場合，後からアクセスした周辺デバイスのリード応答の方が早く返って来る場合があります．ラズベリー・パイのソフトウェアはこの状況を考慮したものになっている必要がありました．具体的には，メモリ・バリア・コマンドを発行して，順序制御を行わなければなりません．当然ながら性能は劣化します．

通常，AXIバスにはIDバスがあり，要求と応答がユニークなIDで関連付けられています．このため，CPUコア（バス・マスタ）は，IDの違いを認識することで，周辺からのアウト・オブ・オーダーの応答に対応することができます．これにより，AXIバスでのアウト・オブ・オーダー応答が可能になり，効率的（待ち合わせ時間が最短で）にデータ転送を行うことができます．これがAXIバスの最大の特徴です．

しかし，ARM1176JZFに実装されているAXIバスはIDバスを持ちません．このため，上述のような順序制御が必要なのです．

ところが，Cortex-A7に実装されているAXIはIDバスを持ちます．そのため，AXIバスのアウト・オブ・オーダー応答に対応可能です．これにより，プロセッサの処理性能が多少は向上すると思われます．ラズベリー・パイ2のカーネルがそれに対応しているかは知りませんが…．

◆参考・引用*文献◆

(1) Five million sold!
https://www.raspberrypi.org/five-million-sold/

(2) Direct industry, the online industrial exhibition
http://www.directindustry.com/prod/broadcom/product-35140-1248981.html

(3)【インタビュー】Raspberry Piで作った素晴らしいものを世界にも教えてほしい−Eben Upton氏
http://news.mynavi.jp/articles/2014/01/31/eben_upton/

(4) Raspberry Pi財団の創設者Eben Uptonに聞くRaspberry Pi 2
http://makezine.jp/blog/2015/02/eben-upton-raspberry-pi-2.html

(5) BCM2835 ARM Peripherals, Broadcom.

(6) VideoCoreR IV 3D Architecture Reference Guide, Broadcom.
http://www.broadcom.com/docs/support/videocore/VideoCoreIV-AG100-R.pdf

(7) VideoCore IV BCM2835 Overview
https://github.com/hermanhermitage/videocoreiv/wiki/VideoCore-IV---BCM2835-Overview

(8) *Hacking The Raspberry Pi's VideoCore IV GPU
https://www.youtube.com/watch?v=eZd0IYJ7J40

(9) 西永 俊文：BareMetalで遊ぶ Raspberry Pi，達人出版会．
http://tatsu-zine.com/books/raspi-bm

(10) Broadcom Introduces New Quad-Core HSPA+ Processor
http://ja.broadcom.com/press/release.php?id=s771153

(11) Blade Vec 4G，FLEAZ F5 CP-F50aK，イオンスマホ FXC-5Aでベンチマークを比較！スコアと動作感の関係など
http://sim-free-fun.com/comapre-mobile-terminal-and-funciton/blade-vec-4g-fleaz-f5-fxc5a-compare-benchmark.html

(12) GoClever Quantum 600 - tul nagy az arca
http://mobilarena.hu/teszt/goclever_quantum_600_tul_nagy_az_arca/hardver_szoftver.html

(13) High-Definition 1080p Mobile Multimedia Processor Product Code: BCM2763
http://www.broadcom.com/products/Cellular/Mobile-Multimedia-Processors/BCM2763

(14) Broadcom BCM2763 1080p-capable media processor and Persona IP DVR chipset launched
http://www.slashgear.com/broadcom-bcm2763-1080p-capable-media-processor-and-persona-ip-dvr-chipset-launched-1566054/

(15) Quick Benchmark of the Raspberry Pi 2 GPU (VideoCore IV)
http://www.geeks3d.com/20150603/quick-benchmark-of-the-raspberry-pi-2-gpu-videocore-iv/

(16) Ranking the best GPU for smartphones/tablet
http://s-smartphone.com/cell-phones/other/ranking-the-best-gpu-for-smartphonestablet/

(17) Raspberry Pi財団の創設者Eben Uptonに聞く Raspberry Pi 2
http://makezine.jp/blog/2015/02/eben-upton-raspberry-pi-2.html

(18) ＊Broadcomの特許 US20110264902

(19) BCM2835 Block Diagram
http://www.petervis.com/Raspberry_PI/BCM2835_Block_Diagram/BCM2835_Block_Diagram.html

(20) BCM2727 Product Brief
http://www.curiouscat.org/Steve/Media/2727-PB01-R.pdf

なかもり・あきら

Appendix 2

JPEGやH.264エンコーダ回路内蔵で画像処理をヘルプ

シリーズ共通 ラズベリー・パイの GPU「VideoCore Ⅳ」機能

矢野 越夫

BCM2835/2836（ブロードコム）

```
┌─────────────────────────────── VideoCore Ⅳ ──┐
│  ┌──────────────┐  ┌──────────────┐         │
│  │ スカラ/ベクトル・│  │     GPU      │         │
│  │ プロセッサVPU │  │              │         │
│  └──────────────┘  └──────────────┘         │
│  ┌──────────────┐  ┌──────────────┐         │
│  │ イメージ・センサ・│  │ 3Dパイプライン │         │
│  │  パイプライン  │  │              │         │
│  └──────────────┘  └──────────────┘         │
│  ┌──────────────┐  ┌──────────────┐         │
│  │  DMAエンジン  │  │ JPEGエンコーダ/│         │
│  │              │  │   デコーダ    │         │
│  └──────────────┘  └──────────────┘         │
│  ┌────────────────────────────────┐         │
│  │     ビデオ・エンコーダ/デコーダ      │         │
│  └────────────────────────────────┘         │
└──────────────────────────────────────────────┘
```

図1 ラズベリー・パイのシリーズ共通GPU VideoCore Ⅳの内部
複数のエンコーダ/デコーダ，プロセッサを持つ

本章では，BCM2836プロセッサに搭載のグラフィック処理エンジンVideoCore Ⅳを解説します．

VideoCore Ⅳはラズベリー・パイ全モデル共通で，低めの消費電力で動作します．高解像度をサポートし，高速な2D/3Dグラフィックス，および画像のエンコードやデコードを行います[1]．

図1に示すように，ラズベリー・パイのビデオ処理部分は，いくつかのブロックに分けることができます．それぞれCPUやメモリと共調して動作するので，独立しているわけではありません．

これらのブロックが共調して動作することにより，それなりに複雑なビデオ処理を高速で実行可能になります．以下，これらのブロックの中身を説明していきます．なお，いくつかの機能は，ライセンスの関係で別途，利用料金が発生します．

● スカラ/ベクトル・プロセッサ（VPU）部

図2に示すように，VideoCore Ⅳには2組のスカラ・プロセッサと，一つのベクタ・プロセッサが組み合わさり，同じ命令体形で動作するように考えられています．これらをVPU（Vector Processor Unit）と呼びます．

このVPUを使って，VP6, VP7, VP8, RV, Theora, WMV9（DVD解像度）のソフトウェア・デコードが可能です．

● 静止画用JPEGエンコーダ/デコーダ

JPEG画像のエンコーダとデコーダは，別途ハードウェアで用意されています．この部分は，ほとんど詳しい資料がありません．

● フルハイビジョン対応！ビデオ・エンコーダ/デコーダ回路を搭載

動画用のエンコーダとデコーダも別途，ハードウェアで用意されていて，GPUから利用できます．「フル・ハイビジョン（1920×1080画素），1080P，30フレーム/秒」の画像をH.264規格に準じてエンコード/デコードできます．ほかにもMPEG1/2/4，VC1，AVS，Motion JPEG規格に準じて画像をデコードできます．

● GPUアーキテクチャ…浮動小数点演算をまとめて行える

GPUと3Dパイプライン機能は，1Gピクセル/秒の処理速度をもちます．実際にはOpenGL-ES（R）1.1/2.0やOpenVGの1.1にて利用でき，ユーザ・プログラムから直接扱うことも，なんとか可能です．

このGPUのアーキテクチャは，複数の浮動小数点プロセッサをベースに構成されたシェーディング・プロセッサで，クワッドプロセッサ（QPU）と呼ばれます．高解像度と高パフォーマンスを実現するため，タイル・ベースのピクセル・レンダリングを使用することにより，メモリ帯域幅を向上しています．

また，描画速度25Mポリゴン/秒で，4倍サンプリングの結果，標準解像度は720Pになります．さらに16ビットのHDR（High Dynamic Range）レンダリングをサポートしています．

図3にGPUと3Dパイプラインの概要を示します．ほとんどの機能は，主としての浮動小数点シェーディング・プロセッサ（QPU）の複数のインスタンスによって提供されます．

QPUは16通りの使い方があるSIMD（Single Instruction Multiple Data）プロセッサです．各プロセッサは，二つのベクトル浮動小数点演算器があり，単一命令サイクルで，並列乗算や非乗算演算を行うことができます．何と言っても，これからラズベリー・パイを使いこなすには，使いでのある機能です[2]．

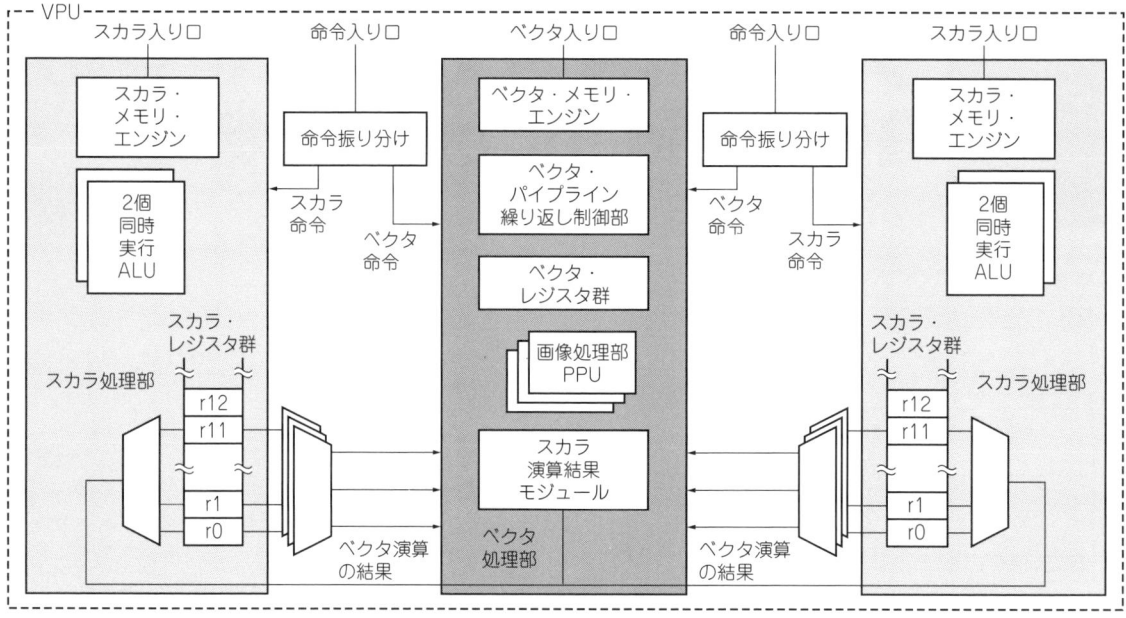

図2[1]　**VPUの内部**
2組のスカラ・プロセッサと一つのベクタ・プロセッサが組み合わさり同じ命令体形で動作する

● **GPUを直接叩ける！**

GPUに命令を直接実行させるには，BCM2836のMailbox interfaceを利用します．この中のEXECUTE_QPUコールがGPU命令実行に当たります．

EXECUTE_QPUは，以下の引き数を持ちます．
1) 実行QPUの数，つまり2) の配列の数
2) uniform address + program addressのGPU個ぶんの配列の先頭アドレス
3) flushするかどうかのフラグ
4) タイムアウト（ms）

実際に実験したわけではありませんが，QPUを直接動かすなんて，考えただけでも楽しいではありませんか．

● **クワッドプロセッサの概要**

QPUには以下の特徴があります．
- すべての命令は64ビット均一
- 4通りの並列処理を選択
- 16通りの仮想並列化を実現
- 2重に計算可能な浮動小数点演算器
- 二つの大規模な単方向レジスタ・ファイル
- 五つのアキュムレータ
- I/Oレジスタ空間にマッピングされる
- ハードウェア・スレッドは二つサポート
- 3Dハードウェアは命令がレジスタ・レベルで結合されている

QPUは，4クロック・サイクル上で仮想的に4通りの多重化が可能なので，16通りの32ビットSIMDプロセッサとみなすことができます．

内部的にもQPUの浮動小数点アキュムレータの待ち時間は，4システム・クロックのサイクルに吸収され，結果的に四つ同時に命令を実行できます．

◆参考文献◆
(1) VideoCore IV BCM2835 Overview, GitHub, Inc.
https://github.com/hermanhermitage/videocoreiv/wiki/VideoCore-IV---BCM2835-Overview
(2) VideoCoreR IV 3D Architecture Reference Guide, p.13, BROADCOM.
https://www.broadcom.com/docs/support/videocore/VideoCoreIV-AG100-R.pdf

やの・えつお

Appendix2 シリーズ共通 ラズベリー・パイのGPU「VideoCore Ⅳ」機能

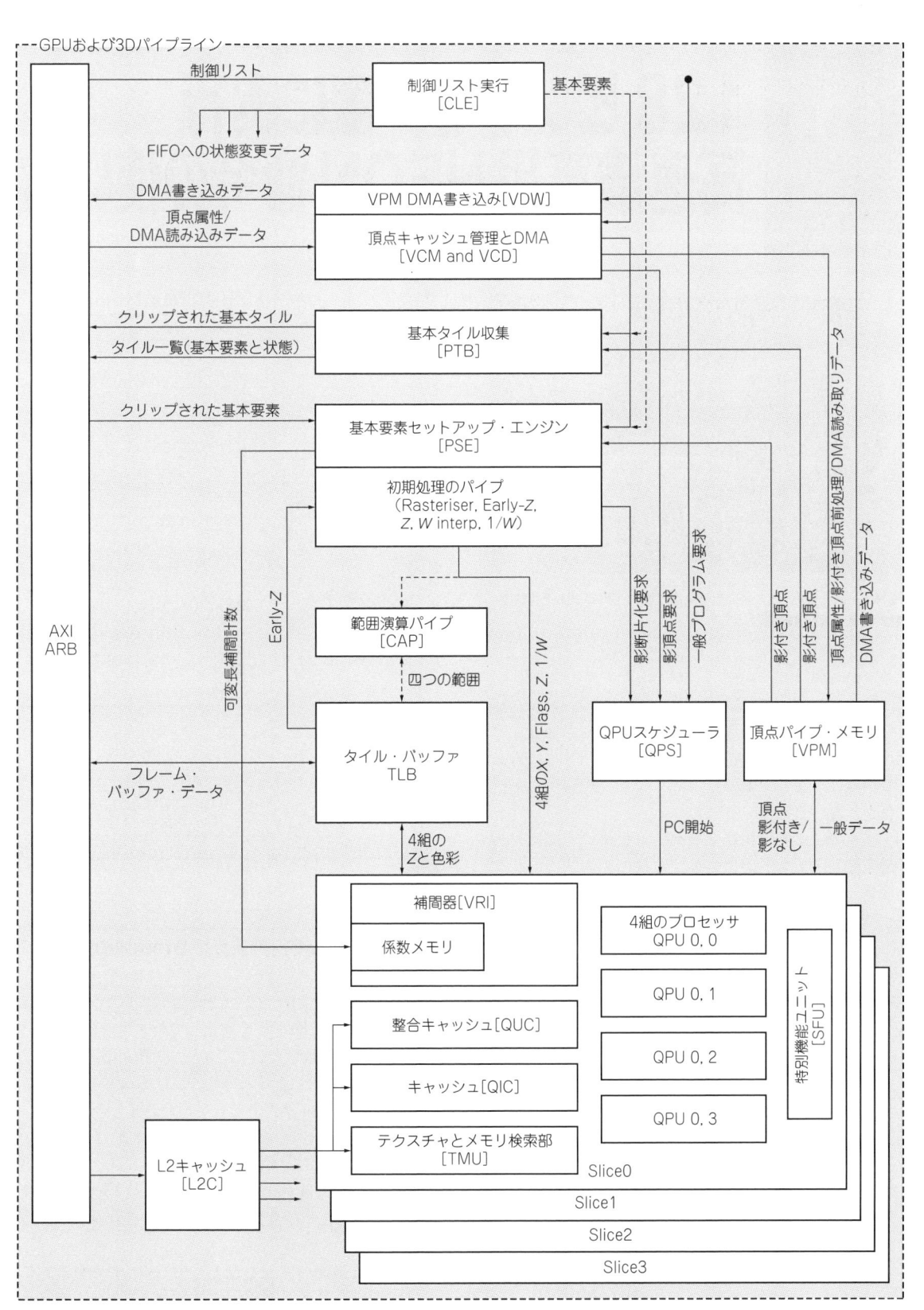

図3(2) GPUと3Dパイプラインの概要

第9章

ラズベリー・パイ2に標準装備で画像処理をさらに性能UP
128ビットを一度に実行 高速演算用NEON命令の使い方

松岡 洋

写真1 ラズベリー・パイ2ではなんと最大128ビットを1命令で計算できるNEONが使える

Cortex-A7は最大128ビット高速演算命令のNEONが使える

表1 ラズベリー・パイ2はCPUコアが新しい

項目		仕様	
シリーズ名		Raspberry Pi 1	Raspberry Pi 2
モデル名		Model B+	Model B
プロセッサ名		BCM2835	BCM2836
メーカ名		ブロードコム	
プロセッサ	CPU コア名	ARM1176JZF-S	Cortex-A7
	コア数	1	4
	動作クロック	700MHz	900MHz
	GPU コア名	VideoCore IV（ブロードコム）	
	動作クロック	250MHz	
	内蔵機能	・OpenGL ES 2.0（描画性能24GFLOPS） ・MPEG-2, VC-1, 1080p/30fps H.264/MPEG-4 AVC High Profile ハードウェア・デコード・エンコード	
メモリ	種類	SDRAM（GPUと共有）	LPDDR2 SDRAM
	容量［バイト］	512M	1G

ラズベリー・パイ2では搭載CPUであるCortex-A7のマルチメディア処理向け「NEON」命令が使えるようになりました．1命令で複数の処理を同時に行える機能で，画像処理の行列計算など一度に多くの計算をしたいときに有効です．

本章では，画像回転プログラムを例に，NEONの効果を調べます．画像処理で定番の画素補間アルゴリズム「双二次補間」をNEON化し，高速化してみ

ます．双二次補間は，画像の回転だけでなく，拡大，画像変形（アフィン変形）を行うときに使われます．
（編集部）

実験

● NEON命令で行列演算の多い画像の回転を試す

写真1のラズベリー・パイ2のCPUアーキテクチャはARMv7と，初代機よりも進化しています．表1のようにクロック周波数が上がったり，コア数が増えたりするだけでなく，表2に示すようにSIMD（Single Instruction Multiple Data）命令群の増強も行われました．

SIMD命令群のうち，特にNEONと呼ばれるものは，64ビットもしくは128ビットのレジスタ内で複数のデータ，例えば16ビット整数×4，32ビット単精度浮動小数×4を一命令で処理します．これは画像処理で有効です．

ここでは画像の回転を例として，SIMDで処理する方法を紹介します．利用するアルゴリズムは，後述する双二次補間です．

表2 Cortex-A7コアの特徴…最大128ビットを1命令で実行できるNEON高速演算が行える

項目	仕様
CPUコア名	Cortex-A7
アーキテクチャ	ARMv7-A
コア数	4
命令セット	ARMv7-A
	Thumb-2
	TrustZone
	NEONアドバンスドSIMD
	DSP & SIMD拡張
	VFPv4浮動小数点演算
	ハードウェア仮想化サポート
	ラージ物理アドレス拡張（LPAE）
メモリ管理	ARMv7メモリ管理ユニット（MMU）

◆参考文献◆
(1) 鎌田 智也；第1部 相性抜群！ラズベリー・パイ×手のひらプロジェクタ初体験, 2015年5月号, インターフェース, CQ出版社．

第9章 128ビットを一度に実行 高速演算用NEON命令の使い方

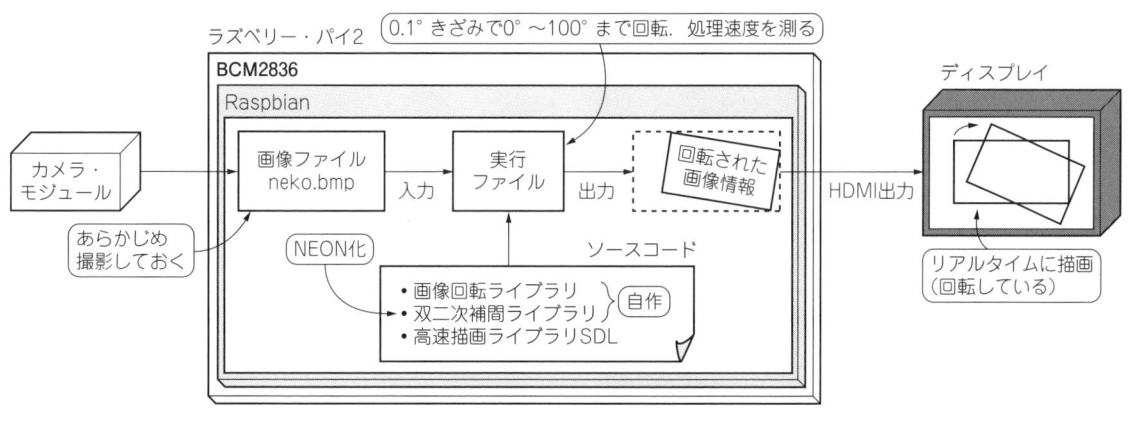

図1 画像を読み込んで回転するプログラムを作ってNEON命令を味わう

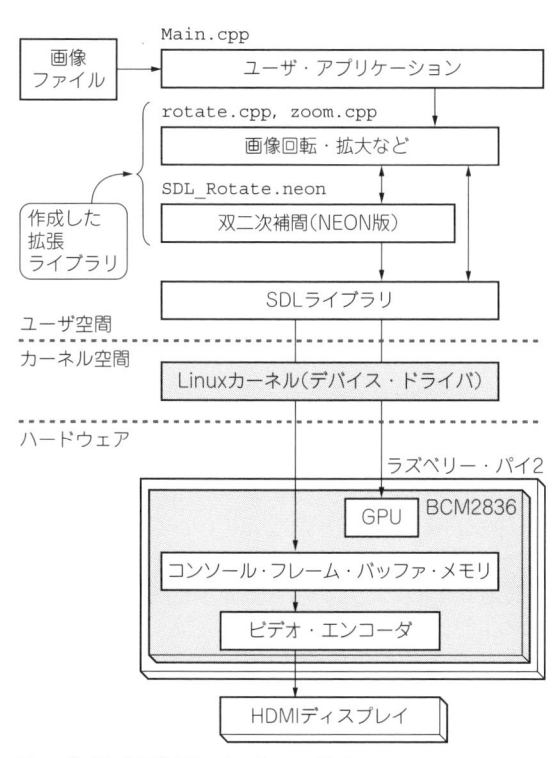

図2 作成した画像回転プログラムの構成

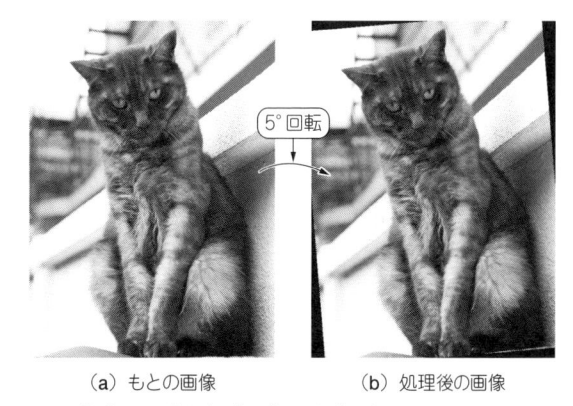

図3 作成した画像回転プログラムを動かす
（a）もとの画像　　（b）処理後の画像

なお，画像の表示は，高速描画ライブラリSDL[1]を使って少しでも軽くします．X Window Systemで画像表示処理を行うよりも速くできます．

準備

● 主なハードウェア

必要なものを以下に示します．

- ラズベリー・パイ2
- キーボードなど周辺機器
- ラズベリー・パイ（専用カメラ・モジュール）
- Jetson TK1（比較対象）

● 使用したソフトウェア

- Linuxディストリビューション：Raspbian
- コンパイラ：gcc 4.7
- 画像出力ライブラリ：SDL（Simple DirectMedia Layer）

SDLライブラリは，Raspbianでは，
`sudo apt-get -y install libsdl1.2-dev`↵

● 実験の構成

画像データを読み込み，任意の角度で回転する**図1**のプログラムを作ります．回転中心は任意に決められるものとします．

プログラムの構成を**図2**に示します．双二次補間ライブラリと，回転処理，拡大処理のプログラム，そして全体を動かすメイン関数を作成します．このプログラムを**図3**(a)の画像に対して実行すると，**図3**(b)のように画像を回転します．**図4**に実験中のディスプレイ画面を示します．

(2) 矢野 越夫，仙田 智史ほか；特集第1部 映像＆オーディオをドバッ！ラズベリー・パイ×Wi-Fi，2015年9月号，インターフェース，CQ出版社．

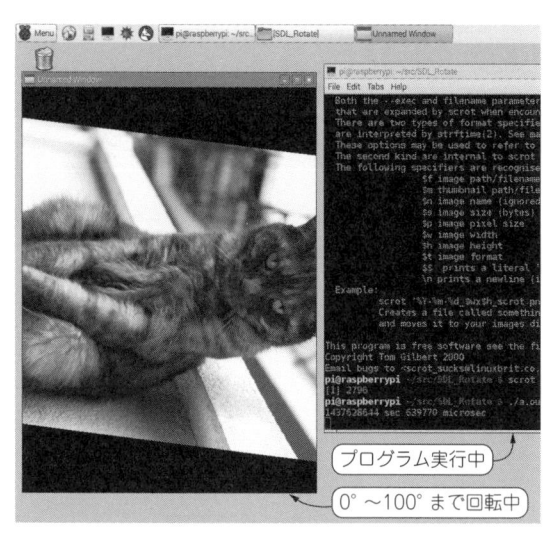

図4 プログラムを実行すると画像が回転しながら表示される

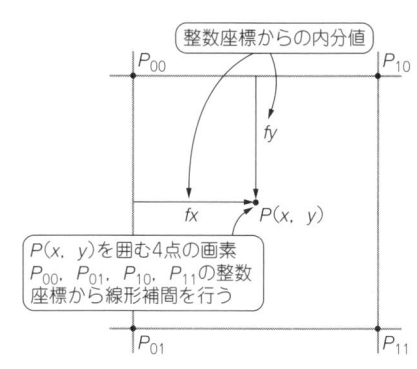

図5 定番アルゴリズム双二次補間の模式図

でインストールを行います．

使用した双二次補間プログラム

画像処理において画像の変形を伴う場合，例えば拡大や回転を行ったとき，処理前の画像の非整数座標の画素の値を参照することになります．

● 整数でない座標の画素値を周囲の4画素から計算

画像を回転すると，回転前の画素位置と，回転後の画素位置がそれぞれ整数の座標になることが理想です．しかし，任意の角度で回転しようとすると，このようになる場合はまれです．ほとんどの場合は，回転元の非整数座標を回転させることになります．このような場合に，座標の画素値を計算するアルゴリズムとして「双二次補間」があります．

図5に双二次補間の原理を示します．例えば，2倍に拡大した場合，拡大後のX，Y座標$Q(1, 1)$の値は元の画像の座標の$P(0.5, 0.5)$の値を参照します．しかし，実際には存在しない座標なのでこの座標を囲む4点$P(0, 0)$，$P(1, 0)$，$P(0, 1)$，$P(1, 1)$の値から内挿します．内挿の方法としてここでは4点の内分点を求める双二次補間を用います．

● とりあえずC++プログラムで書いてみる

任意の角度で画像を回転させる場合にも，同じく整数座標からの内挿を行います．ここでは双二次補間の実装を行い，これをNEONを用いて最適化します．まずC++で記述した双二次補間のコードはリスト1のようになります．

性能アップの鍵…固定小数点化

● 固定小数点化してオーバヘッドを減らす

この双二次補間では単精度浮動小数と整数の変換が入りますが，ここをまず固定小数にすることで変換のオーバヘッドを減らしておきます．余分なオーバヘッドをいかに減らすかがSIMDでの最適化の重要な要素でもあり，往々にしてパズルを解くようなことになります．

SIMD化する前に浮動小数での処理を固定小数に置き換えることで，画像回転そのものをチューニングします．固定小数として整数24ビット＋小数8ビットの形式を使用します．整数部は24ビットですので通常使われる画像の大きさもカバーできますし，各画素の値（有効桁8ビット符号なし整数＋8ビット小数）に係数（有効桁8ビット小数）を2回掛けた場合でも，有効桁は32ビットに収まるため，オーバーフローすることはありません．リスト1を固定小数型に書き換えたプログラムをリスト2（p.100）に示します．

● 固定小数点化の恩恵は20%の速度アップ

ここまでの画像回転の処理時間を比較してみます．800×600画素の画像を0°〜100°まで1°刻みで回転させた処理時間を表3に示します．ラズベリー・パイ2では20%の速度向上が見られます．

▶固定小数点化はSIMD活用の基本

ラズベリー・パイ2だけでなく，小型GPUボードJetson TK1でも固定小数点にすることでこのような改善が見られます（ラズベリー・パイ2はCortex-7, Jetson TK1はCoretex-15, およびクロック周波数の違いはありますが）．

NEON命令への計算の割り当て

画像の回転は，R，G，Bの各要素で同じ処理を行っていますが，ここをSIMDで置き換えることでスピー

第9章　128ビットを一度に実行 高速演算用NEON命令の使い方

リスト1　C++で記述した双二次補間のソースコード

```cpp
#include <SDL/SDL.h>
#include <math.h>

// SDLの画像へのポインタを返す
inline Uint8 *scanLine(SDL_Surface *surface,
                                  int y, int x)
{
    return (Uint8 *)(surface->pixels)
        + (y * surface->pitch)
        + (surface->format->BytesPerPixel * x);
}

// 双二次近似
// src: SDL変換元画像
// X, Y: 元画像の座標
// dst: SDL変換先の画像
// x, y: 変換先の座標
void BiLinear24(SDL_Surface *src, float X, float Y,
                SDL_Surface *dst, int x, int y)
{
    Uint8 *pPixel = scanLine(dst, y, x);
    int iX, iY;
    // 座標の整数部
    iX = (int)floor(X);
    iY = (int)floor(Y);
    if (0 <= iX && iX < src->w - 1 && 0 <= iY &&
                                iY < src->h - 1)
    {
        float r, g, b, fX, fY;
        Uint8 *pPixel0, *pPixel1;

        pPixel0 = scanLine(src, iY, iX);
        pPixel1 = scanLine(src, iY + 1, iX);
        // 座標の小数部(内分点)
        fX = X - iX;
        fY = Y - iY;
        // RGB各々を双二次補間
        b = (pPixel0[0] * (1 - fX) + pPixel0[3] * fX)
                    * (1 - fY) + (pPixel1[0] * (1 - fX)
                            + pPixel1[3] * fX) * fY;
        g = (pPixel0[1] * (1 - fX) + pPixel0[4] * fX)
                    * (1 - fY) + (pPixel1[1] * (1 - fX)
                            + pPixel1[4] * fX) * fY;
        r = (pPixel0[2] * (1 - fX) + pPixel0[5] * fX)
                    * (1 - fY) + (pPixel1[2] * (1 - fX)
                            + pPixel1[5] * fX) * fY;
        pPixel[0] = (Uint8)b;
        pPixel[1] = (Uint8)g;
        pPixel[2] = (Uint8)r;
    }
    else {
        pPixel[0] = pPixel[1] = pPixel[2] = 0;
    }
}

// SDL画像の任意角回転
// src: SDLの変換元画像
// dst: SDLの変換先画像
// cx, cy: 回転中心
// degree: 回転角度
// bound: 変換を行う領域
bool _SDL_Rotate(SDL_Surface *src, SDL_Surface *dst,
        int cx, int cy, double degree, SDL_Rect *bound)
{
    int bitsPerPixel = src->format->BitsPerPixel;
    double radian = M_PI / 180 * degree;
    float c = (float)cos(radian);
    float s = (float)sin(radian);

    // 変換元の開始座標を算出
    float X = cx + s * (cy - bound->y) -
                            c * (cx - bound->x);
    float Y = cy - c * (cy - bound->y)
                         - s * (cx - bound->x);

    if (bitsPerPixel != dst->format->BitsPerPixel)
    {
        return false;
    }
    switch (bitsPerPixel)
    {
    case 24: // 24ビット画像のみ実装
        for (int y = bound->y; y < bound->h
                                    + bound->y; y++)
        {
            float Xx = X;
            float Yx = Y;
            for (int x = bound->x; x < bound->w
                                    + bound->x; x++)
            {
                BiLinear24(src, Xx, Yx, dst, x, y);
                // 変換元の座標を更新
                Xx += c;
                Yx += s;
            }
            // 変換元の座標を更新
            X -= s;
            Y += c;
        }
        return true;
    }
    return false;
}
```

表3　固定小数点の威力! 処理性能20%アップ

項　目	ラズベリー・パイ2での処理時間[s]	Jetson TK1での処理時間[s]
浮動小数点版プログラム使用	18	2.5
固定小数点版プログラム使用	15	1.9
	20%	32%

速度改善比

ドアップが期待できます．

● 基本思想

4画素に重みをそれぞれかけた後に，その値を合計します．単精度浮動小数ですので32ビット×4画素

表4　補間元の4座標に対するX軸とY軸の内挿係数

画　素	$P(0, 0)$	$P(1, 0)$	$P(0, 1)$	$P(1, 1)$
X軸の内挿係数	$1 - fX$	fX	$1 - fX$	fX
Y軸の内挿係数	$1 - fY$	$1 - fY$	fY	fY

で，IntelのXMMレジスタやARMのNEONで使用する128ビット・レジスタで一度に係数を掛けることができます．

```
b = (pPixel0[0] * (1 - fX) + pPixel0
[3] * fX) * (1 - fY) + (pPixel1[0] *
(1 - fX) + pPixel1[3] * fX) * fY;
```

画素の値(8ビット符号なし整数)を単精度浮動小数(32ビット)に変換してSIMDレジスタ(128ビット)に格納し，X軸およびY軸の内挿を行います．X, Yそ

リスト2 双二次補間のソースコードを固定小数点化する

```c
// 固定小数型
#define FIXED_POINT_t int32_t         // 24ビット＋8ビット

// 双二次近似
// src：SDL変換元画像
// X, Y：元画像の座標
// dst：SDL変換先の画像
// x, y：変換先の座標
inline void BiLinear24_FP(SDL_Surface *src,
                    FIXED_POINT_t X, FIXED_POINT_t Y,
                    SDL_Surface *dst, int x, int y)
{
  Uint8 *pPixel = scanLine(dst, y, x);
  int iX, iY;
  // 座標の整数部
  iX = X >> 8;
  iY = Y >> 8;;
  if (0 <= iX && iX < src->w - 1 &&
                           0 <= iY && iY < src->h - 1)
  {
    Uint32 r, g, b, fX, fY;
    Uint8 *pPixel0, *pPixel1;
    pPixel0 = scanLine(src, iY, iX);
    pPixel1 = scanLine(src, iY + 1, iX);
    // 座標の小数部
    fX = X & 0xFF;
    fY = Y & 0xFF;
    // RGB各値の双二次補間
    b = (pPixel0[0] * (0x100 - fX) + pPixel0[3]
                  * fX) * (0x100 - fY) + (pPixel1[0] *
                  (0x100 - fX) + pPixel1[3] * fX) * fY;
    g = (pPixel0[1] * (0x100 - fX) + pPixel0[4]
                  * fX) * (0x100 - fY) + (pPixel1[1] *
                  (0x100 - fX) + pPixel1[4] * fX) * fY;
    r = (pPixel0[2] * (0x100 - fX) + pPixel0[5]
                  * fX) * (0x100 - fY) + (pPixel1[2] *
                  (0x100 - fX) + pPixel1[5] * fX) * fY;
    // 8ビット係数を2回掛けたので,
    // 16ビットに増えた小数部を省く
    pPixel[0] = (Uint8)(b >> 16);
    pPixel[1] = (Uint8)(g >> 16);
    pPixel[2] = (Uint8)(r >> 16);
  } else {
    pPixel[0] = pPixel[1] = pPixel[2] = 0;
  }
}
// SDL画像の任意各回転、固定小数版
```

```c
// src：SDLの変換元画像
// dst：SDLの変換先画像
// cx, cy：回転中心
// degree：回転角度
// bound：変換を行う領域
bool _SDL_Rotate_FP(SDL_Surface *src, SDL_Surface
                        *dst, int cx, int cy, double degree,
                                         SDL_Rect *bound)
{
  int bitsPerPixel = src->format->BitsPerPixel;
  double radian = M_PI / 180 * degree;
  float c = (float)cos(radian);
  float s = (float)sin(radian);

  // 値を固定小数型に変換
  FIXED_POINT_t C = (FIXED_POINT_t)(c * 256);
  FIXED_POINT_t S = (FIXED_POINT_t)(s * 256);
  FIXED_POINT_t X = (FIXED_POINT_t)(cx * 256
      + S * (cy - bound->y) - C * (cx - bound-> x));
  FIXED_POINT_t Y = (FIXED_POINT_t)(cy * 256
      - C * (cy - bound->y) - S * (cx - bound-> x));

  if (bitsPerPixel != dst->format->BitsPerPixel)
  {
    return false;
  }
  switch (bitsPerPixel)
  {
  case 24:
    for (int y = bound->y; y < bound->h
                                + bound->y; y++)
    {
      FIXED_POINT_t Xx = X;
      FIXED_POINT_t Yx = Y;
      for (int x = bound->x; x < bound->w
                                + bound->x; x++)
      {
        BiLinear24_FP(src, Xx, Yx, dst, x, y);
        Xx += C;
        Yx += S;
      }
      X -= S;
      Y += C;
    }
    return true;
  }
  return false;
}
```

れぞれの内挿係数は表4のようになります．

このようにSIMDでは6回の乗算を2回で行うことができます．これをRGBの3要素それぞれで行ったのち，合計した値が双二次補間値となります．ただしSIMDによる処理自体は速いのですが，SIMD処理のための前処理と後処理が増えますので，この部分をいかに少ないステップで行うかが鍵となります．

● SIMD命令を使うには3種類の方法がある

さて，それではこの固定小数点版をNEONでさらにチューニングします．SIMDを使うには以下の3種類の方法があります．

（1）Cコンパイラに用意されているintrinsic関数
（2）アセンブラ
（3）インライン・アセンブラ

（1）のintrinsic関数はSIMDのアセンブリ命令をCまたはC++言語から呼び出せるように組み込まれた関数で，SIMDレジスタの割り当てなどはコンパイラが行ってくれます．

（2）のアセンブラは文字通りアセンブリ言語で命令を記述しますが，レジスタの割り当てや他のモジュールとのインターフェースなど，すべてを人間が行うため上級者向けです．

（3）のインライン・アセンブラはその中間で，CまたはC++言語の中にアセンブリ言語で記述する仕組みで，C言語の変数などの参照ができるため，中級者向けです．

▶インライン・アセンブラを使う

作成する双二次補間では，固定小数のデータを扱うため，データ型が厳格なintrinsicでは記述が難しくなります．そのため，今回はインライン・アセンブラを使用します．

第9章 128ビットを一度に実行 高速演算用NEON命令の使い方

表5 NEONのロード/ストア命令

命令	機能
vld3.8	RGBの3要素を指定した3個のレジスタに振り分ける
vtbl.8	8ビットを32ビット幅に拡張
vmul.i32	32ビット符号なし整数として乗算
vpadd.s32	SIMDレジスタ内の隣接する32ビット2個をそれぞれ加算する
vpaddl.s32	同上．ただし加算結果を64ビットに拡張する
vst3.8	3個のレジスタの値を連続したRGBデータとして格納する

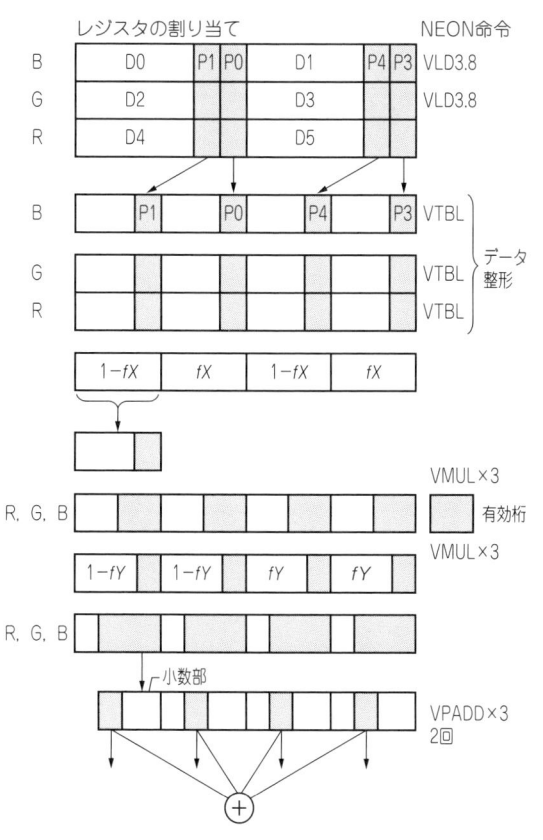

図6 SIMDレジスタの割り当てと処理手順を並べて検討する

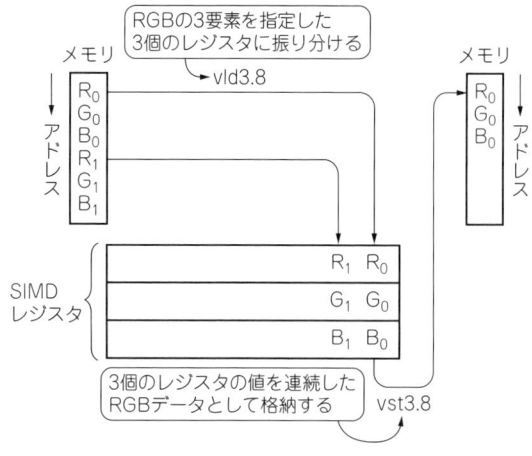

図7 インターリーブ・ロード/ストア命令の動作

● レジスタの割り当てを設計する

SIMDレジスタの割り当てなどを事前に図6のように検討します．この図ではどのレジスタにどのデータを割り当てるか，そして対応するアセンブリ命令を書き出してステップ数が少なくなる手順を確認します．

必要なデータは4画素のR，G，BデータとX軸とY軸の内挿の係数です．それぞれを128ビット・レジスタQの0から4に割り当てます．このほかに画素の値を並べ替えるための作業レジスタとして，64ビット・レジスタDを一つ使用します．

● NEONのロード/ストア命令

NEONではメモリからデータをロードおよび格納する場合に，複数のレジスタに分散するインターリーブ・ロード/ストア命令があります（表5）．メモリ上で連続したRGBデータを，3個のレジスタにそれぞれロードするvld3命令，およびストアするvst3命令の動作を図7に示します．

vld3.8では，メモリ上の連続した8個のRGBデータを，64ビットSIMDレジスタに一度にロードします．実際に必要なのはこのうちの最初の2個のRGBデータです．このデータを図8のように32ビットの

符号なし整数に拡張して係数を掛けます．また，最終的に算出した双二次補間の値をvst3.8命令でメモリにストアします（リスト3，図9）．

NEONプログラミング

次の4ステップでNEON版プログラムを作成します．

● ステップ1：RGBの画素値をメモリにロード

vld3.8でd0，d2，d4にpPixel0からP00，P10のRGBデータを，d1，d3，d5にpPixel1からP10，P11のRGBデータをロードします［図10（a）］．

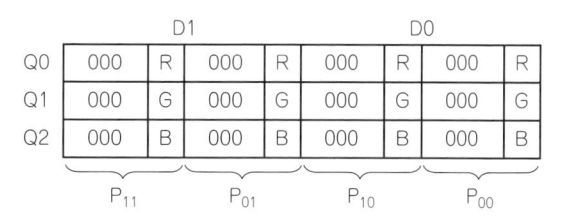

図8 入力データのデータ拡張を行う

第2部 大解剖！ラズベリー・パイ2

リスト3　メモリから画素データをvld3.8命令でインターリーブ・ロードする

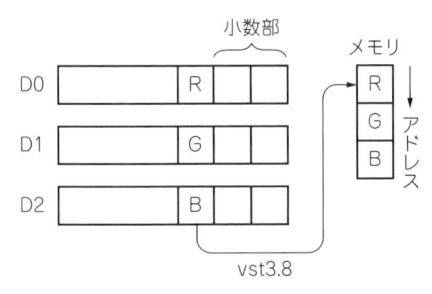

```
asm volatile (                    // インライン・アセンブラで複数のアセンブリ命令を()で記述できる
"vld3.8 {d0, d2, d4}, [%1] \n\t"  // 引き数1で指定したアドレスから64ビット・レジスタd0, d2, d4にRGBデータをロードする
"vld3.8 {d1, d3, d5}, [%2] \n\t"  // 引き数2で指定したアドレスから64ビット・レジスタd1, d3, d5にRGBデータをロードする
: "+r" (pPixel)                   // 引き数0：出力先のアドレス，"+r"は出力先アドレスがレジスタであることを示す
: "r" (pPixel0),                  // 引き数1：入力元のアドレス，"r"はレジスタを示す．メモリ（変数）の場合は"m"で示す
  "r" (pPixel1)                   // 引き数2：入力元のアドレス
);
```

図9　vst3.8命令でRGBデータをメモリにストアする

● ステップ2：入力データを32ビットに拡張する

8ビットの入力データを32ビットに拡張するためにvtbl.8命令を使用します．この命令はSIMDレジスタをバイト単位で並べ替えたり，0を埋めたりできます．そこで，先にvld3.8でロードした画素P00とP10，およびP10，P11を並べ替えます［図10（b），リスト4］．

vtbl.8のd10の各バイトが格納するデータのインデックスになっており，ソース・データのバイト数より大きい場合には0が書き込まれます．

したがって，d10に0x10 0x10 0x10 0x01 0x10 0x10 0x10 0x00を設定することで，上位24ビットに0を埋めてデータ幅拡張が行われます．

● ステップ3：係数を乗算する

このようにして4画素を32ビットの固定小数としてX軸，Y軸の係数とvmul.i32で乗算を行います．d0とd1は128ビットのq0レジスタとして，d2，d3はq1レジスタ，d4，d5はq2レジスタとして別名が割り

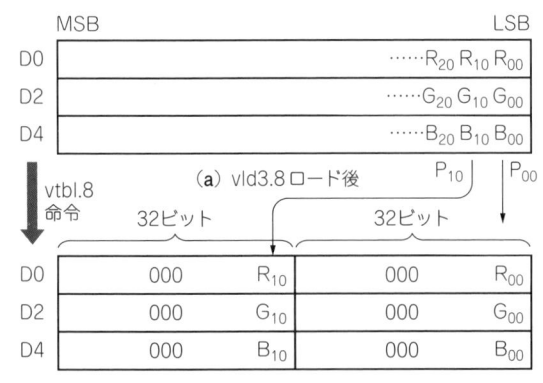

当てられており，128ビット＝32ビット×4個を同時に処理します．

● ステップ4：4画素の値を合計する

X軸およびY軸の内分係数を掛けた後，4画素の値を合計します．このときvst3.8でストアするので，連続したレジスタq0，q1，q2に各々の合計値が来るようにvpaddおよびvpaddlを組み合わせます．

このようにして作成した双二次補間のNEONプログラムをリスト5（rotate.cpp）に示します．

動かす手順

● 回転時間を測定できるメイン関数を用意する

画像を回転させ，回転時間の計測を行うプログラムmain.cppをリスト6に示します．

ソース・プログラムは固定小数点のBiLinear24_FP_NEONを呼び出すようになっていますが，Rotate.cppのこの部分をBiLinear24_FPに修正すればNEONを使用しない固定小数点での回転になります．

● コンパイル

GCCでコンパイルします．

```
gcc -O3 -o SDL_Rotate.neon main.cpp
Rotate.cpp -mfloat-abi=hard -mfpu
=neon -march=armv7-a -lm -lSDL
```

コンパイルでは以下のオプションを付けています．

- `-mfloat-abi=hard`：浮動小数点ライブラリをARMハードウェア互換に
- `-mfpu=neon`：NEON命令を使う
- `-march=armv7-a`：ARMv7-Aアーキテクチャを使う
- `-lm`：三角関数などmathライブラリの指定
- `-lSDL`：SDLライブラリを使う

でコンパイルします．すると実行ファイルSDL_

図10　vtbl.8命令でロードした画素を並び替える

リスト4　vtbl.8でロードした画素を並び替える

```
"vld1.64 d10, [%3] \n\t" // 10 10 10 01 10 10 10 00
"vtbl.8 d0, {d0}, d10 \n\t"
"vtbl.8 d1, {d1}, d10 \n\t"
"vtbl.8 d2, {d2}, d10 \n\t"
"vtbl.8 d3, {d3}, d10 \n\t"
"vtbl.8 d4, {d4}, d10 \n\t"
"vtbl.8 d5, {d5}, d10 \n\t"
```

第9章 128ビットを一度に実行 高速演算用NEON命令の使い方

リスト5 作成した双二次補間のNEONライブラリ rotate.cpp

```cpp
// Bi Linear interpolation by Fixed Point
inline void BiLinear24_FP_NEON(SDL_Surface *src,
                    FIXED_POINT_t X, FIXED_POINT_t Y,
                    SDL_Surface *dst, int x, int y)
{
  Uint8  *pPixel = scanLine(dst, y, x);
  int    iX, iY;
  const Uint64 index = 0x1010100110101000;
  // Integer parts
  iX = X >> 8;
  iY = Y >> 8;

  if (0 <= iX && iX < src->w - 1 && 0 <= iY
                              && iY < src->h - 1)
  {
    Uint32  r, g, b, fX, fY;
    Uint8   *pPixel0, *pPixel1;
    pPixel0 = scanLine(src, iY, iX);
    pPixel1 = scanLine(src, iY + 1, iX);
    // Fraction parts
    fX = X & 0xFF;
    fY = Y & 0xFF;
    uint32x4_t coeffX = {0x100 - fX,
                        0x100 - fX, fX, fX};
    uint32x4_t coeffY = {0x100 - fY,
                        fY, 0x100 - fY, fY};
    // assembler
    asm volatile (
      "vld3.8 {d0, d2, d4}, [%1] \n\t"
                           // pPixel0から画素値をロード
      "vld3.8 {d1, d3, d5}, [%2] \n\t"
                           // pPixel1から画素値をロード
      "vld1.64 d10, [%3] \n\t"  // index of vtbl
      "vtbl.8 d0, {d0}, d10 \n\t"  // 32ビットに拡張
      "vtbl.8 d1, {d1}, d10 \n\t"
      "vtbl.8 d2, {d2}, d10 \n\t"
      "vtbl.8 d3, {d3}, d10 \n\t"
      "vtbl.8 d4, {d4}, d10 \n\t"
      "vtbl.8 d5, {d5}, d10 \n\t"
      "vld2.32 {d6, d7}, [%4] \n\t"
                           // coeffXをq3(d6,d7)にロード
      "vld2.32 {d8, d9}, [%5] \n\t"
                           // coeffYをq4(d8,d9)にロード
      "vmul.i32 q0, q0, q3 \n\t"
                           // coeffXをRGB各々に掛ける
      "vmul.i32 q1, q1, q3 \n\t"
      "vmul.i32 q2, q2, q3 \n\t"
      "vmul.i32 q0, q0, q4 \n\t"
            "               // coeffYをRGB各々に掛ける
      "vmul.i32 q1, q1, q4 \n\t"
      "vmul.i32 q2, q2, q4 \n\t"
      "vpadd.s32 d0, d0, d1 \n\t"  // 合計する
      "vpaddl.s32 d0, d0 \n\t"    // 合計結果をd0に格納
      "vpadd.s32 d1, d2, d3 \n\t"
      "vpaddl.s32 d1, d1 \n\t"    // 合計結果をd1に格納
      "vpadd.s32 d2, d4, d5 \n\t"
      "vpaddl.s32 d2, d2 \n\t"    // 合計結果をd2に格納
      "vst3.8 {d0[2], d1[2], d2[2]}, [%0]"
                           // 結果をpPixelにストア
      : "+r" (pPixel)    // %0
      : "r" (pPixel0),   // %1
        "r" (pPixel1),   // %2
        "r" (&index),    // %3
        "r" (&coeffX),   // %4
        "r" (&coeffY)    // %5
      : "memory", "q0", "q1", "q2", "q3", "q4", "d10"
                           // レジスタおよびメモリ領域に
                           // 変更があることをコンパイラに通知
    );
  } else {
    pPixel[0] = pPixel[1] = pPixel[2] = 0;
  }
}
```

リスト6 画像回転&処理時間を測定するプログラム main.cpp

```cpp
#include <stdio.h>
#include <sys/time.h>
#include <SDL/SDL.h>

// tick in microsec
uint64_t getTick() {
  struct timeval ts;
  uint64_t theTick = 0U;
  if (0 == gettimeofday(&ts, NULL)) //;
               //clock_gettime( CLOCK_REALTIME, &ts );
  {
    theTick  = ts.tv_usec;
    theTick += ts.tv_sec * 1000000;
    //printf("%ld sec %ld microsec \n",
                       ts.tv_sec, ts.tv_usec);
    return theTick;
  } else {
    printf("error");
    return 0;
  }
}

bool _SDL_Rotate(SDL_Surface *src, SDL_Surface *dst,
          int cx, int cy, double degree, SDL_Rect *bound);
bool _SDL_Rotate_FP(SDL_Surface *src, SDL_Surface
       *dst, int cx, int cy, double degree,
                             SDL_Rect *bound);
int main(int argc, char* argv[])
{
  SDL_Init(SDL_INIT_EVERYTHING);
  const char *filename = "neko.bmp";
  SDL_Surface *src = SDL_LoadBMP(filename);
  SDL_Surface *screen = SDL_SetVideoMode(src->w,
          src->h, 24, SDL_HWSURFACE | SDL_
                                     DOUBLEBUF);
  if (src != NULL) {
    SDL_Rect srcRect = {0, 0, src->w, src->h};
    SDL_Rect dstRect = {0, 0};
    SDL_Surface *dst = SDL_CreateRGBSurface(
              SDL_SWSURFACE, src->w, src->h,
     src->format->BitsPerPixel,
     src->format->Rmask, src->format->Gmask,
                        src->format->Bmask, 0);
    SDL_Rect bound = {0, 0, src->w, src->h};
    uint64_t start = getTick();
    for (int angle = 0; angle <= 1000; angle++)
    {
      _SDL_Rotate_FP(src, dst, src->w / 2,
                  src->h / 2, angle, &bound);
      //SDL_BlitSurface(dst, &srcRect,
                               screen, &dstRect);
      //SDL_Flip(screen);
    }
    uint64_t end = getTick();
    printf("%lld micro sec\n", end - start);
    SDL_FreeSurface(src);
  }
  SDL_Quit();
  return 0;
}
```

リスト7 画像拡大ライブラリzoom.cpp

```cpp
#include <SDL/SDL.h>
#define _USE_MATH_DEFINES
#include <math.h>
#include <arm_neon.h>

#define FIXED_POINT_t    int32_t  // 24ビット+8ビット

static FIXED_POINT_t toFP(double value)
{
  return (FIXED_POINT_t)(value * 256);
}

// Bi Linear interpolation by Fixed Point
void BiLinear24_FP_NEON(SDL_Surface *src,
          FIXED_POINT_t X, FIXED_POINT_t Y, SDL_
                      Surface *dst, int x, int y);

// 拡大
bool _SDL_Zoom_FP(SDL_Surface *src, SDL_Surface
                              *dst, double scale)
{
  int bitsPerPixel = src->format->BitsPerPixel;
  FIXED_POINT_t dX = toFP(1 / scale);
  FIXED_POINT_t dY = toFP(1 / scale);
  FIXED_POINT_t Y = toFP(0);

  if (bitsPerPixel != dst->format->BitsPerPixel)
  {
    return false;
  }
  switch (bitsPerPixel)
  {
  case 24:
    for (int y = 0; y < dst->h; y++)
    {
      FIXED_POINT_t X = toFP(0);
      for (int x = 0; x < dst->w; x++)
      {
        BiLinear24_FP_NEON(src, X, Y, dst, x, y);
        X += dX;
      }
      Y += dY;
    }
    return true;
  }
  return false;
}
int main(int argc, char *argv[])
{
  SDL_Init(SDL_INIT_EVERYTHING);

  // 画像読み込み
  const char *filename = "cat.bmp";
  SDL_Surface *src = SDL_LoadBMP(filename);
  double scale = 1.5;

  SDL_Surface *screen = SDL_SetVideoMode(
          src->w * scale, src->h * scale, 24,
              SDL_HWSURFACE | SDL_DOUBLEBUF);
  SDL_Surface *dst = SDL_CreateRGBSurface(
      SDL_SWSURFACE, src->w * scale, src->h * scale,
        src->format->BitsPerPixel, src->format->Rmask,
          src->format->Gmask, src->format->Bmask, 0);
  // 拡大
  _SDL_Zoom_FP(src, dst, scale);

  // 表示
  SDL_Rect srcRect = {0, 0, dst->w, dst->h};
  SDL_Rect dstRect = {0, 0};
  SDL_BlitSurface(dst, &srcRect, screen, &dstRect);
  SDL_Flip(screen);

  // ウィンドウ終了を待つ
  bool quit = false;
  while (!quit)
  {
    SDL_Event event;
    if (SDL_PollEvent(&event))
    {
      if (event.type == SDL_QUIT)
        quit = true;
    }
  }
  SDL_SaveBMP(dst, "dst.bmp");
  SDL_Quit();
}
```

表6 NEONの威力！処理性能はなんとトータル80％アップ！
計測はリスト6の画面表示処理をコメント・アウトして行った

項　目	ラズベリー・パイ2での処理時間 [s]	Jetson TK1での処理時間 [s]
浮動小数点版のプログラム使用	18	2.5
固定小数点版のプログラム使用	15	1.9
NEON最適化版のプログラム使用	10	1.4

速度改善比（浮動小数点）　80%　78%

Rotate.neonが生成できます．

● 実行

　実行ファイルと同じディレクトリに画像ファイルneko.bmpを置いておきます．以下で実行します．
`./SDL_Rotate.neon`
　neko.bmpを読み込み，0.1°刻みで0～100°回転までを行い，表示します．リスト6のangle <=

1000;を変更すれば，回転角度を変えられます．

● 測定結果

　計測結果は以下のように固定小数点からNEONで最適化することで，浮動小数点に対して80％の高速化が達成できました（表6）．

応用

　作成したプログラムを利用すると，以下のアプリケーションも利用できます．

● 画像拡大

　双二次補間は，画像拡大やアフィン変換などの画像変形を伴う操作で画質を維持するためにも用いられます．ここでは簡単な応用例として画像拡大にもNEONで最適化した双二次補間を組み込みます．リスト7に画像拡大ライブラリzoom.cppを示します．
　拡大を行う関数_SDL_Zoom_FPでは，拡大率

第9章 128ビットを一度に実行 高速演算用NEON命令の使い方

リスト8 カメラ画像入力ライブラリ camera.c

```c
#include <SDL/SDL.h>
#include <unistd.h>
#include "omxcam.h"

#define WIDTH 640
#define HEIGHT 480
#define SIZE_OF_FRAME (WIDTH * HEIGHT * 3)

static SDL_Surface *screen;
static SDL_Surface *frame;
static int current = 0;

// カメラからの画像を受信するコールバック関数
void on_data (omxcam_buffer_t buffer){
  // 画像データは細切れに送られてくるので，
  // つなぎ合わせる
  memcpy((frame->pixels) + current, buffer.data,
                                 buffer.length);
  current += buffer.length;
  // 受信が終了したら
  if (SIZE_OF_FRAME <= current)
  {
    // ウィンドウに表示
    SDL_Rect srcRect = {0, 0, WIDTH, HEIGHT};
    SDL_Rect dstRect = {0, 0};
    SDL_BlitSurface(frame, &srcRect, screen,&dstRect);
    SDL_Flip(screen);
    current = 0;
  }
}

int main (){
  int quit = 0;
  SDL_Init(SDL_INIT_EVERYTHING);
  screen = SDL_SetVideoMode(WIDTH, HEIGHT, 24,
                  SDL_HWSURFACE | SDL_DOUBLEBUF);
  frame = SDL_CreateRGBSurface(SDL_SWSURFACE,
                WIDTH, HEIGHT, 24, 0x00ff0000,
                       0x0000ff00, 0x000000ff, 0);
  SDL_Flip(screen);
  // カメラの設定
  omxcam_still_settings_t settings;
  omxcam_still_init (&settings);
  settings.camera.width = WIDTH;
  settings.camera.height = HEIGHT;
  settings.format = OMXCAM_FORMAT_RGB888;
                    // カメラの画像フォーマットを設定
  settings.on_data = &on_data;
                    // 画像データを受信するコールバック関数

  // 受像開始
  omxcam_still_start(&settings);

  // 終了待ち
  while (!quit)
  {
    SDL_Event event;
    if (SDL_PollEvent(&event))
    {
      if (event.type == SDL_QUIT)
        quit = 1;
    }
  }

  //Then, from anywhere in your code
  //             you can stop the image capture
  omxcam_stop_still();

  SDL_Quit();
  return 0;
}
```

scaleで，元画像srcをdstに拡大して保存します．この関数も内部では固定小数点を使って元画像の座標を算出しています．

▶コンパイル

GCCでコンパイルします．

`gcc -O3 -o SDL_Zoom.neon zoom.cpp zoom.cpp -mfloat-abi=hard -mfpu=neon -march=armv7-a -lm -lSDL`↵

とすると，実行ファイルSDL_Zoom.neonができあがります．

▶実行方法

実行ファイルと同じディレクトリに画像ファイルcat.bmpを置いておき，以下のコマンドで実行します．

`SDL_Zoom.neon`↵

実行すると，scaleで決めた拡大率で，dst.bmpという拡大画像を生成し，画面に表示します．

● カメラ入力

カメラ入力を行う場合のソフトウェア構成を図11，プログラムをリスト8 (camera.c)に示します．ラズベリー・パイのカメラ・インターフェースから画像を受信して，SDLライブラリのSurfaceとして扱います．参考文献(2)で紹介されているomxcamを使用します．

このライブラリはコールバック関数でデータを受信しますので，あらかじめSDL_CreateRGBSurfaceで確保したサーフェースに，コールバック関数で細切れに送られてくる画像データを埋め込みます．

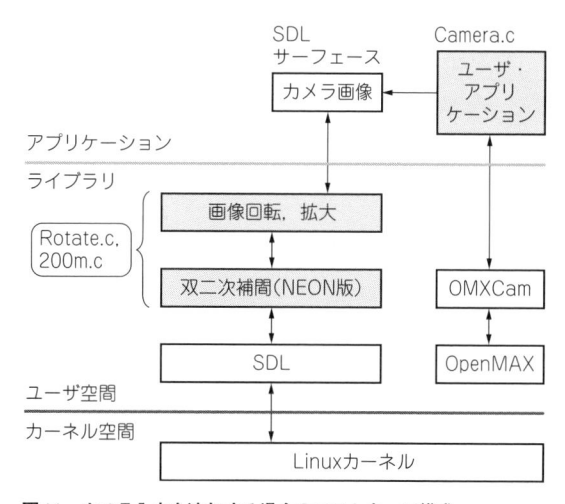

図11 カメラ入力を追加する場合のソフトウェア構成

まつおか・ひろし

第2部 大解剖！ラズベリー・パイ2

Appendix 3

OpenMP並列化記述から全自動並列化コンパイラまで

マルチコアで実験 並列処理プログラミング入門

納富 昭

```
     ←─周波数競争時代─→ ←─マルチコア時代─→
年    1992年    2005年    2006年    2015年
コア数  1コア     1コア     2コア     4コア
クロック
周波数  25MHz   1.4GHz   1.66GHz  2.4～3GHz
```

図1　マルチコアCPUは当たり前の時代になっている

表1　並列化の知識がないとマルチコアの恩恵に存分にあやかれない
画素数は320×240．処理できる映像のレート（fps；フレーム/秒）が高いほど高性能であることを示す．使用コア2～4はコンパイラに並列処理の指示を出すOpenMP記述を使用

使用コア数	処理レート [fps]
1	2.0
2	3.6
3	4.2
4	4.7

← apt-getでOpenCVパッケージを単純にインストールした場合．使用コア数は1

← 並列処理プログラミングの最低限の知識があれば，複数コアを使って性能UPできる

本章では，最近では当たり前になってきたマルチコアCPUの性能を最大限活用するための並列処理プログラミングについて基本から解説します．

ターゲットには，4コアARM Cortex-A7プロセッサ搭載の定番小型Linuxコンピュータであるラズベリー・パイ2を使います．

アプリケーションとしては，定番画像処理ライブラリOpenCVを用いた顔認識に挑戦してみます．

今や並列処理プログラミングはあたりまえ

● マルチコアCPUはもはや当然

CPUを高速化させるために，昔はクロック周波数をひたすら引き上げていました．しかし，半導体の発熱の問題から周波数競争には限界があることがわかり，2005年ごろからパソコンでもマルチコア化が進められるようになりました（図1）．

今や，一つのLSIの中にいくつものCPUが搭載されたマルチコアは当たり前になっています．パソコンだけでなく，スマホでもクワッドコア（4コア）やオクタコア（8コア）などのスペックが珍しくありません．

定番小型Linuxコンピュータであるラズベリー・パイも従来のモデルはARM11（ARM）というCPUコアが一つだけプロセッサに搭載されていました．しかし，最新ラズベリー・パイ2では，Cortex-A7（ARM）というCPUコアが四つ搭載されたマルチコア構成のプロセッサになりました．

● マルチコア性能を引き出すのに避けて通れない並列化の知識

ラズベリー・パイ2で専用LinuxディストリビューションRaspbianを起動し，その環境で定番画像処理ライブラリOpenCVを用いた顔認識アプリケーションを動作させた例で説明していきます．

OpenCVライブラリを実行した結果を表1に示します．定番apt-getコマンドで単純にインストールできるビルド済みのOpenCVライブラリは1コア処理です．

顔認識の性能を表す尺度として，fps（frames per second；フレーム/秒）を使いました．表1に示す1コア処理の場合，USBカメラからの320ピクセル×240ピクセルの画像について，1秒間に2枚分の画像しか処理できない，ということです．2fps程度だと，実際，かなりカクカクした印象です．

次に，OpenCVのライブラリをOpenMP記述（後述）によって並列化し，マルチコアで動作させ，その上で顔認識アプリケーションを実行した結果を表1の2～4コアの欄に示します．

この実験では，並列化によりOpenCVのプログラムが2～4個のコアに分割実行されるため，2.0fpsから4.7fpsへと，2倍強の高速化を達成できています．

このように，並列処理プログラミングの最低限の知識がないと，マルチコアの恩恵に存分にあやかることはできません．

プログラムを並列化する方法

あるプログラムをマルチコアを使って高速に動作させるには，そのプログラムを並列化する必要がありま

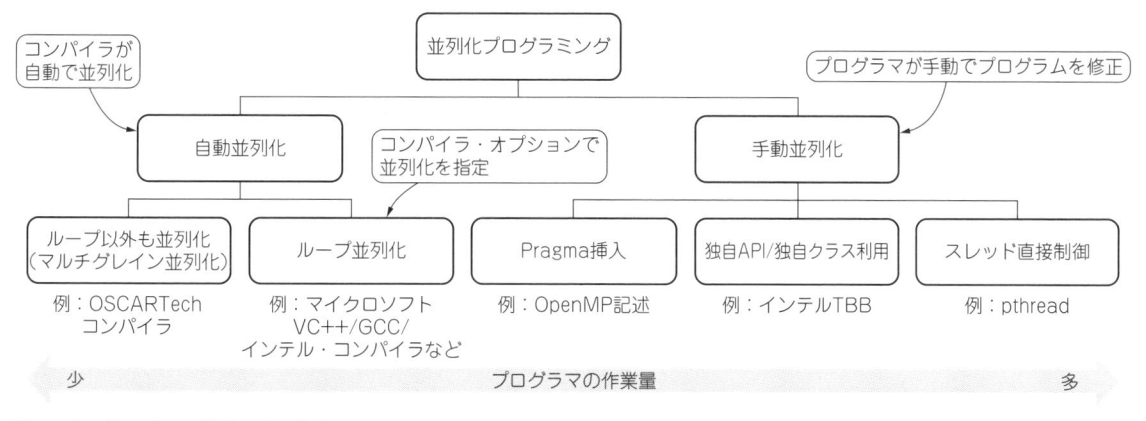

図2 プログラムを並列化する主な方法
左から右にいくに従ってプログラミングの難易度が上がり，プログラマの作業量が増える

す．並列化とは，プログラムの処理を複数のCPUで並列に分散して実行させることにより処理速度を向上させる手法です．

並列化を行わないと，プログラムは基本的には一つのCPUコアでしか実行されません．せっかく四つのCPUコアを持ったラズベリー・パイ2でも，並列化しないとその性能を生かせません．

● 並列化の分類

プログラムの並列化とか並列処理と呼ばれるものは何十年も研究開発が行われてきていて，さまざまな技術があります．図2にプログラマがC言語やC++で書かれたソフトウェアを並列化する手法をまとめてみました．

プログラムを並列化する手段は，大きく自動並列化と手動並列化に分類できます．

● その1：自動並列化

自動並列化は，コンパイラなどを使ってプログラムを文字通り自動で並列化するという手法です．自動並列化は，並列化の適用範囲によって大きく二つに分類できます．自動並列化としては一般的なループ（for文などの繰り返し処理）のみを対象とするコンパイラと，ループだけでなくプログラム全体に並列化を適用するコンパイラです．

▶自動並列化の基本…ループの並列化を行うコンパイラ

ループを対象とする自動並列化には，Visual C++（マイクロソフト）などいくつかのコンパイラがあります．

▶ループ以外も自動で最大限並列化するコンパイラ

ループ処理以外も自動並列化を行うコンパイラはほとんどありません．このあとの実験では，プログラム全体を並列化の対象にできるおそらく世界で唯一のコンパイラであるOSCARTechコンパイラ（オスカーテクノロジー）を使ってみます．

● その2：手動並列化

残念ながら，自動並列化はまだ世の中にあまり普及していません．大多数のプログラムは並列化を行っていないか，行うとしても手作業で行っている（手動並列化）というのが実情ではないでしょうか．

手動並列化にもいくつか手法が存在します．図2では，プログラミングの難易度に応じて三つに分類しました．

▶Cコンパイラに並列化を指示するOpenMP記述

一つは，OpenMPに代表される，プログラムにディレクティブを挿入することでコンパイラに並列化を指示するという手法です．

▶インテルが用意したC++用並列処理テンプレート・ライブラリ

また，インテルはインテル・スレッド・ビルディング・ブロック（Thread Building Block；TBB）と呼ぶC++用のテンプレート・ライブラリを展開しています．これは独自のクラスを利用した並列化とみなせるのではないでしょうか．

▶POSIXスレッドを直接制御する

手動並列化のもう一つは，POSIXスレッドなどのスレッド・ライブラリを直接制御するものです．

相対的には，図の左から右にいくに従ってプログラミングの難易度は上がり，プログラマの作業量は増えます．

並列プログラミングの基本

● OpenMPを使って手動でCコンパイラに並列化を指示する

OpenMPでは，図3のように，プログラムのソース

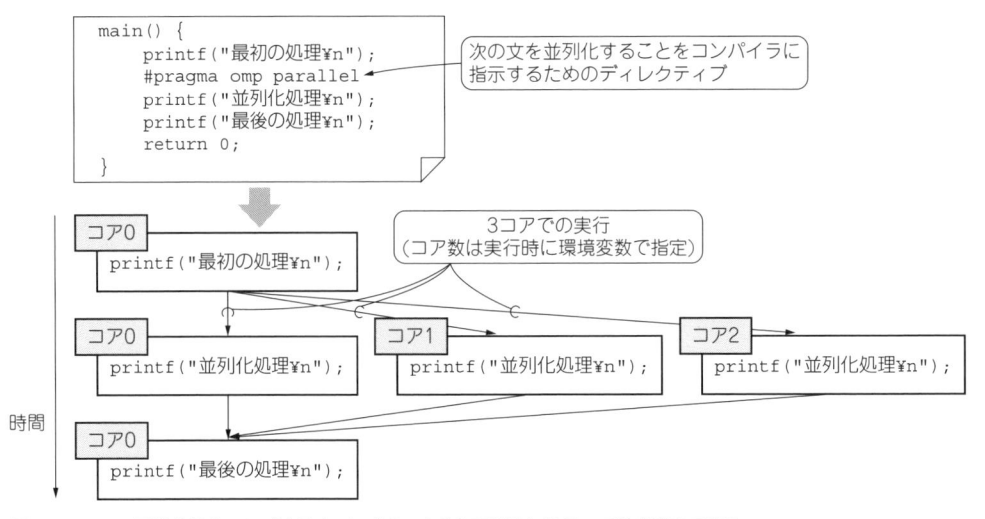

```
main() {
    printf("最初の処理¥n");
    #pragma omp parallel
    printf("並列化処理¥n");
    printf("最後の処理¥n");
    return 0;
}
```
次の文を並列化することをコンパイラに指示するためのディレクティブ

コア0　printf("最初の処理¥n");

3コアでの実行（コア数は実行時に環境変数で指定）

コア0　printf("並列化処理¥n");　コア1　printf("並列化処理¥n");　コア2　printf("並列化処理¥n");

コア0　printf("最後の処理¥n");

時間

図3　OpenMP記述を対応コンパイラでコンパイルすると実行時に使用コア数を指定できる

表2　Cコンパイラに並列化の指示を出すOpenMP記述

記述	内容	使用例	

`#pragma omp parallel`	次の1文もしくはブロックを並列に実行することを指示	`#pragma omp parallel`
		`{`
		`  if (x > 100) {`
		`    printf("x = %d¥n", x);`
		`  }`
		`}`
			このブロックを複数のコアで実行

`#pragma omp for`	次のfor文を複数のコアで分割実行することを指示	`#pragma omp for`
		`for (i = 0; i < 100; i++) {`
		`  y[i] = a * x[i] * x[i]`
		`              + b * x[i] + c;`
		`}`
			このfor文を複数のコアで分割実行（2コアの場合，i＝0〜49とi＝50〜99の二つに分割）

`#pragma omp sections/section`	プログラムの任意の個所を並列実行することを指示	`#pragma omp sections`
		`{`
		`  #pragma omp section`
		`  printf("処理その1¥n");`
		`  #pragma omp section`
		`  printf("処理その2¥n");`
		`  #pragma omp section`
		`  {`
		`    printf("処理その3¥n");`
		`    printf("処理その4¥n");`
		`  }`
		`}`
			これらの3カ所をそれぞれ別のスレッドとして並列に実行

中にディレクティブ（プログラム中に記述するコンパイラに指示を与えるための指示文）を挿入することで，プログラム中のどことどこが並列に実行可能かを示します．

OpenMPの代表的な記述を**表2**に示します．OpenMPで用いるディレクティブは非常に多くのものがありますが，**表2**の記述が最も頻繁に使われるものだと思われます．詳しくは，OpenMPのサイトで参照できます．

http://openmp.org/wp/

気を付けなければならないのは，OpenMPを用いる並列化では，どこが並列化できるかを判断するのはプログラマ自身だという点です．コンパイラは，プログラマが指定したディレクティブに基づいて並列化のための手続きやforループの分割を進めます．

プログラマは，まず，プログラムのどこが並列に実行できるかを判断し，それをディレクティブとしてソース中に記述します．このディレクティブは，OpenMPに対応していないコンパイラでは無視されます．GCCなどのOpenMPに対応した処理系では，このディレクティブに基づいてコンパイルし，並列実行可能なオブジェクトを出力します．

OpenMP対応のコンパイラを**表3**に示します．

Appendix3 マルチコアで実験 並列処理プログラミング入門

表3 並列化記述OpenMPに対応する主なコンパイラ

コンパイラ名	備考
GCC	GNU Cコンパイラ
Clang/LLVM	iPhoneでも用いられているLLVMベースのCコンパイラ
Microsoft Visual C++	マイクロソフトのVisual Studioに含まれるコンパイラ
インテル Parallel Studio XE	インテルのC/C++/Fortranコンパイラを含むツール・セット
PGIコンパイラ	元PGI社（現nVIDIA社）のインテル/AMD用コンパイラ
IBM XL C/C++/Fortran	IBM社のLinuxサーバ/AIXサーバ用コンパイラ

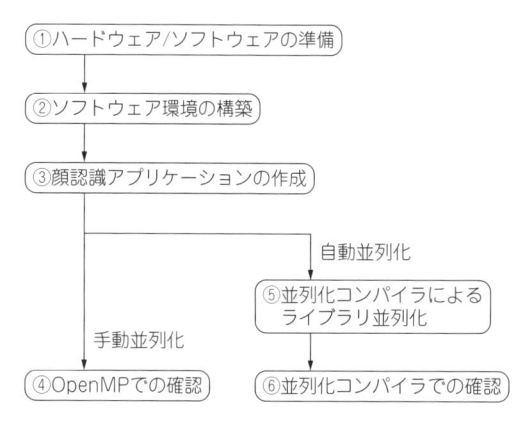

図4 マルチコア並列処理の効き目を顔認識プログラムで確認してみる

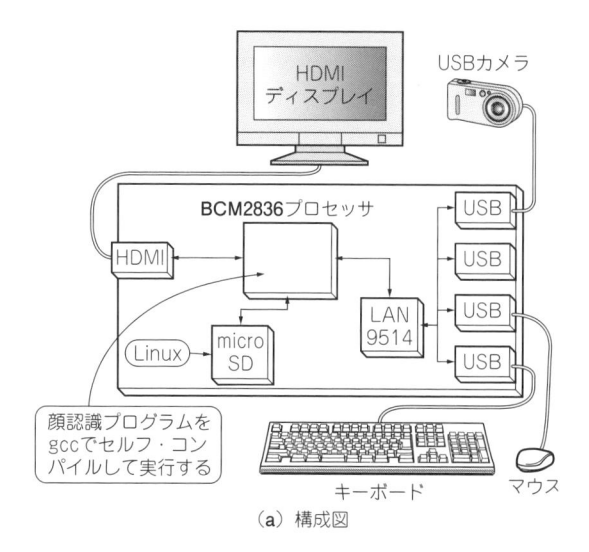

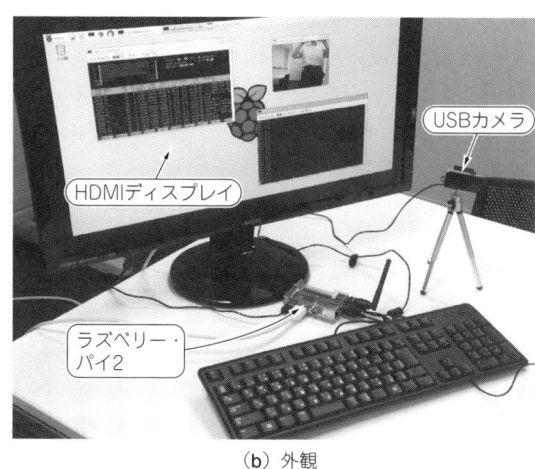

（a）構成図

（b）外観

図5 実験のハードウェア構成

■ 行った実験…顔認識アプリケーションの並列化

ラズベリー・パイ2で並列化によるプログラムの高速化を確認するために，OpenCVを使った顔認識アプリケーションを使って実験してみました．実験の手順は図4の通りです．まず並列化の手法として，OpenMPによる手動並列化プログラミングの実験を行い，後ほど自動並列化コンパイラによる並列化の実験も行います．

● 実験のハードウェア構成

実験には以下のハードウェアを使います（図5）．
- ラズベリー・パイ2
- microSDカード
- USBキーボード，USBマウス
- USBカメラ
- HDMIディスプレイとHDMIケーブル

USBカメラには，Linux搭載小型ARMコンピュータODROID用のカメラを使いました．Linuxのドライバが対応しているカメラが使えます．

HDMIディスプレイは，OSが使用するディスプレイの解像度をサポートしている必要があります．実験ではフルHD（1920×1080）対応のものを使いました．

必須ではありませんが，USB無線LANドングルがあると便利です．

● 実験のソフトウェア構成

ソフトウェアを含む今回の実験システムの全体像を図6に示します．

OpenCVライブラリの中で負荷の大きい処理を並列化します．OS（Linux）は，並列化されたプログラムのそれぞれをスレッドとして扱い，複数のCortex-A7コア上に分散して割り付けます．

● ソフトウェア環境の構築①…OSをブート

ラズベリー・パイ2にLinuxをインストールし，起

109

(a) Before：1コア逐次実行　　(b) After：マルチコア並列実行

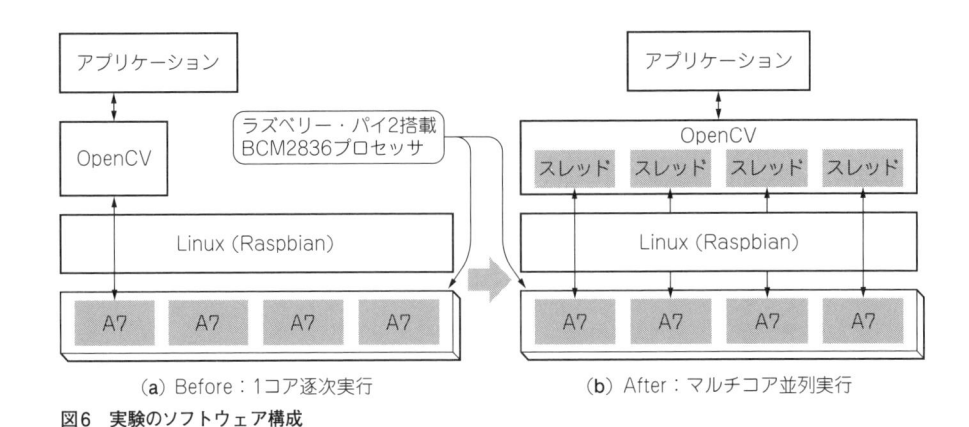

図6 実験のソフトウェア構成

動します．

Linuxのインストールにはいくつか方法があります．ラズベリー・パイのホームページを参考にNOOBS（New Out Of the Box Software）というインストール・マネージャを使うのが非常に楽です．

ラズベリー・パイのホームページのヘルプ
https://www.raspberrypi.org/help/

以下，その手順をまとめます．まず，以下のサイトからNOOBSをダウンロードし，ZIPファイルを解凍します．

http://downloads.raspberrypi.org/NOOBS_latest

次に，microSDカードに解凍したNOOBSのファイルをすべてコピーします．

2015年6月9日時点でのNOOBSのバージョンは1.4.1で，ファイルはNOOBS_v1_4_1というディレクトリに展開されています．このディレクトリ内のファイルやディレクトリをすべてmicroSDカードにコピーします．

microSDカードが用意できたらラズベリー・パイ2に挿入し，キーボード，マウス，ディスプレイを接続して電源を入れます．起動するとGUI上に選択画面が出ますので，一番上のRaspbianを選択します．また，画面下で言語とキーボードの選択もできるので，例えば，言語=日本語，キーボード=jpを選択しましょう．インストール・ボタン（Install）を押すと，OSのインストールが始まります．

OSのインストールが完了し，OKボタンを押すとRaspbianが起動します．最初の起動時にはコンフィグレーション・ツールが立ち上がります．このツールによる設定は後からでもできますが，以下の2点はOpenCVで顔認識するために必要ですので，ここで設定しておきます．

▶①GUIの有効化

カメラからのキャプチャ画像や顔認識の結果を表示させるためには，RaspbianをGUI（X Window System）で使う必要があります．

「2 Enable Boot to Desktop/Scratch」の項目で，「Desktop Log in as user 'pi' at the graphical desktop」を選択します．

▶②カメラの有効化

USBカメラを使う場合には不要ですが，ラズベリー・パイ専用のRaspberry Pi Cameraを使う場合にはここで設定が必要です．

「5 Enable Camera」の項目で，<Enable>を選択します．

● ソフトウェア環境の構築②…OpenCVのインストール

Raspbianのインストールが完了したら，次に，OpenCVをインストールします．

OpenCVを使うだけであれば，apt-getコマンドを使ってパッケージを簡単にインストールできるのですが，OpenCVの高速化にチャレンジするため，ソースをダウンロードしてビルドします．

まず，OpenCVを使う上で必要なパッケージをインストールします．

$ sudo apt-get install libgtk2.0-dev pkg-config cmake⏎

libgtk2.0-devは，OpenCVで参照されるGUIのライブラリです．pkg-configは必須ではありませんが，OpenCVを使ったアプリケーションのコンパイルの際にインクルード情報やリンク情報を管理するのに便利です．また，CMakeはビルドを自動化するためのツールであり，多様な環境にパッケージを対応させることができます．OpenCVではビルド環境として標準でCMakeに対応しているので，ソースから環境構築するには必須です．

次に，OpenCVのソースをダウンロードします．OpenCVのソースにはいろいろな版数のものがありま

すが，今回は，比較的最新で，かつ，広くダウンロードされて実績もある2.4.9を使いました．以下のコマンドでダウンロードします．

```
$ wget
http://sourceforge.net/projects/
opencvlibrary/files/opencv-
unix/2.4.9/opencv-2.4.9.zip
```

上記を解凍し，opencv-2.4.9というディレクトリに移動したら，ワーク・ディレクトリを作成してビルドします．

```
$ mkdir build
$ cd build
$ cmake -D CMAKE_BUILD_TYPE=RELEASE
 -D CMAKE_INSTALL_PREFIX=/usr/local
 -D
WITH_TBB=OFF -D BUILD_NEW_PYTHON_
SUPPORT=OFF -D WITH_V4L=ON -D
INSTALL_C_EXAMPLES=OFF -D INSTALL_
PYTHON_EXAMPLES=OFF -D BUILD_
EXAMPLES=OFF -D
WITH_QT=OFF -D WITH_OPENGL=OFF
-DWITH_OPENMP=ON -DENABLE_VFPV3=ON
-DENABLE_NEON=ON ..
$ make -j4
$ sudo make install
$ sudo ldconfig
```

makeのオプションの"-j4"は，ビルド（コンパイル）作業を，4コアを使って並列に実行するというものです．OpenCVの環境構築は時間がかかるので，ビルドでもマルチコアを生かしましょう．また，最後のldconfigはシェアード・ライブラリの依存関係情報を更新するためのものです．ldconfigしておかないと，このあと，OpenCVを使ったアプリケーション・プログラムを実行する際にエラーが発生してしまいます．

● **ソフトウェア環境の構築③…顔認識アプリの準備**

OpenCVを使えば，顔認識を実行するアプリケーションは簡単に作成できます．OpenCVのソース・ツリーにもサンプル・ソフトウェアがありますが，この実験では，以下のサイトのプログラムを参考にしました．

```
http://www.aianet.ne.jp/~asada/
prog_doc/opencv/opencv_obj_det_img.
htm
```

顔認識アプリケーションのフローチャートを**図7**に示します．プログラムの核となるのはメイン・ループで，次の処理を繰り返します．

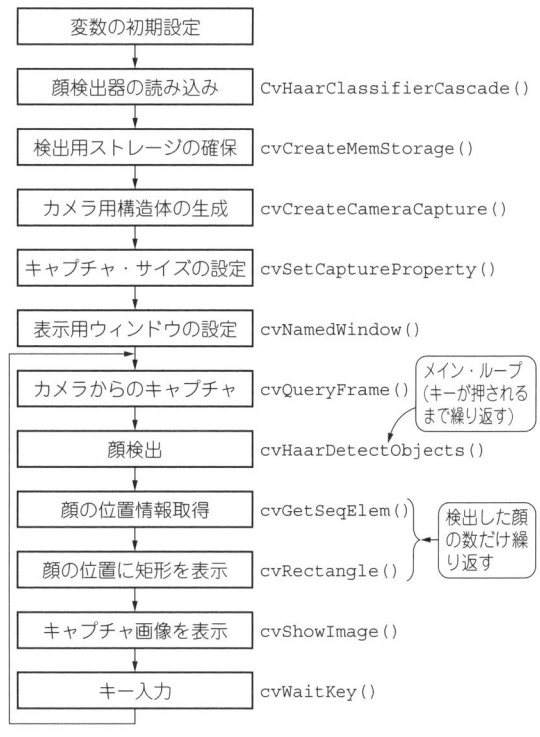

図7 マルチコア並列処理の効き目を確認するための顔認識プログラム

①カメラから画像をキャプチャ（cvQueryFrame）
②キャプチャした画像から顔を検出（cvHaarDetectObjects）
③検出した顔の位置情報を取得し（cvGetSeqElem），その場所に四角形を描画（cvRectangle）
※③の処理は，検出した顔の数だけ繰り返す
④四角形を合成した画像をディスプレイに表示（cvShowImage）

また，今回の実験では，顔認識の性能を測る指標としてフレーム・レート（fps）を使いました．

上記メイン・ループの部分が1画像分の処理ですので，その最初と最後で時間を測定し，時間の差（1画像分の処理時間）を取り，fpsに換算します．

● **実験結果**

実はOpenCVは，負荷の重い部分は，OpenMPやインテル スレッド・ビルディング・ブロック（TBB）という手法を使った並列化記述がなされています．先の記述でOpenCVをインストールする際に-DWITH_OPENMP=ONというオプションとともにcmakeを実行しましたが，これによりOpenMPの記述が有効になり，ライブラリも並列化されます．

OpenMPを用いたプログラムを実行する際には，OMP_NUM_THREADSという環境変数によって使用

するコアの数を制御できます．例えば，

```
$ export OMP_NUM_THREADS=2
```

とした後に顔認識アプリケーションを実行すると，2コアを使って並列実行します．**表1**の2～4コアの欄は，OpenMPで並列化を行った結果です．

なお，OpenMPによる並列化では，並列化した部分はスレッドとしてOSに管理されます．コアへの割り付けの優先順位などもOSが決定しますので，例えば，他のプログラム（ターミナル・ソフトウェアやX Window Systemも含まれる）などが動作していると，並列化したスレッドの実行も阻害されます．

fpsの値も実際にはバラツキがあり，**表1**の値は平均を取った結果です．

最新研究…全自動並列化を行うOSCARTechコンパイラ

自動並列化の例として，最新OSCARTechコンパイラを紹介します．

● メリット1：C言語並列記述を生成するだけなのでさまざまなCPUやOSで使える

この自動並列化コンパイラは，**図8**のように，C言語で記述したプログラムを，並列記述のC言語に自動変換するソフトウェアです．コンパイラというよりはプリコンパイラとでも呼ぶ方が正確かもしれません．

手動並列化とは違って，この自動並列化コンパイラを使えば，マルチコア対応という作業を肩代わりしてくれますので，プログラマはアルゴリズム開発など本来の仕事に集中できます．

この自動並列化コンパイラが出力する並列記述のC言語は，例えばGCCなどの既存のコンパイラを使ってコンパイルできます．CPUやOSによらないC言語での出力ですので，ラズベリー・パイ2で使っているARMプロセッサにも対応できますし，パソコンで使われるインテル・プロセッサにも対応できます．

● メリット2：一般的なループ以外も並列化するので効果が大きい

図2で示したように，自動で並列化を行うコンパイラはほかにもあります．

例えば，インテル・コンパイラや，オープン・ソースのgccも自動で並列化を行うことができます．しかし，これらのコンパイラが対象とするのは，プログラムの中でもループ構造だけなのです．C言語ではforループがこれにあたり，**図9**のように並列化されます．

一方，OSCARTechコンパイラは，ループ構造の並列化だけでなく，それ以外のプログラム構造についても並列化の対象にできるマルチグレイン並列化という独自のアルゴリズムを備えています（**図10**）．例えば，ある関数の処理と別の関数の処理を別のコアで実行する，という並列化が可能です．ループ以外の並列化の効果が大きいベンチマークだと，インテル・コンパイラの2倍以上の並列化性能を出すことも可能です（コラム参照）．

また，この自動並列化コンパイラは，プログラムを並列化するという機能だけでなく，プログラムを低消費電力で動作させる，という機能も持っています．

例えば，CPUの動作周波数を下げたり，クロック

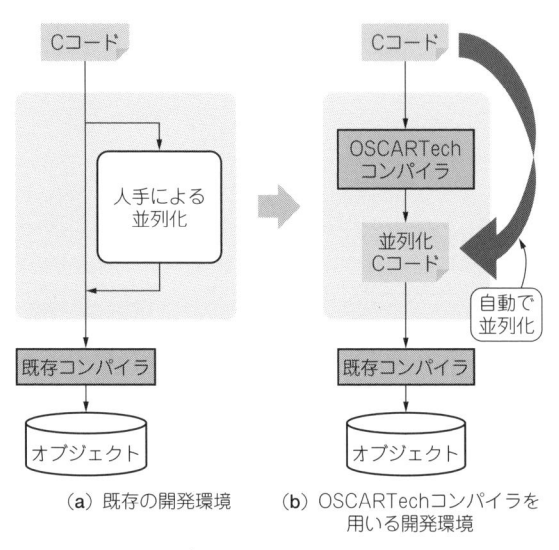

図8 最新テクノロジ！ 全自動並列化を行うOSCARTechコンパイラが行うこと…C逐次記述→C並列記述変換
（a）既存の開発環境
（b）OSCARTechコンパイラを用いる開発環境

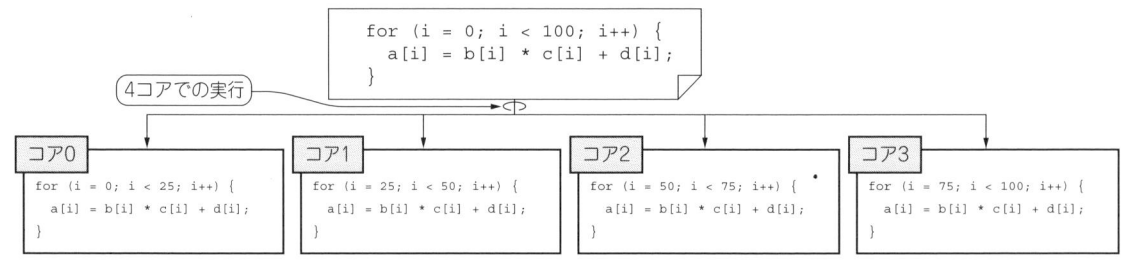

```
for (i = 0; i < 100; i++) {
    a[i] = b[i] * c[i] + d[i];
}
```

4コアでの実行

コア0
```
for (i = 0; i < 25; i++) {
    a[i] = b[i] * c[i] + d[i];
}
```

コア1
```
for (i = 25; i < 50; i++) {
    a[i] = b[i] * c[i] + d[i];
}
```

コア2
```
for (i = 50; i < 75; i++) {
    a[i] = b[i] * c[i] + d[i];
}
```

コア3
```
for (i = 75; i < 100; i++) {
    a[i] = b[i] * c[i] + d[i];
}
```

図9 通常のコンパイラが行う自動並列化…forループの分割処理

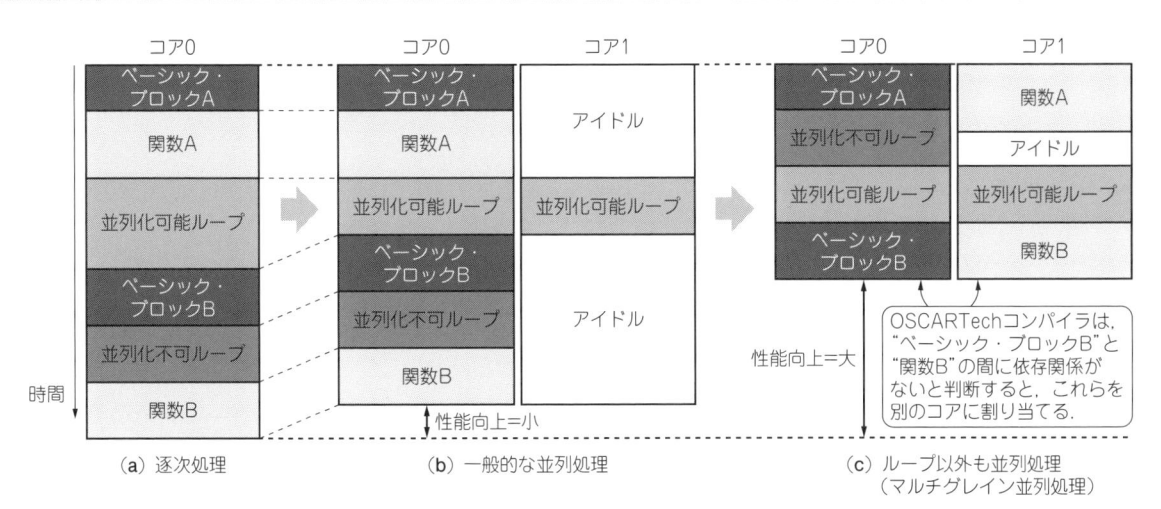

図10 forループ以外も並列化できると効き目は増す
OSCARTechコンパイラが採用しているプログラム全体の自動並列化アルゴリズムをマルチグレイン並列化という

(a) 逐次処理　(b) 一般的な並列処理　(c) ループ以外も並列処理（マルチグレイン並列処理）

を止めたりという電力制御をコンパイラが行うことにより，チップ全体の電力を下げることができます．

● ループ以外も並列化できるメカニズム…
ターゲットCPUの命令サイクル・テーブルを使って最適にチューニングする

では，この自動並列化コンパイラはどのようにしてプログラムを並列化しているのでしょうか．

まず，入力となるプログラムを解析し，次の構成要素（パーツ）に分解します．パーツは次の3種類で，マクロタスクと総称します．

①関数，②ループ構造，③ベーシック・ブロック

さらに，自動並列化コンパイラはすべての変数を解析します．変数への代入と，変数の参照を調べることで，各構成要素（マクロタスク）間の依存関係をすべて明らかにし，**図11**のようなチャートを作成します．例えば，このグラフでは，(A)と(B)との間には依存関係があるので順序を守る必要がありますが，(B)内のそれぞれのマクロタスクの間には依存関係がないので，別のコアに割り当てて並列に実行できます．

このようにして，この自動並列化コンパイラは，プログラムのどこが並列に実行可能かを探り出します．

次に，自動並列化コンパイラは，各マクロタスクの実行時間を予測します．

このコンパイラは，内部にターゲットのCPUに応じたテーブルを持っています．

テーブルの中身は，例えば，乗算1回当たり何サイクルかかるのかといった情報です．プログラムを解析することで，各マクロタスクで実行する演算の種類と数がわかりますので，テーブルの値を参照すれば，各マクロタスクの実行サイクル数が予測できるのです．

実行サイクル数を予測することで，マクロタスク・

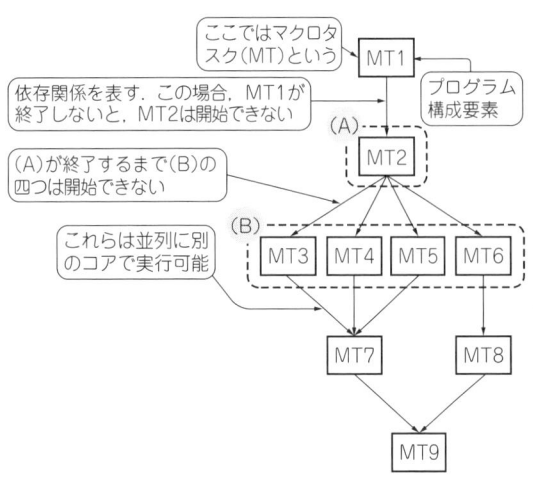

図11 OSCARTechコンパイラがforループ以外も自動で並列化可能な理由…ループだけじゃなくて関数や通常記述における依存関係も求めて並列化する

グラフで表されるどの経路が最も実行時間の長いクリティカルパスであるかがわかります．この自動並列化コンパイラはクリティカル・パス情報を元に，各マクロタスクをコアに割り付けるヒューリスティックなアルゴリズムを備えており，短時間で最適な並列化を実現できるのです．

自動並列化コンパイラを実験

● 並列化コンパイラ適用の手順

次に，OSCARTechコンパイラを使ってOpenCVを自動並列化してみます．OpenMPによる並列化と効き目を比べられるようにOpenCVを使ったのですが1点問題がありました．

このOSCARTechコンパイラは，C言語で書かれた

プログラムを自動で並列化できます．OpenCVはC++で記述されており，そのままでは並列化できません．そこで，以下の手順で適用しました．
① 並列化が効くライブラリの特定（プロファイル）
② 並列化対象のOpenCVプログラムをCに変換
③ OSCARTechコンパイラによる並列化
④ 顔認識アプリケーションと並列化したOpenCVライブラリのリンク
⑤ 並列化を促進するチューニング

● ① 並列化が効くライブラリの特定（プロファイル）

OpenCVは非常に膨大なライブラリ群ですので，すべてを並列化するのは自動並列化コンパイラでも大変です．今回の実験では，まず，どのライブラリを高速化すれば効果が出るかをプロファイルを取得して特定しました．

Linuxでの標準的なプロファイラにはgprofがあります．しかし，gprofはシェアード・ライブラリに対応しておらず，OpenCVのライブラリまでトレースできません．今回は，Zoomというフリーのプロファイラを使って測定しました．Zoomは以下のURLからダウンロードできます．

http://www.rotateright.com/

Zoomでのプロファイル結果は図12の通りです．顔認識アプリケーションの実行時間の95.2％をcvHaarDetectObjects()という関数が占めており，この関数を高速化できれば効果があります．

● ② 並列化対象のOpenCVプログラムをCに変換

OpenCVプログラムのうち，cvHaarDetectObjects()という関数を並列化コンパイラで並列化するために，C言語に変換する必要があります．今回は，変換の容易さを考慮して，OpenCV 1.0.0のソースを元にしました．

cvHaarDetectObjects()という関数をラッパーとしてC++で定義し，その関数からC言語で記述した本体の関数w_cvHaarDetectObjectsCore()をコールするという構成を採りました．

● ③ OSCARTechコンパイラによる並列化

上記のw_cvHaarDetectObjectsCore()をOSCARTechコンパイラで並列化しました．cvHaarDetectObjects()という関数はループによる繰り返し処理があるため，ループ構造の並列化が適用できます．

● ④ 顔認識アプリケーションと並列化したOpenCVライブラリのリンク

並列化コンパイラで並列化した出力はC言語のプログラムです．これをgccでコンパイルし，顔認識アプリケーションのコンパイル結果とリンクすることで実行ファイルを作成します．

● ⑤ 並列化を促進するチューニング

上記④までの作業で並列実行は可能ですが，実験では，さらに以下の工夫を施してみました．

▶ スレッド・プールによるスレッド生成/消滅オーバヘッドの削減

OpenMPによる並列化では，cvHaarDetectObjects()がコールされるたびに並列実行のスレッドが生成され，処理を行い，消滅します．スレッドの生成・消滅は時間がかかるため，今回のアプリケーションのように，同じ処理をずっと繰り返すことがわかっている場合には，スレッド・プールという手法を用いて，あらかじめスレッドを生成し待機させておくことができます．これにより，スレッド生成・消滅のオーバヘッドなく，並列化の効果を享受できます．

▶ 実行コアを指定する

LinuxにはCPUアフィニティという機能が実装されており，ある特定のスレッドが実行を許されるCPU（コア）の集合を特定することができます．これにより，前述のOpenMPの場合のような実行時間のバラツキを抑えられます．

● 実験結果

自動並列化コンパイラを使って並列化したOpenCVライブラリを用いて，顔認識アプリケーションを実行してみます．CPUアフィニティを有効に使うために，ラズベリー・パイ2の四つのCPUコアのうち，一つはOSや他のプログラムに，三つはOpenCVライブラリの並列化に割り当てます．

結果を表4に示します．OpenMPによる並列化と同等の結果が得られました．

Tree (Top-Down)			
Symbol	Total Time %	Self Time %	Size
▼ main	97.5%	0.0%	1.49KB
▼ cvHaarDetectObjects	95.2%	0.0%	234B
▼ cvHaarDetectObjectsForROC(...)	95.0%	0.0%	0.32KB
▼ cv::parallel_for_(...)	85.5%	0.0%	53B
▼ operator(...)	85.4%	0.5%	798B
▼ cvRunHaarClassifierCascade	84.1%	0.1%	44B
▼ cvRunHaarClassifierCascadeSum(...)	83.5%	83.4%	6.20KB
cv::checkHardwareSupport(int)	0.1%	0.1%	469B
▼ __sqrt	0.5%	0.5%	48B
cv::checkHardwareSupport(int)@plt	0.0%	0.0%	16B
cvPoint(int, int)	0.4%	0.4%	28B
cvRound(double)	0.4%	0.4%	52B
cvRunHaarClassifierCascadeSum(...)	0.0%	0.0%	6.20KB

図12 処理のネックになっている関数を特定して並列化してみる
OpenCV画像処理ライブラリのOpenMP並列化記述（C++）と全自動並列化Cコンパイラの効き目を比較してみるために，C++→C変換を行う必要があったため，今回は特定の関数だけを並列化することにした

コラム インテル・コンパイラの性能2倍!? 全自動並列化対応OSCARTechコンパイラのベンチマーク

図Aは，forループ以外も並列化可能なOSCARTechコンパイラの並列化性能を比べたものです．

横軸はベンチマーク・ソフトウェアで，ここではCPUやパソコンの性能比較に用いるSPECというプログラム群を用いています．縦軸は性能比で，並列化せずに1コアで実行させた場合の性能を1として，並列化することで何倍に性能アップするかを示しています．実行結果は，4コアのインテルXeonプロセッサ上で測定しました．

参考までに，インテル・コンパイラ（インテルParallel Studio XEに含まれるコンパイラ）のベンチマーク結果も併記しておきます．

例えば，一番左のグラフでは，インテル・コンパイラの性能は1です．つまり，並列化のオプションを積んでコンパイルしても並列処理できる部分を引き出せませんでした．一方，OSCARTechコンパイラは4倍以上の性能向上を達成しています．ループ以外の部分で並列化ができている効果だと考えられます．ベンチマーク全体では，インテル・コンパイラに比べて2倍以上の性能が出ています．

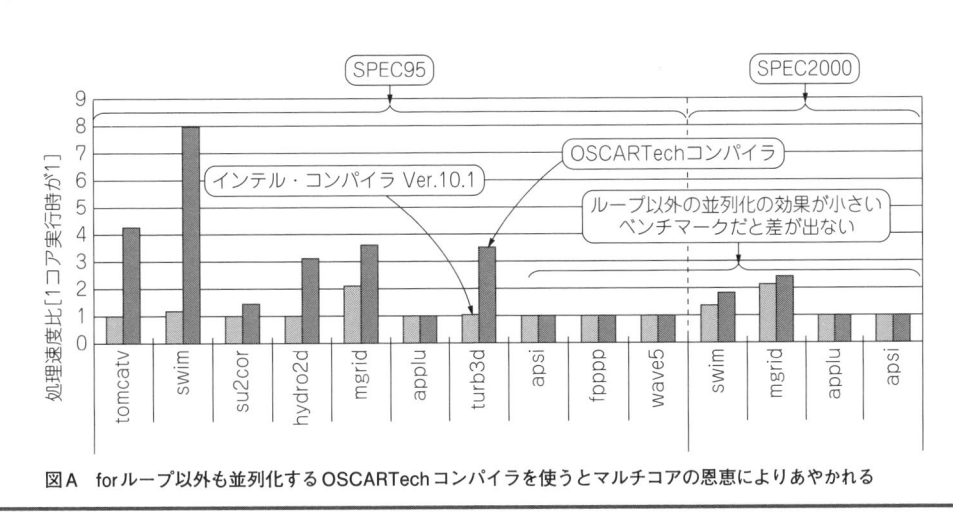

図A forループ以外も並列化するOSCARTechコンパイラを使うとマルチコアの恩恵によりあやかれる

OpenCVも長年にわたってコミュニティによる並列化が行われてきたようですが，自動並列化コンパイラによりOpenMPと同等の高速化が達成できたというのは非常に興味深い結果です．自動並列化コンパイラの今後の可能性を感じます．

● OSCARTechコンパイラ情報

最新OSCARTechコンパイラは実際にはターゲットCPUに合わせたチューニングが必要なため，今のところ評価版がありません．基本的な情報は以下のサイトに紹介されています．

オスカーテクノロジー
http://www.oscartech.jp/
問い合わせ先：info@oscartech.jp

のうどみ・あきら

表4 元祖OpenCVライブラリv1.0.0をOSCARTechコンパイラによって全自動並列化した結果と，長年にわたってコミュニティがOpenMP記述化を行ってきたOpenCVライブラリv2.4.9の並列化の効き目は同じくらい

320×240ピクセルの顔認識プログラムの実効レート［フレーム/秒］

使用コア数	OpenCV v2.4.9のOpenMP記述による並列化後の処理性能［fps］	OpenCV v1.0.0をOSCARTechコンパイラで並列化後の処理性能［fps］
1	2.0	2.1
2	3.6	—
3	4.2	4.3
4	4.7	

第2部 大解剖！ラズベリー・パイ2

ファイル転送/ネットワーク負荷/リクエスト数/
同時接続数…定番測定ソフトで試す

第10章 ネットワーク通信＆サーバ性能の実力

笠野 英松

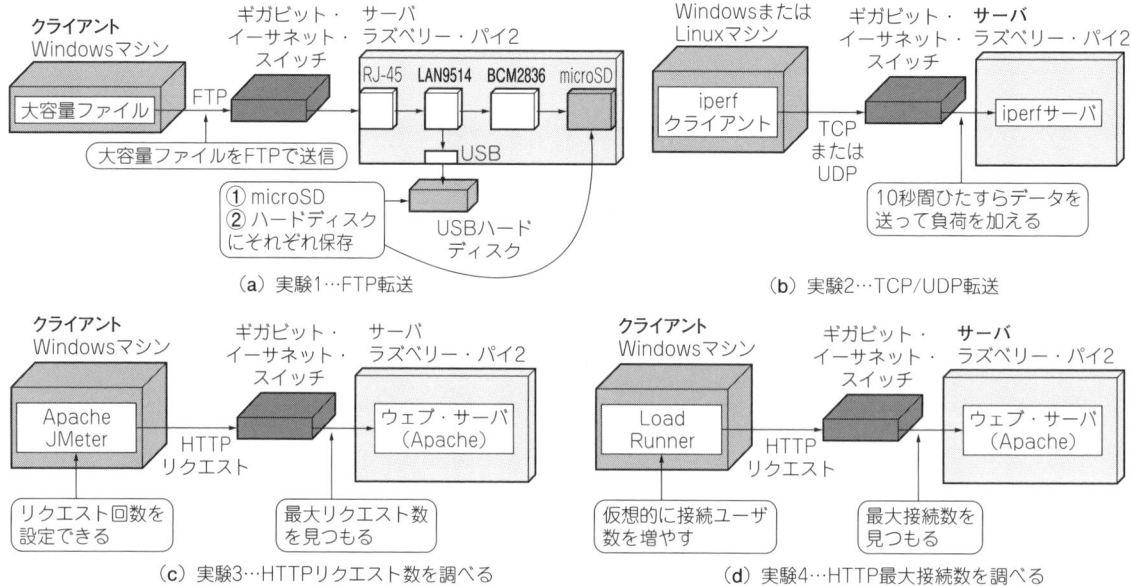

図1 ラズベリー・パイ2サーバの基本ネットワーク伝送性能を調べる

(a) 実験1…FTP転送
(b) 実験2…TCP/UDP転送
(c) 実験3…HTTPリクエスト数を調べる
(d) 実験4…HTTP最大接続数を調べる

　ラズベリー・パイはサーバ用途でも広く使われています．本章では，定番の測定用ソフトウェアを使って，ファイル・サーバとして使ったときの大容量ファイルのFTP転送，データ通信時のネットワーク負荷，ウェブ・サーバとして使ったときの最大リクエスト数や同時接続数を調べます．　　　　（編集部）

実験内容

　さまざまなネットワーク測定ソフトウェアを利用して，図1のようにラズベリー・パイ2をサーバとして負荷耐性やレスポンス，スループットなどの性能を調べます．測定用ソフトウェアとしては，単純なftpからiperf，そして，Apache JMeterやLoad Runnerを使用して，データを採取，分析します．
- 実験1…FTPで送れる最大ファイル転送量を調べる
- 実験2…10秒間のネットワーク負荷をiperfで測定する
- 実験3…ウェブ性能（最大リクエスト数）をApache JMeterで測定する
- 実験4…ウェブ性能（最大同時接続数）をLoad Runnerで測定する

　ラズベリー・パイ2をサーバ，Windowsパソコンをクライアントとして実験します．ラズベリー・パイ2との比較対象としてCentOSを搭載したLinuxマシンも用意します．

▶測定に使うネットワーク機器で結果が変わることも

　これらの実験はラズベリー・パイだけでなく，WindowsマシンやLinuxマシン，ギガビット・イーサネット・スイッチなどの性能も結果に影響を与えます．つまり，相対的な比較テストです．

実験の準備

● ハードウェア
　以下のハードウェアを用意します．
(1) ラズベリー・パイ側
- ラズベリー・パイ2 Model B

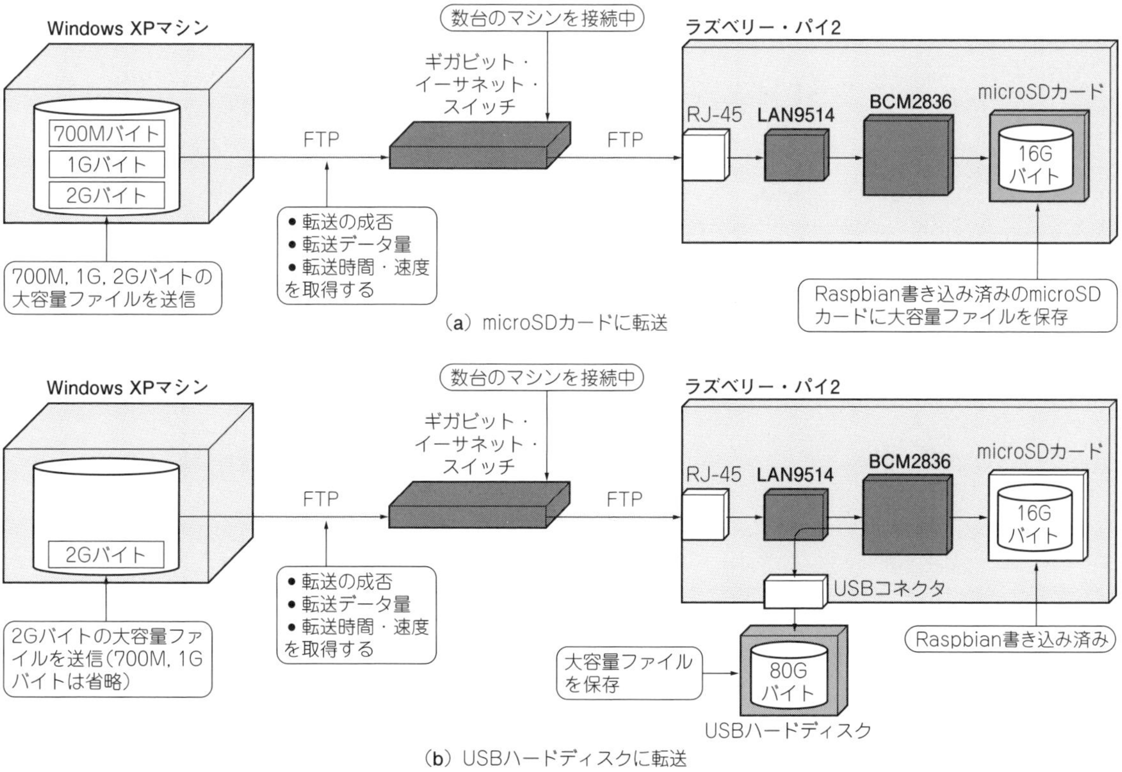

第10章 ネットワーク通信＆サーバ性能の実力

図2 実験1：FTPで大容量ファイルを転送する

(a) microSDカードに転送

(b) USBハードディスクに転送

- ラズベリー・パイ2用3.6インチ・ディスプレイ（デジパーツ）
- 16GバイトmicroSDカード
- USBセルフパワー・ハブ／外付けHDD

(2) Windowsパソコン
- Pentium-4 (2.2GHz)，メモリ1Gバイト，100Mbps搭載品など

(3) Linuxパソコン
- Celeron (2GHz)，メモリ896Mバイト，100Mbps搭載品など

(4) ネットワーク装置
- 1Gbpsイーサネット・スイッチ

● ソフトウェア
▶使用OS
- ラズベリー・パイ…Raspbian
- Windows XP
- CentOS

　Raspbianのバージョンは2015-05-05-raspbian-wheezy.zipを使用しました．Windows XPとCentOSのインストール方法の詳細はインターネットや書籍を参考にしてください．

● Raspbianの設定を行う

　ラズベリー・パイ2用のRaspbianを書き込んだmicroSDカードを用意し，設定を行います．

(1) イメージ・ファイルの書き込み

　16GバイトのmicroSDをWindowsパソコン用のSDFormatterでquickフォーマットし，`Win32DiskImager.exe`でRaspbianのディスク・イメージを書き込みます．詳細な手順は省略します．

(2) 起動後はSSH自動IPアドレスにて接続します．そして固定IPアドレスとしてから作業します．LAN内のDHCPサーバでIPアドレス192.168.0.151を割り当てるように設定しておき，ラズベリー・パイ2を起動してからSSH接続します．

(3) ネットワーク関連の設定を行います．`/etc/network/interfaces`，`/etc/hosts`，`/etc/hostname`を変更します．`/etc/resolv.conf`はネットワーク`restart`（`ifdown/ifup eth0`や`service networking reload`）で`resolvconf`パッケージが自動的に設定します．

(4) LAN内のDHCPサーバからIPアドレス192.168.0.151を除外し，ラズベリー・パイ2を再起動し，SSHで再び接続します．

(5)「`sudo -s`」で以降の作業をスーパーユーザとして

117

```
700MB) ftp: 710807552 bytes sent in 87.41Seconds 8132.16Kbytes/sec
1GB) ftp: 1028653056 bytes sent in 122.56Seconds 8392.92Kbytes/sec
2GB) 失敗
```
← 700Mバイトのファイルを平均8.1Mバイト/sで転送
← 1Gバイトのファイルを平均8.4Mバイト/sで転送
← 2Gバイトは失敗

(a) microSDカードへ転送

```
2GB) ftp: 2044919808 bytes sent in 246.34Seconds 8301.07Kbytes/sec.
```
← 2Gバイトのファイルを平均8.3Mバイト/sで転送

(b) USBハードディスクへ転送

図3 平均8.1Mバイト/sで大容量ファイルをFTP転送できた
microSDカードへの転送では2Gバイトは送信失敗

行います．
(6) raspi-config，apt-get update，apt-get upgradeやapt-get dist-upgrade，日時自動設定ntpdate，不要なサービスの停止などを行います．dhcpdはremoveおよび停止しておきます．
(7) 画面表示用のTFTディスプレイの設定も行っておきます．なお，HDMIディスプレイを使う場合はこの作業は不要です．

実験1：ファイル転送

● microSD/外付けUSBハードディスクに大容量ファイルを転送する

FTPでファイル転送を行い，転送の成否，転送データ量，転送時間と速度を調べます．Windowsマシンからラズベリー・パイ2へのファイル転送を行い，パフォーマンスを見てみます（図2）．転送するファイルの容量を700Mバイト，1Gバイト，2Gバイトと変えてみます．転送先は，Raspbianを格納してある16GバイトのmicroSDカードと，ラズベリー・パイにUSB接続した80Gバイトのハードディスク（HDD）の2種類です．

● 実験結果…平均8.3Mバイト/sで転送できた

実験の結果を図3に示します．
基本的に，Windowsマシンからラズベリー・パイ2のmicroSD，USBハードディスクどちらの方向でも平均8.3Mバイト/s程度の転送速度が出ています．一方で，ラズベリー・パイ2のmicroSDの受容能力に限界があるようです．今回のテストでは，2Gバイトのファイルを送信するとラズベリー・パイ2の受け取り保存ができずハングアップなどが発生し，送信が失敗しました．細かな限界は試してはいませんが，700Mバイトや1Gバイト程度では問題なく送信できました．セルフパワーのUSB外付けHDDへの送信では，2Gバイトのファイルでも問題なく受信/保存できています．

実験2：ネットワーク負荷

● サーバに負荷をかけまくるiperfを使う

ネットワークのスループットを測定できるiperfを使ってみます．iperfは，TCPやUDPでサーバに負荷をかけて，転送速度を測定できます．Windowsや Linux，ラズベリー・パイ2，そして，TCPとUDPを組み合わせて図4のように行います．

・実験2-1　TCPで接続
・実験2-2　UDPで接続

サーバ側のポートはTCP接続時もUDP接続時もポート：5001とします．Windowsマシンをクライアントとして，ラズベリー・パイ2とCentOSマシンをそれぞれサーバとして実験します．サーバ→クライアントの順にiperfコマンドで起動すると，クライアントからサーバ側へ10秒間ひたすらデータを送信し，転送量と転送速度を測定します．

● 測定ソフトiperfの準備

iperfのWindows版はウェブ・サイトから，Linux（CentOS），Raspbianではパッケージ管理コマンドでインストールします．

▶ Windows版iperfのインストール
以下のウェブ・サイトからダウンロードし，.exeファイルを実行してインストールします．
`https://iperf.fr/`

▶ CentOS版iperfのインストール
パッケージ管理コマンドyumを使ってインストールします．
`sudo yum install iperf`↵

▶ Raspbian版iperfのインストール
`sudo apt-get install iperf`↵

● iperfの使いかた

最初にiperfサーバを，次にiperfクライアントを動作させます．Windowsマシンではコマンド・プロン

第10章 ネットワーク通信＆サーバ性能の実力

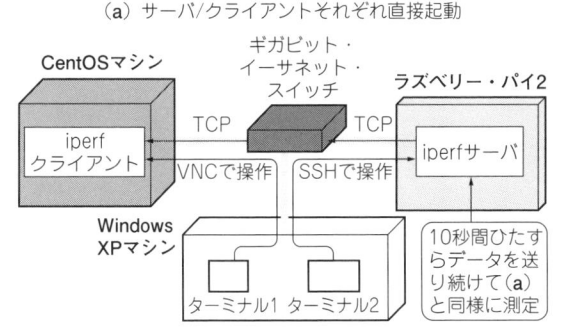

(a)～(c)ともに6台のマシンに接続中

(a) サーバ/クライアントそれぞれ直接起動

(b) サーバ/クライアントそれぞれリモートで起動

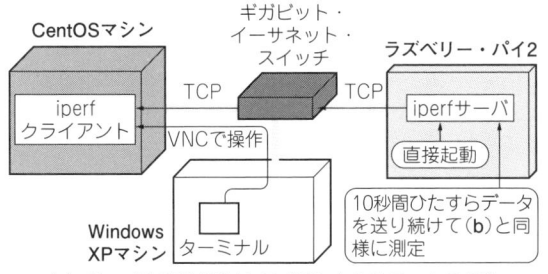

(c) サーバを直接起動/クライアントをリモートで起動

図4 実験2：ラズベリー・パイから10秒間ひたすらデータを送り続けてネットワーク負荷を測定する
同様の構成でTCPではなくUDPも実験する

プト画面で，CentOSやRaspbianなどのLinuxではコマンド・ラインでコマンドを入力します．

▶ TCPで接続する

デフォルトでは通信プロトコルはTCPです．以下のコマンドをサーバ側，クライアント側でそれぞれ入力するだけで，TCPプロトコルを使った転送時間，転送量，転送速度を測定できます．
(1) サーバ側（←最初に起動して接続・受信待ち）
`iperf -s`
(2) クライアント側（←起動して接続，データ送信）
`iperf -c`

▶ UDPで接続する

UDPで接続＆測定する場合は，-uオプションを付けてコマンドを入力します．

表1 iperfコマンドはオプション指定するだけでUDP通信も試せる

正式形	短縮形	意味
--server	-s	サーバとして起動
--udp	-u	UDPで通信
--interval #	-i	1秒ごとの転送帯域を表示
--client <host>	-c	クライアントとして起動し，<host>へ接続．<host>にはサーバのIPアドレスを入力
--bandwidth #[KM]	-b	UDPの転送帯域をbpsで表示

(1) サーバ側
`iperf -s -u -i 1`
(2) クライアント側（←起動してデータ送信）
`iperf -c 192.168.0.151 -u -b 200M -i 1`

各オプションの意味を表1に示します．クライアント側では，IPアドレス192.168.0.151に帯域幅200Mbpsで接続しています．

● 測定結果…ほかのパソコンと同等の速度で通信できている

iperfでTCP接続して測定した結果を表2に，同様にUDPで接続して測定した結果を表3に示します．結果としては，ラズベリー・パイ2はほかのパソコンと比較してみても遜色無く，性能を出しています．

なお，各種設定が異なるため，TCPとUDPの転送速度は異なる結果が出ています．

▶ TCP接続…平均90Mbps以上の転送ができている

TCPで接続した表2の結果は，平均して90Mbps以上で転送できています．

▶ UDP接続…平均68Mbps以上

UDPで接続した表3の結果をみると，クライアント/サーバが同一のギガビット・イーサネット・スイッチに接続していても，別のスイッチに接続していても，結果は同じです．

ここでも，ほかのシステム間と同様に，ラズベリー・パイ2でも平均68Mbpsほど出ています．

実験3：ウェブ性能…リクエスト数

● ウェブ・サーバとしての限界を調べる

ラズベリー・パイ2をウェブ・サーバとしたときの性能を調べます．ラズベリー・パイにはApacheサーバが起動しているものとします．インストール手順などは省略します．

ウェブ性能を測定するアプリケーションの一つに，Apache JMeter（以下，JMeter）があります．これを使って，図5のように各データを取得します．

表2 クライアント・マシンに関わらず平均90Mbps以上でTCP通信できている…iperfでネットワーク負荷を測定

サーバ			クライアント			転送結果		転送速度の平均値	
マシン	TCP注1 ウィンドウ・サイズ[バイト]	コマンド端末接続方法	マシン	TCP注1 ウィンドウ・サイズ[バイト]	コマンド端末接続方法	転送量[バイト]	受信時間[s]	サーバ側[bps]	クライアント側[bps]
Raspbian (ラズベリー・パイ2)	85.3K	直接	Windows XP	254K	直接	113M	10.4	91.1M	91.1M
		SSH接続注2	CentOS	16K	VNC接続注2	112M	10.3	91.1M	93.3M
		直接	CentOS	16K	VNC接続注2	113M	10.4	91.1M	93.3M

注1：TCPウィンドウ・サイズ（TCPバッファ・サイズ）のデフォルト値は8Kバイト
注2：SSH，VNCともWindowsマシンからリモート接続した

表3 経由／マシンに関わらず平均60Mbps以上でUDP通信できている…iperfでネットワーク負荷を測定
データグラム・サイズ＝1470バイトとした

サーバ		クライアント		物理的な接続(経由)	送信帯域幅[bps]	転送結果			サーバ側測定結果[bps]	クライアント側測定結果[bps]
マシン	UDPバッファ・サイズ[バイト]	マシン	UDPバッファ・サイズ[バイト]			転送量[バイト]	時間[s]	データグラム数		
ラズベリー・パイ2	160K	Windows XP	254K	同一Gビット・スイッチ	200M	81.2	10	57924	68.0M	68.0M
CentOS (Celeron 2GHz, 896Mバイト)	108K			同一Gビット・スイッチ		72.4		57809	60.8M	60.8M
CentOS (PentiumD 3.2GHz, 4Gバイト)	224K			Gビット・スイッチ＋Mビット・スイッチ		81.1		57931	68.0M	68.0M
CentOS (Celeron 2GHz, 896Mバイト)	108K			Gビット・スイッチ＋Mビット・スイッチ		72.4		57930	60.7M	68.0M

● 測定ソフトJMeterの準備

JMeterは，Javaで書かれたアプリケーションで，http://jmeter.apache.org/ から入手できます．

▶ Windows版のインストール

Java Runtime Environmentをインストールしてから，JMeterを上記のウェブ・ページから入手し，適当なディレクトリに解凍します．解凍後，binディレクトリのbatファイルを起動します．

C:¥～¥<JMeterフォルダ>¥bin¥jmeter.bat
これでJmeterが起動します．

▶ CentOS版，Raspbian版のインストール

Javaの実行環境をあらかじめインストールしておきます．

yum install java

JMeterの最新パッケージを上記ウェブ・ページか

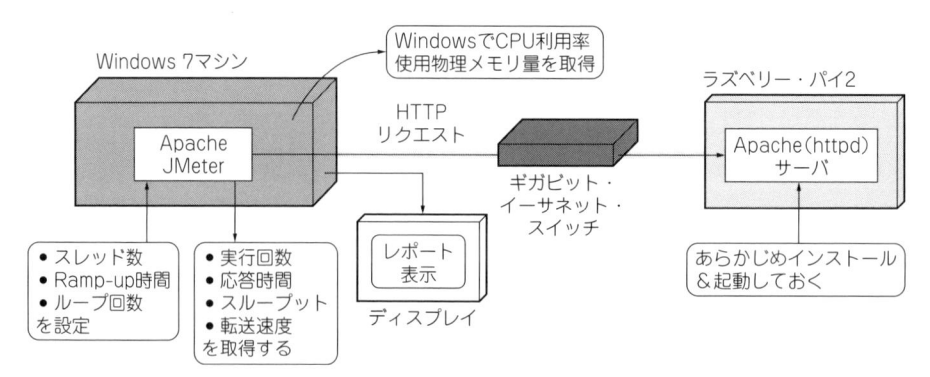

図5 実験3：ラズベリー・パイ2でApacheサーバを起動させてJmeterで最大リクエスト数を調べる

■起動
●ステップ1：`apache-jmeter-2.13\apache-jmeter-2.13\bin`内のjmeter.batを起動する

■設定
●ステップ2：Apache JMeterの［テスト計画］をクリック
●ステップ3：［編集］→［追加］→［Threads(Users)］→［スレッドグループ］の順に選択
●ステップ4：［スレッドグループ］を以下のように設定する

名前：JMeter-Pi2
サンプラー後のアクション：●続行
スレッドプロパティ
スレッド数：（実験を行う任意の値）
Ramp-Up期間（秒）：（実験を行う任意の値）
ループ回数：□無限ループ
■ Delay Thread creation until needed
□スケジューラ

●ステップ5：［編集］→［追加］→［サンプラー］→［HTTPリクエスト］の順に選択

●ステップ6：［HTTPリクエスト］を以下のように設定する

名前：HTTPリクエスト
Webサーバ
サーバ名またはIP：192.168.0.151　　ポート番号：80
HTTPリクエスト
Implementation：HttpClient4　プロトコル：HTTP
メソッド：GET
パス：index.html

●ステップ7：［編集］→［追加］→［リスナー］→［統計レポート］の順に選択
●ステップ8：［統計レポート］を以下のように設定する

名前：Pi2_HTTP_統計レポート
全てのデータをファイル出力

■実行
●ステップ9：ウィルス対策ソフトを無効化する（実験の間のみ）
●ステップ10：［実行］→［開始］を選択
●ステップ10'：画面上の緑色右向き三角印アイコンをクリックしてもよい

図6　Jmeterでテスト用の設定を行う
実際にはGUI画面で行える

らダウンロードし，解凍します．
`tar zxvf jakarta-jmeter-<バージョン名>.tgz`
以下のコマンドでJMeterが起動します．
`<解凍先ディレクトリ>\bin\jmeter`

● **シミュレーション内容を設定する**

JMeterテストではテスト計画を作成し，それにしたがって測定を行います．

図6にテスト計画の設定手順を示します．今回の実験では，以下の設定でテストします．

- スレッド数：スレッド数またはクライアント数
- Ramp-Up期間（秒）：指定されたスレッド数を生成させる時間
- ループ回数：指定されたスレッド数とRamp-Up期間によるテストを何度繰り返すか，1スレッドの繰り返し数
- Delay Thread creation until needed：スレッドを使用するときに生成

実際のスレッド処理は，Ramp-Up時間÷スレッド数ごとに1個のスレッド（アクセス・ユーザ）を起動します．すると，最大スレッド数ぶんのスレッドが起動します．それをループ回数繰り返すように設定しています．つまり，1スレッドをループ回数ぶん処理し，次に二つ目のスレッドをループ回数ぶん処理し，…，という手順です．結果として，スレッド数×ループ回数のセットのHTTPリクエストがWWWサーバに送信されます．

なお，このスレッドの中に複数のHTTPリクエストがある場合，スレッド数×1スレッドで実行されるHTTPリクエスト数が実行されます．

そのほかのテスト計画のHTTPリクエスト設定は，以下デフォルト設定です．

- サーバ名またはIPアドレス：192.168.0.151
- Implementation：HttpClient4
- プロトコル：HTTP
- メソッド：GET

● **実験結果…リクエスト応答の限界を超えると不安定になる**

計測値は**図7**のように表示されるJMeter出力から抽出しました．結果を**表4**に示します．テスト5，テスト6については時間を変えて2回試しましたが，応答時間，スループット，転送速度が1回目と2回目で大きく異なっています．

まとめとして，テスト4，テスト5以降ではWindows

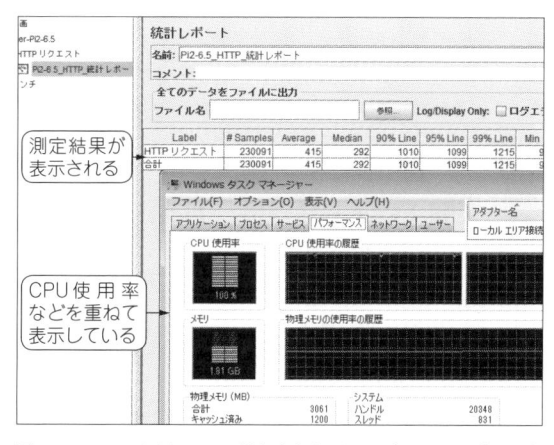

図7　JMeterでリクエスト数を変えながらラズベリー・パイに負荷をかけてWindowsのタスクマネージャでCPU利用率を調べる

表4 ウェブ・サーバとして使うと最大234000リクエストで頭打ちになる…JMeterで測定（パソコンのリソース）

番号	スレッド数注	ループ回数	リクエスト数	応答時間[ms]	スループット[処理回数/s]	転送速度[バイト]	リソース計測時点のサンプル数	CPU使用率[%]	メモリ使用率[%]	メモリ使用量[バイト]	ネットワーク利用率[%]
1	1800	50	90000	10	49.3	111.9K	45000	39	62	1.85G	0.62
2		100	180000	11	98.6	223.7K	90000	76	63	1.89G	0.21
3		120	216000	23	118.1	267.8K	100000	96	64	1.92G	0.21
4		130	234000	33	127.1	288.2K	150000	98	65	1.94G	—
5		140	252000	128	134.1	304.1K	—	—	—	—	—
5		140	252000	710	127.8	289.8K	—	—	—	—	—
6-1		155	279000	521	143.2	324.8K	—	—	—	—	—
6-2		155	279000	2916	114.5	259.7K	230000	100	60	1.81G	—
7		160	288000	2143	126.6	—	180000	100	68	2.04G	—
8-1		160	288000	604	147.1	333.6K	100000	100	62	1.86G	—
8-2		160	288000	604	147.1	333.6K	180000	100	63	1.91G	—

頭打ち

注：すべて1スレッド/秒

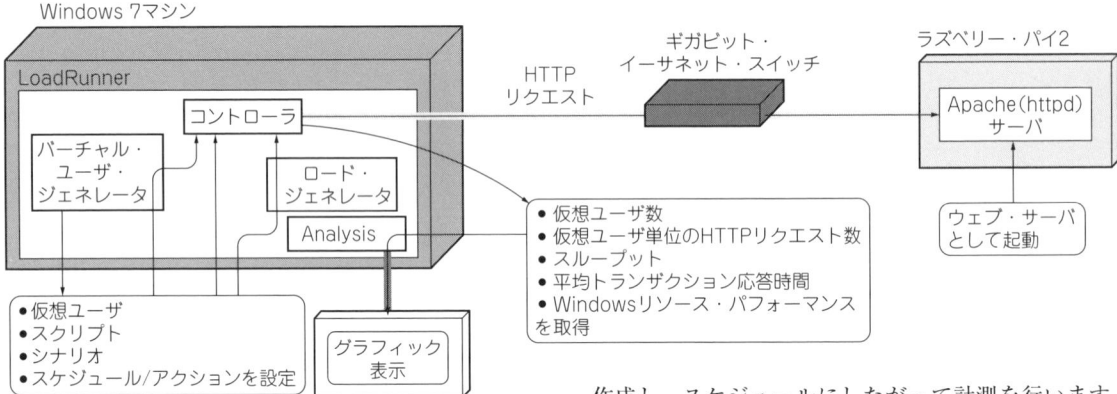

図8 実験4：仮想的にユーザ接続数を増やせるLoadRunnerを使ってHTTP最大接続数を調べる

のCPU利用率も100％限界となり，計測値も大きく振れています．テスト4（1スレッド/秒で1800スレッドを130ループ）の234,000リクエストでほぼ限界に近づき，平均応答時間33ms，スループット127.1［処理回数/s］，転送速度288.2Kバイト/sで，PCのリソースのCPU使用率は98％，物理メモリの使用量/使用率は1.94Gバイト/65％でした．

実験4：ウェブ性能…同時接続数

● 同時接続数を試せる測定ソフトLoadRunnerを使う

多数の利用者が同時に接続した場合を想定したテスト用ソフトウェアにLoadRunner（ヒューレット・パッカード）があります．このLoadRunnerを使って，図8のように最大同時接続数を調べます．

LoadRunnerではJMeterと同じようにシナリオを作成し，スケジュールにしたがって計測を行います．設定・利用については参考文献（1）〜（4）を参考にしてください．

▶入手先

http://www8.hp.com/jp/ja/software-solutions/loadrunner-load-testing/

無償版と有償版があり，無償版では50ユーザまでの同時接続テストを行えます．

● テストのシナリオを決める

ここではシナリオを以下の3種類としました．

- シナリオ1…20仮想ユーザを1仮想ユーザ/10秒で開始，5分間テスト，2仮想ユーザ/10秒で停止
- シナリオ2…20仮想ユーザを1仮想ユーザ/5秒で開始，5分間テスト，1仮想ユーザ/20秒で停止
- シナリオ3…50仮想ユーザを4仮想ユーザ/10秒で開始，5分間テスト，2仮想ユーザ/10秒で停止

計測したデータのうち，以下の3種類を抽出・マージしました．

- Windowsリソース－仮想ユーザ数（Windows Resources－Running Vusers）

第10章 ネットワーク通信&サーバ性能の実力

表5 ラズベリー・パイ2サーバには50ユーザ程度まで同時に接続できる…LoadRunnerで最大接続数を測定

シナリオ番号	仮想ユーザ数	内容	Windowsリソース-仮想ユーザ数 平均CPU使用率[%]	平均利用可能メモリ[バイト]	平均トランザクション応答時間-仮想ユーザ数	スループット-仮想ユーザ数（平均スループット）[バイト/s]
1	20	1仮想ユーザ/10sで開始, 5分間テスト, 2仮想ユーザ/10sで停止	52 注1	1.73G	0.1s〜1.5sまで仮想ユーザ数に比例して増減	4180バイト/s（仮想ユーザ数にはほぼ無関係に3,600〜4,700付近まで振れている）
2	20	1仮想ユーザ/5sで開始, 5分間テスト, 1仮想ユーザ/20sで停止	65 注2	1.48G	0.08s〜1.7sまで仮想ユーザ数にほぼ比例して増減	3943バイト/s（仮想ユーザ数にはほぼ無関係に3,200〜4,300付近まで振れている）
3	50	4仮想ユーザ/10sで開始, 5分間テスト, 2仮想ユーザ/10sで停止	98 注1（頭打ち）	1.13G	0.16s〜4.2sまで仮想ユーザ数に比例して増減	3674バイト/s（仮想ユーザ数にはほぼ無関係に3,300〜4,000付近まで振れている）

注1：ほぼ横ばい
注2：仮想ユーザ起動から仮想ユーザ停止開始直前まで55％台でほぼ横ばい．仮想ユーザ停止開始から半分の仮想ユーザ停止まで山なり．以降，55％台でほぼ横ばい

リスト1　LoadRunnerで使うHTTPリクエストのアクション

```
Action()
{
lr_start_transaction("main");    ← サーバのIPアドレス
    web_url("index.html",
        "URL=http://192.168.0.151/index.html",
        "Resource=0",
        "RecContentType=text/html",
        "Referer=",
        "Snapshot=t2.inf",
        "Mode=HTML",
        EXTRARES,
        "Url=/img/bgk.jpg", ENDITEM,
        "Url=/img/mj.png", ENDITEM,
        LAST);
lr_end_transaction("main", LR_AUTO);

    return 0;
}
```

- 平均トランザクション応答時間-仮想ユーザ数（Average Transaction Response Time - Running Vusers）
- スループット-仮想ユーザ数（Throughput - Running Vusers）

なお，HTTPリクエストのアクションは**リスト1**のようにします．

● **実験結果**

計測の様子を**図9**に，結果を**表5**に示します．なお，実行時のシナリオは，[LoadRunner Analysis]→[File]→[View Scenario Runtime Settings...]→[Scenario Schedule]で見ることができます．

▶ **同時接続ユーザ数50でCPU使用率は98％になる**

今回のテストでは50仮想ユーザではWindowsリソースの平均CPU使用率が98％と，上限にへばりついてしまいました．そのほかでは仮想ユーザ数が半分であると平均CPU利用率も半分くらいまでに抑えられていて，対仮想ユーザ数でも同じようにほぼ横ばい

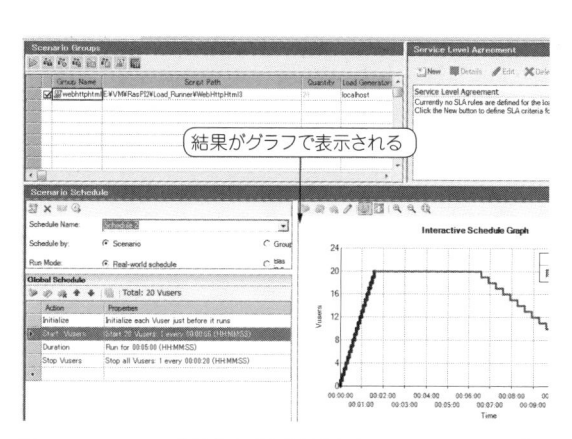

図9　LoadRunnerを使うと最大接続をシミュレートしながらグラフで結果を表示できる

でした．
そのほか，平均トランザクション応答時間は仮想ユーザ数にほぼ比例して増減し，スループットは仮想ユーザ数にはほぼ無関係なのですが，大きな振れがありました．

◆参考文献◆
(1) HP コミュニティ - ここからはじめよう_3回目 「LRv12インストール」- エンタープライズ・ビジネス・コミュニティ, http://h30499.www3.hp.com/t5/アプリケーション品質のトレンド/ここからはじめよう-3回目-LRv12インストール/ba-p/6493388
(2) HP コミュニティ - ここからはじめよう_4回目 「LRv12 使ってみよう（前編）」- エンタープライズ・ビジネス・コミュニティ．
(3) HP コミュニティ - ここからはじめよう_5回目 「LRv12 使ってみよう（中編）」- エンタープライズ・ビジネス・コミュニティ．
(4) HP コミュニティ - ここからはじめよう_6回目 「LRv12 使ってみよう（後編）」- エンタープライズ・ビジネス・コミュニティ．

かさの・ひでまつ

第2部 大解剖！ラズベリー・パイ2

Appendix 4

USBハブ機能やイーサMAC＆PHY搭載！クロック同期機能付き！

イーサネット/USB接続チップ LAN9512/9514の研究

松本 信幸

写真1 ラズベリー・パイにはUSBハブ＆LANコントローラ搭載IC LAN9512/9514が搭載されている

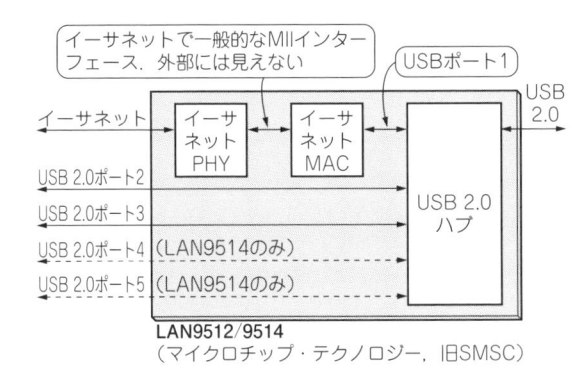

LAN9514-JZX（マイクロチップ・テクノロジー）

図1 USBハブ＆LANコントローラ搭載IC LAN9512/9514の構成（マイクロチップ・テクノロジー，旧SMSC）

ラズベリー・パイのModel BやB+といった品種では，複数のUSBコネクタとイーサネットが利用できます．しかし，ラズベリー・パイに搭載されているプロセッサBCM2835やBCM2836からは，基板上はUSBの信号線は1本分しか出力されていません．この1本分の信号線を拡張するために，**写真1**のUSBハブ＆LANコントローラIC LAN9512/9514を使って拡張しているのです．

このLAN9512/9514は，USBとイーサネットのクロック同期機能や，内蔵リセット回路を搭載しているので使いやすく，ラズベリー・パイ以外にも活用できそうなICです．

（編集部）

LAN9512/LAN9514の機能

● ワンチップ化されたUSBハブ＆LANコントローラIC

LAN9512/9514は，Internetを主とするネットワークに接続するためのイーサネット・インターフェースと，各種センサや入力デバイスなどを接続させられる複数のUSBポートを用意することができるICです．

● 出力USBポートの数が異なる

表1にLAN9512/9514の各ピンの機能を示します．LAN9512/9514の違いは，USBポートの数です．LAN9512は，ダウンリンクとしてのUSBポートを二つ，LAN9514では四つを用意しています．ただこの数は，外部に用意されている数であって，実際はそれぞれ一つ多く持っており，内部でイーサネット・インターフェースが接続されています．

つまり，イーサネット・インターフェースと複数（2ないし4）のUSBポートを束ね，アップリンクのUSBポートに接続するためのデバイスです（**図1**）．

接続例

● ラズベリー・パイでの接続…CPUのUSBポートにつないでいるだけ

ラズベリー・パイでは，LAN9512/9514をインターフェース統合デバイスとして扱っています．

図2のように，LAN9512（ラズベリー・パイ）/9514（ラズベリー・パイ2）のアップリンク用USBポートを，CPUのUSBポートに接続しています．CPUから見て複数のUSBポートがあって，そのうちの一つにイーサネット・ドングルが接続されている形になります．このため，USBポート経由でイーサネット・インターフェース用のドライバをCPUが持っている必要があります．それ以外のUSBポートは汎用ですので，ケース・バイ・ケースとなります．

ちなみにリセットは，CPUからnRESETにリセット信号が入力される作りになっています（詳細は後述）．

● 電池駆動でも動かせる

ラズベリー・パイは，小さく作ることも目的の一つ

Appendix4 イーサネット/USB接続チップ LAN9512/9514の研究

表1 USBハブ&LANコントローラ搭載IC LAN9512/9514の各ピンの機能

信号名称	ピン名称	機能概要	方向	LAN9512のピン番号	LAN9514のピン番号
Ethernet Data OUT +	TXP	イーサネット出力ポート(+)	Out	55	55
Ethernet Data OUT-	TXN	イーサネット出力ポート(-)	Out	56	56
Ethernet Data In +	RXP	イーサネット入力ポート(+)	In	52	52
Ethernet Data In-	RXN	イーサネット入力ポート(-)	In	53	53
Auto-MDIX Enable	AUTOMDIX_EN	0:Disabled / 1:Enabled	In	41	41
Ethernet Full-Duplex Indicator LED	nFDX_LED	0:Full-Duprex / 1:Half-Duplex	Out	20	20
Ethernet Link Activity Indicator LED	nLNKA_LED	0:Link Up	Out	21	21
Ethernet Speed Indicator LED	nSPD_LED	0:100Mbps / 1:10Mbps	Out	22	22
External PHY Bias Resistor	EXRES	12.4kΩでプルダウン	I	50	50

(a) イーサネット・インターフェース(MII)

信号名称	ピン名称	機能概要	方向	LAN9512のピン番号	LAN9514のピン番号
USBDP0	USBDP0		I/O	59	59
USBDM0	USBDM0		I/O	58	58
Detect Upstream VBUS Power	VBUS_DET		I	11	11
USBDP2	USBDP2		I/O	2	2
USBDM2	USBDM2		I/O	1	1
USB Port Power Control 2	PRTCTL2		I/O	14	14
USBDP3	USBDP3		I/O	4	4
USBDM3	USBDM3		I/O	3	3
USB Port Power Control 3	PRTCTL3		I/O	16	16
USBDP4	USBDP4		I/O	-	7
USBDM4	USBDM4		I/O	-	6
USB Port Power Control 4	PRTCTL4		I/O	-	17
USBDP5	USBDP5		I/O	-	9
USBDM5	USBDM5		I/O	-	8
USB Port Power Control 5	PRTCTL5		I/O	-	18
External USB Bias Resistor	USBRBIAS	12.4kΩでプルダウン	I	63	63

(b) USBインターフェース

信号名称	ピン名称	機能概要	方向	LAN9512のピン番号	LAN9514のピン番号
General Purpose I/O 3/4/5/6/7	GPIO3/4/5/6/7	汎用入出力ピン	I/O	35/36/37/42/43	35/36/37/42/43

(c) 汎用I/O

信号名称	ピン名称	機能概要	方向	LAN9512のピン番号	LAN9514のピン番号
System Reset	nRESET		In	12	12
Crystal Input	XI		I	61	61
Crystal Output	XO		O	60	60
24 MHz Clock Enable	CLK24_EN		In	44	44
24 MHz Clock	CLK24_OUT		Out	45	45
EEPROM Data In	EEDI		In	26	26
EEPROM Data Out	EEDO		Out	25	25
EEPROM Chip Select	EECS		Out	24	24
EEPROM Clock	EECLK		Out	23	23
JTAG Test Port Reset	nTRST		In	28	28
JTAG Test Mode Select	TMS		In	29	29
JTAG Test Data Input	TDI		In	30	30
JTAG Test Data Out	TDO		Out	31	31
JTAG Test Clock	TCK		In	32	32
Test 1	TEST1	NC	-	13	13
Test 2	TEST2	V_{SS}(GND)に接続	-	34	34
Test 3	TEST3	VDD33IO(+3.3V)に接続	-	40	40
Test 4	TEST4	NC	-	47	47
未使用			-	6, 7, 8, 9, 17, 18	-

(d) 制御インターフェース

信号名称	ピン名称	機能概要	方向	LAN9512のピン番号	LAN9514のピン番号
+3.3V Analog Power Supply	V_{DD33A}	アナログ3.3V電源		5/10/49/51/54/57/64	5/10/49/51/54/57/64
+3.3V I/O Power	V_{DD33IO}	IO用3.3V電源		19/27/33/39/46	19/27/33/39/46
Digital Core +1.8V Power Supply Output	$V_{DD18CORE}$			15/38	15/38
Ethernet PLL +1.8V Power Supply	$V_{DD18ETHPLL}$			48	48
USB PLL +1.8V Power Supply	$V_{DD18USBPLL}$			62	62
V_{DD}		グラウンドパッド(端子相当)		Reat Pad	Rear Pad

(e) 電源インターフェース

ですし，そもそもCPUを持った装置ですので，電源は別途用意しても問題のない構成ですが，LAN9512/9514をセンサ端末として使用する場合，外部からの電源を用意できないケースも考えられます．

LAN9512/9514には，3レベルのサスペンド・モードがあり，部分的に機能を休止できるようになっています．この休止状態は，イーサネット・インターフェースにおける情報のやりとりや，GPIO端子における信号の検出などによって解除できます．そのため，めったに使用しないセンサのような場合，電池駆動を考えることもできるようになっています．

その1…イーサネット

● 4本の端子で差動信号を送受信する

LAN9512/9514のイーサネット系で使用される端子

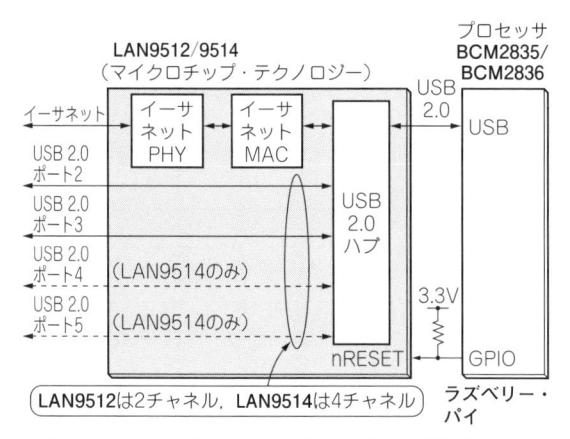

図2 ラズベリー・パイのプロセッサBCM2835とは直結している

スとして，MDI/MDI-X自動切り替えを許可するかどうかを設定します．この端子をプルアップ（"H"）した場合，自動切り替えが許可されます．つまり，イーサネット・インターフェースを介して接続される対向機やケーブル（ストレート・ケーブルかクロス・ケーブルか）によっては，送信機能と受信機能を入れ替えることができるようになります．

装置の接続状況によっては，送信端子で受信を行い，受信端子で送信を行うことがあり得ます．このため，自動切り替え許可で使用する場合においては，パルス・トランスは「双方向対応」のもの（面倒なら1000BASE-T対応品でも代用可．端子は余る）を選択する必要があり，ライン終端抵抗も送受信双方に用意する必要があります．

として一番にあげられるのは，送受信用のTXP/TXN/RXP/RXNの四つです（図3）．

イーサネット向けの入出力は差動信号です．意味合いとして送信[T]と受信[R]のそれぞれにおいて，P（プラス）とM（マイナス）が用意されます．

● PHYも内蔵！外部接続回路は超シンプル

LAN9512/9514はイーサネットPHYも搭載しています．外部に用意する回路はライン終端抵抗（合計約100Ω）と，パルス・トランス（アイソレーション・トランス），RJ-45コネクタとなります．

▶送受信自動切り替えを行う場合は双方向対応部品を使わないといけない

ただし，回路の部品選定においては，LAN9512/9514のAUTOMDIX_ENをどのように設定するかで少々注意が必要になります．

AUTOMDIX_ENはイーサネット・インターフェー

● イーサ通信状態を表すLED用端子を完備

イーサネット・インターフェース系のマン-マシン用端子として，LED表示用のnFDX_LED/nLNKA_LED/nSPD_LEDがあります．おのおの通信方式（全二重/半二重），リンクアップ，通信速度（100Mbps/10Mbps）を示します．ラズベリー・パイの回路図を見ると，通信方式や通信速度は単色のLEDを用いて，点灯と消灯で示しているようですが，不特定多数が扱うような装置においては，赤と緑が同時に発光する2色LEDなどを用いて，例えば10Mbpsではオレンジ発光（2色同時発光），100Mbpsでは緑発光，そのうえでリンクアップと組み合わせて，リンクダウン時は消灯というような回路にした方がよい気はします．

なお，このLED制御用の三つの端子は，GPIOと兼用になっているので，LEDを用いないときはそれぞれGPIOとして用いることも可能になっています．

このほか，EXRES端子は，12.4kΩ（1.0％）の抵抗でプルダウンするよう指示があるので，その通りにし

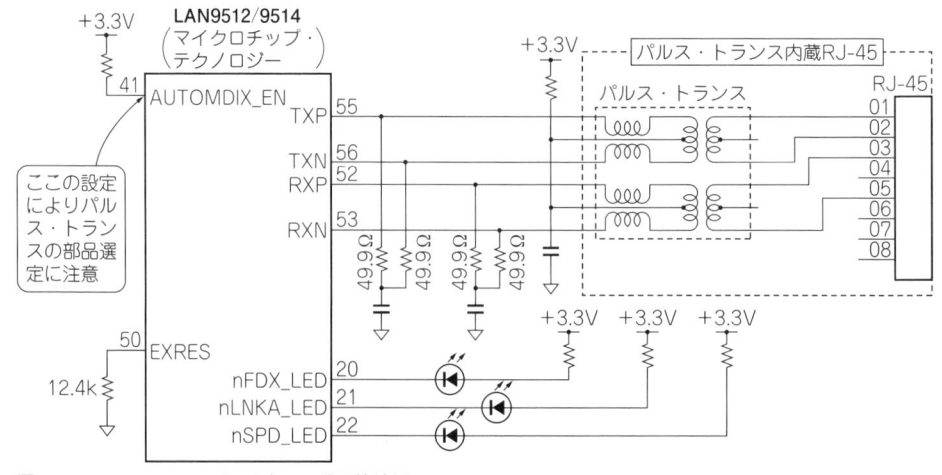

図3 LAN9512/9514のイーサネット端子接続例

Appendix4　イーサネット/USB接続チップ LAN9512/9514の研究

図4 LAN9512/9514のUSBポートの接続

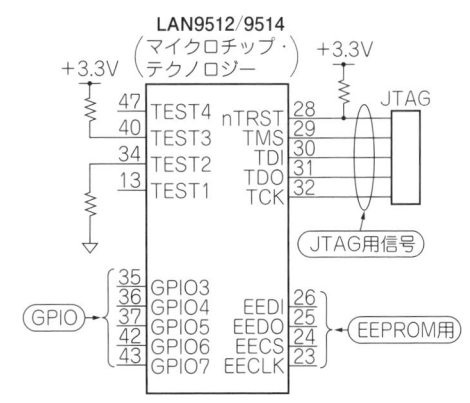

図5 GPIOやJTAG，EEPROM用の制御端子も用意している

ておきます．

　ちなみにこのLAN9512/9514はPHYチップまで内蔵していることから，イーサネットとしての内部インターフェースであるMIIが外部に見えません．このため，イーサネット・インターフェースの動作について，例えば10Mbps固定で使用するとか，半二重動作に固定するという設定を，端子で行うことはできないようになっています．

その2…USB

　USBポートもイーサネット・インターフェースと同様に差動信号で動作します．イーサネット・インターフェースと異なるのは，送受信が独立しておらず，一組で双方向の通信を行うことになっている点です（**図4**）．

● LAN9512は2ポート，LAN9514は4ポート

　LAN9512では，USBDP0，2，3とUSBDM0，2，3の信号が用意されており，LAN9514ではUSBDP0，2，3，4，5とUSBDM0，2，3，4，5が用意されています．

　このうちUSBDP0とUSBDM0がアップリンク用で，おのおの2以降がダウンリンク用となっています．

　1はブランクとなっており，USBDP1およびUSBDM1は存在しません．ここにはイーサネット・インターフェースがつながっていると考えればよいです．

● ピンの接続方法

　アップリンク用途として，接続時などのバス・パワー検出に用いるVBUS_DETが用意されています．ラズベリー・パイのように，LAN9512/9514が常時

CPUに接続されているようなケースでは，この端子は3.3Vにプルアップしておくことになります．

　また，ダウンリンク用の制御/監視端子として，各ポートにPRTCTL2～5（LAN9512では2，3のみ）が用意されていますが，未使用でも問題ありません．

　このほか，イーサネット・インターフェースと同様にUSBRBIASは，12.4kΩ（1.0％）の抵抗でプルダウンするよう指示があるので，その通りにしておきます．

　なお，LAN9512ではUSBポートが二つしかないため，LAN9514におけるUSBポート4ならびに5で使用する端子は，LAN9512では未使用となります．

その他の特徴

● 自由に使えるGPIO端子が5本

　LAN9512/9514には，汎用入出力端子が8本用意されています．ただし，このうち3本はイーサネット・インターフェースのLED用と兼用になっているので，イーサネット系においてLED表示を用意した場合，GPIOとして用いることができるのはGPIO3～7の5本となります（**図5**）．

　GPIO端子は，接点情報といった監視用途にも用いることができるものです．しかし，例えばGPIO0～7までをまとめて，8ビット・パラレル信号で使えるかというと，こうした使い方には向いていませんので，センサ用の入出力端子程度として考えておけばよいでしょう．

● EEPROM制御端子もある

　GPIO以外の制御用端子としては，外部にEEPROMを用意するための端子であるEEDI/EEDO/EECS/EECLKの4本があります．ただし，内部にデフォルト設定は格納されていますので，特に変わった使い方をしない場合，この4本の端子は未使用となります．

127

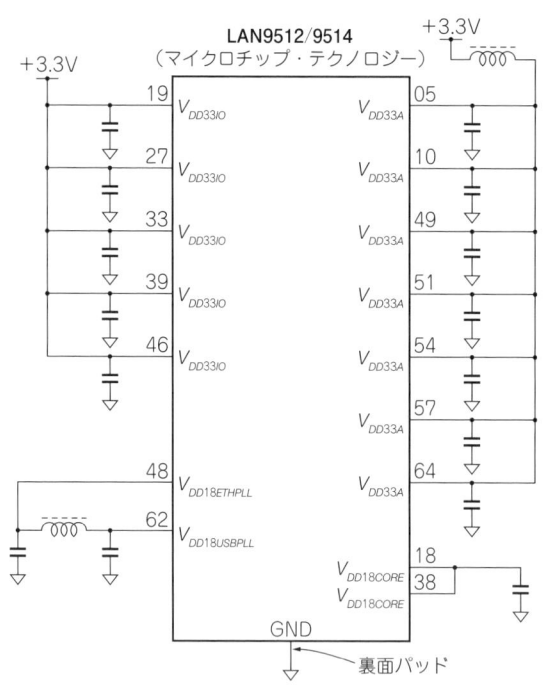

図6 LAN9512/9514の電源端子

● JTAGデバッガ&テスト用端子も装備

開発用の端子としては，EEPROM系よりよく使う一般的なJTAGの端子も用意されています．これは，通常コネクタを用意して，デバッガの接続を行うために用いるもので，nTRST/TMS/TDI/TDO/TCKの5本です．

このほか，TEST1～4の4本の端子がありますが，これは指定されている通り，TEST1ならびにTEST4は未接続，TEST2はGNDに，TEST3はV_{DD}(3.3V)に接続しておけばよいものです．

● 3.3Vで動作する

LAN9512/9514の端子情報などを見ていると1.8Vなどといった表記もありますが，LAN9512/9514は3.3Vの単一電源動作と考えて間違いありません（図6）．

3.3V系の入力は二系統あります．一つは主にイーサネット系で用いるアナログ3.3V電源であるV_{DD33A}が7本と，主にI/Oで用いるV_{DD33IO}が5本あります．V_{DD33IO}の方は，LAN9512/9514が実装されている基板の電源をそのまま用いて問題ありませんが，V_{DD33A}の方は，フェライト・ビーズなどによってノイズを除去したものを用いる必要があります．

このほか，1.8V系の表示がある端子が4本あります．これらには$V_{DD18CORE}$が2本と，$V_{DD18ETHPLL}$と$V_{DD18USBPLL}$が各1本用意されていますが，別段1.8Vの電源を用意する必要はなく，リファレンスに従って接続をしておくだけです．周辺回路はフェライト・ビーズとコンデンサだけです．

▶ GNDは裏面パッドになっている

電源系の端子で，一番面倒なのはGND，つまりグラウンド端子です．LAN9512/9514のパッケージ形状は64ピンのQFN(Quad Flat No-lead Packages)です．この64ピンの中にGND端子はなく，GNDの接続は，パッケージ裏面のパッドで行います．実際のところ，このパッドが結構面倒で，はんだごてによるはんだ付けができません．ホットブローなどを用いることによって付け外しを行うことは不可能ではありませんが，腕と設備が必要になります．手作りで回路設計を行う場合，多層基板では無理ですが，変換基板などを用いて，基板のパッドが当たる部分を切り取って，裏面からはんだ付けができるようにするなどの策が必要になります（図7）．

もっとも，QFPなどと違って，信号ピンもいわゆる端子ではないので，はんだ付けがしにくいという意味では大差ありません．筆者は，こうしたフラット部品（あるいは表面実装部品全般）では，テープなどで固定して，対角の二つ以上の点をはんだ付けしてからテープを剥がし，残りのはんだ付けをするようにしています．

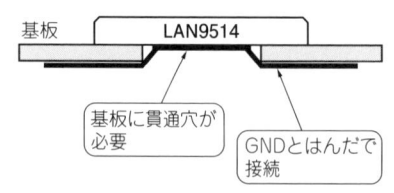

図7 ICの裏面パッドからグラウンドを取る必要があるためやや使いにくい

クロック

● LAN9512/9514はクロック同期とリセット機能がありがたい

回路設計を行う立場にとって，LAN9512/9514は大きく二つのありがたい特徴を持っています．一つはクロック関連の機能であり，もう一つはリセット関連の機能です．

電子回路の設計では，クロック関係とリセット関係の回路がトラブルの種になりがちです．誤動作などの障害は，大半がこの二つが原因となります．正確に統計を取った訳ではなく，感覚論になって申し訳ないのですが，過去に「まつもとさぁん，動かないんですぅ」と泣き付かれて対処した9割は，クロック系の設計ミスかリセット系の設計ミスのいずれかでした．逆にいえば，この二つを確実におさえておけば，電子回路の動作ではそうそう誤動作は起きないともいえます．

Appendix4 イーサネット/USB接続チップ LAN9512/9514の研究

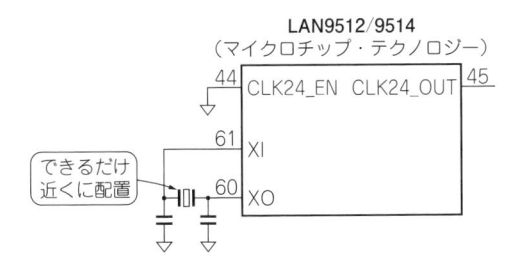

図8 クロックの接続
(a) 水晶発振子の場合
(b) 水晶発振器の場合

● IC内でイーサとUSBのクロックを同期してくれる

クロック系の問題においては，特にイーサネット・インターフェースとUSBポートを扱う場合が面倒です．その理由は，イーサネット系のクロックは25MHzを，USBポート系のクロックには48MHzを用いるためです．最悪の場合，25MHzの水晶と，48MHz系の水晶を両方用意して，それぞれ速度の異なる機能間におけるデータの橋渡しのためにFIFO（Fast In Fast Out buffer）などを用意するなど，処理速度の差から生じるいろいろな現象に対処する必要がありました．

LAN9512/9514では，こうした速度差の出る接続がチップ内部に入っており，デバイスとしてみた場合，25MHzクロック単一で動作できるようになっています．はっきりいって回路設計が楽です．

● 25MHzのクロックだけあればOK

LAN9512/9514のクロックは，イーサネット・インターフェースで使用する25MHzが基本となります．クロック信号の入力端子は，XIとXOです．コンデンサ付きの水晶振動子を用いる場合，水晶振動子の両端をXIとXOに接続しますが，水晶発振器を用いる場合はXIのみに接続し，XOは未接続となります．

LAN9512/9514のUSBポートで使用するクロックは内部で生成されますが，USBポートに接続する回路で用いることができるよう，24MHzの信号を出力できるCLK24_OUTが用意されています．このクロックを使用する際には，CLK24_ENをプルアップすることでクロックの出力が始まります．使用しないときは，CLK24_ENをGNDに接続しておきます（**図8**）．

つまり，25MHzの水晶振動子もしくは水晶発振器を一つ用意すれば，LAN9512/9514ならびに周辺回路は問題なく動作させられます．

リセット

● 外付けリセットはハードルが高い

LAN9512/9514にはリセット回路が内蔵されています．

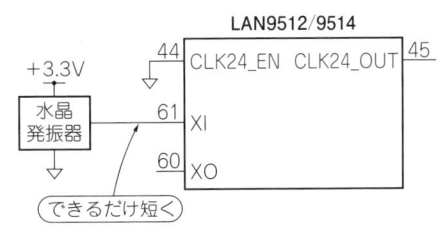

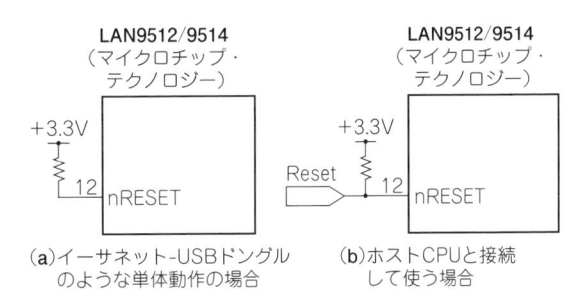

図9 単独/ホストCPUと組み合わせて使う場合でリセット系の接続が異なる
(a) イーサネット-USBドングルのような単体動作の場合
(b) ホストCPUと接続して使う場合

実際，動作クロックの異なるデバイス間でデータのやりとりを行う回路で，まれにデータが破壊されることがあるとして，それがリセットで改善するというようなケースでは，おおむねリセット周辺回路における設計ミスが疑われます．

動作クロックの異なるデバイス間でデータのやりとりを行う場合，FIFOなどを用います．リセットの解除タイミングによって書き込みと読み出しのカウンタにずれが生じて，結果，データの破壊を行うという設計ミスもあり得ます．

LAN9512/9514では，動作速度の異なるクロックを用いるイーサネットとUSBというインターフェースを備えていますが，リセット回路が内蔵されているため，解除タイミングなどにあまりこだわらないでよいということになります．

● 外部リセットは専用端子に信号入力する

センサ端末のように単体で使用する場合であれば，内蔵リセット回路で問題ありません．ただし，CPU配下で動作させるような場合においては，装置全体のリセットに従わなければならないケースもあります．こうしたときには，nRESET端子に装置全体のリセット信号を入力し，足並みをそろえるようになります（**図9**）．ちなみにCPUなどによる外部リセットを利用しない場合においては，nRESET端子をプルアップしておく必要があります．

まつもと・のぶゆき

129

第3部 ラズベリー・パイ2活用術

第11章

GPIBとRS-232-CをPythonライブラリで制御

I/Oコンピュータ活用事例 オシロ&マルチメータ自動計測システム

稲田 洋文

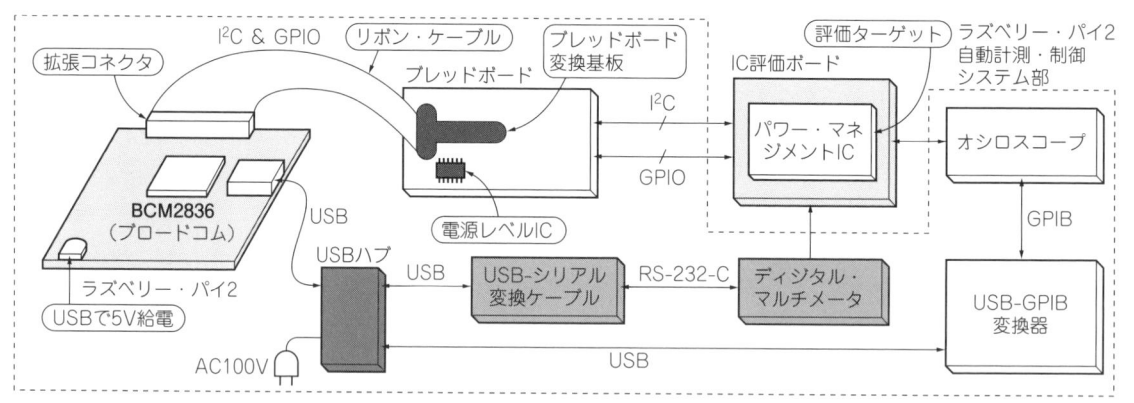

図1 ラズベリー・パイ2からオシロスコープ&ディジタル・マルチメータをコントロール！ICの電気特性 自動評価装置の構成

GPIO，I²C，RS-232-C，GPIBといった異なるインターフェースを組み合わせて使えるのはラズベリー・パイならではです．そこで，ラズベリー・パイ2を用いて，ICの自動評価環境を構築しました．
　GPIO，I²CでターゲットICを制御し，RS-232-Cでディジタル・マルチメータ制御，GPIBでオシロスコープの制御を行い，ターゲットICがきちんと動作できているかの確認を行います．　　（編集部）

こんな装置

● 4種類のインターフェースをまとめて制御する

　筆者は，電源ICの一種であるパワー・マネジメントICの設計，評価を半導体メーカで行っています．このICには複数のDC-DCコンバータなどが内蔵されており，それらを短時間で評価しなければなりませ

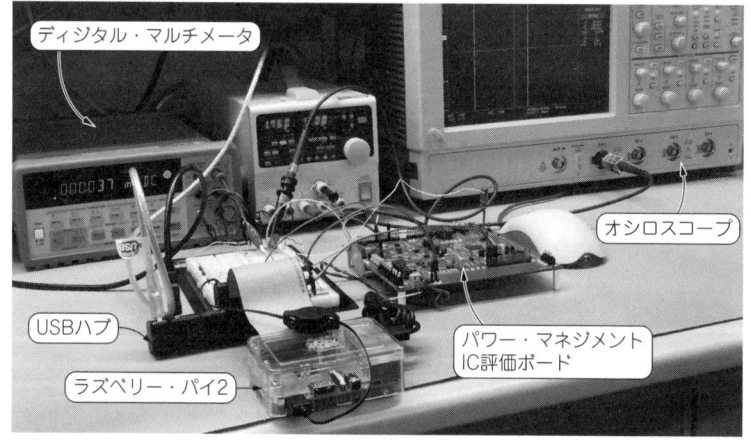

写真1 ラズベリー・パイ・コントロールのオシロスコープ&マルチメータでパワー・マネジメントICの性能を自動測定中

第11章 I/Oコンピュータ活用事例オシロ&マルチメータ自動計測システム

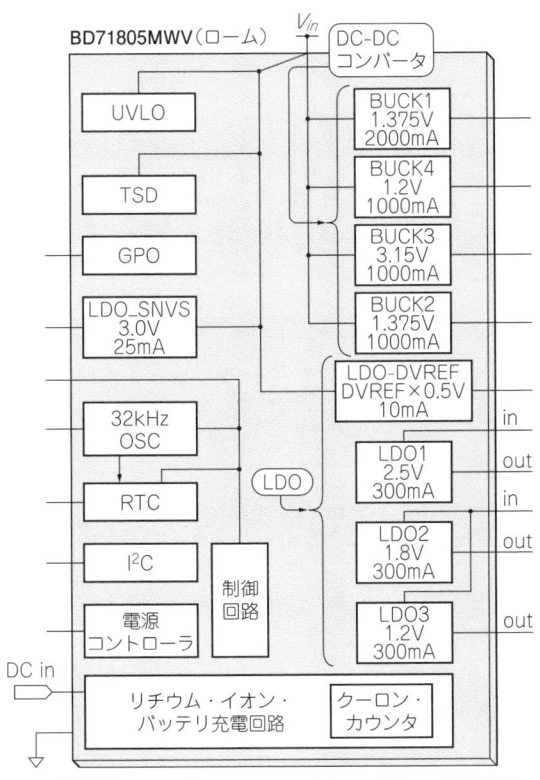

図2 自動評価のターゲットIC BD71805MWV（ローム）の構成

表1 パワー・マネジメントIC BD71805MWVから出力できる電圧と電流値

出力チャネル	出力電圧[V]	最大出力電流[mA]	設定範囲
BUCK1	1.375	2000	0.8〜2.000V（25mVステップ）[DVS]
BUCK2	1.375	1000	0.8〜2.000V（25mVステップ）[DVS]
BUCK3	3.15	1000	2.6〜3.35V（50mVステップ）
BUCK4	1.2	1000	1.0〜2.7V（50mVステップ）
LDO1	2.5	300	0.8〜3.3V（50mVステップ）
LDO2	1.8	300	0.8〜3.3V（50mVステップ）
LDO3	1.2	300	0.8〜3.3V（50mVステップ）
LDO4	0.5 * DVREFIN	10	0.5〜1.35V（DVREFIN=BUCK4）
LDO5	3	25	Fixed

ん．そこで，ラズベリー・パイを使って，人手に頼らず，自動で評価，判定する図1のような環境を作りました．

(1) GPIOでターゲットICの動作を制御
(2) I²CでターゲットICのレジスタを読み書き
(3) RS-232-Cでディジタル・マルチメータを操作
(4) GPIBでオシロスコープを操作

実際に動作させている様子を写真1に示します．この装置を使うと，手動では4〜5日かかっていた評価を，自動で数時間で終わらせることができ，時間を有意義に使えるようになります．

● ターゲット…電源IC

パワー・マネジメントICは，主にタブレット，ノートPC，電子書籍リーダなどで使われています．ターゲットとするICはBD71805MWV（ローム）です．Cortex-A9コア搭載のi.MX 6SoloLiteプロセッサ（フリースケール・セミコンダクタ）用のパワー・マネジメントICです．

構成を図2に示します．図中にあるように，複数のDC-DCコンバータやLDO（Power Railsと呼ぶ）を内蔵しています．これをSoC（System On Chip）やDDRメモリに電源として接続して使います．LDOなどからは，表1に示す電圧を出力できます．

ハードウェア

● 構成

図3，写真2にハードウェアの構成を，表2に使用した部品を示します．

ラズベリー・パイは，パワー・マネジメントICへの信号発生器と，パワー・マネジメントICからの信号判定器の両方を兼ねます．また，DC電圧を測定するディジタル・マルチメータと，波形を取得するオシロスコープの制御コントローラとしても使います．

● 使用した測定器

ラズベリー・パイ2 Model Bと，ディジタル・マルチメータ34401A（キーサイト・テクノロジー），オシロスコープTDS5104B（テクトロニクス）を使用しました．

パワー・マネジメントICは専用の評価基板に実装されています．

● USB-シリアルでディジタル・マルチメータと接続

ラズベリー・パイと34401Aは，USB-シリアル変換ケーブルを用いてRS-232-Cで接続します．変換ケーブルに使われているUSB-シリアル変換ICは，FT-232（FTDI社）です．Raspbianでサポートされているため，ドライバのインストール無しですぐに使えます．

使用したケーブルのRS-232-C側はオス，そしてディジタル・マルチメータもオスなので，メス-メスの変換ケーブルも使いました．

第3部 ラズベリー・パイ2活用術

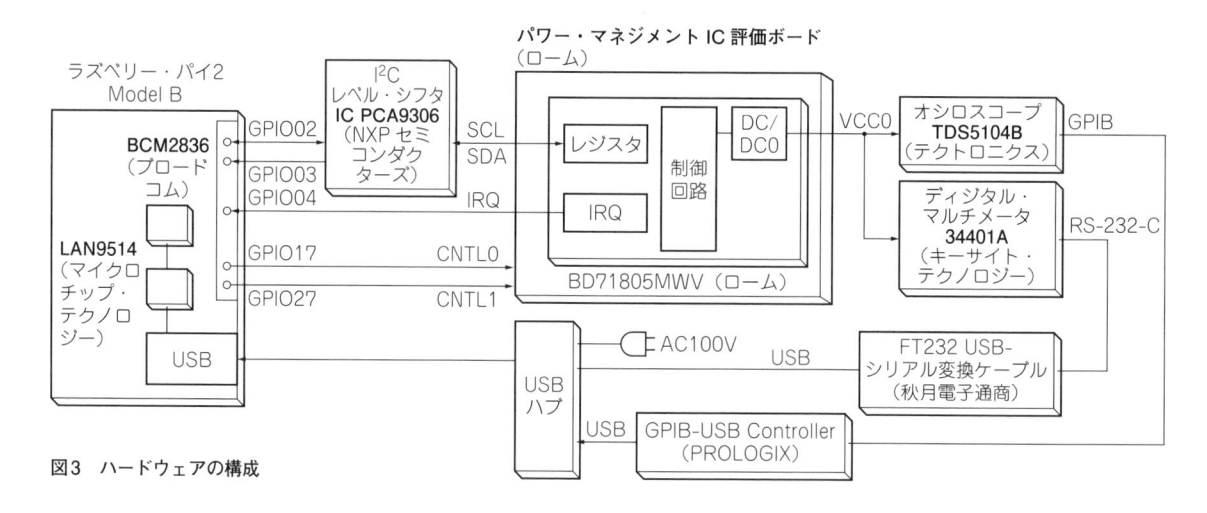

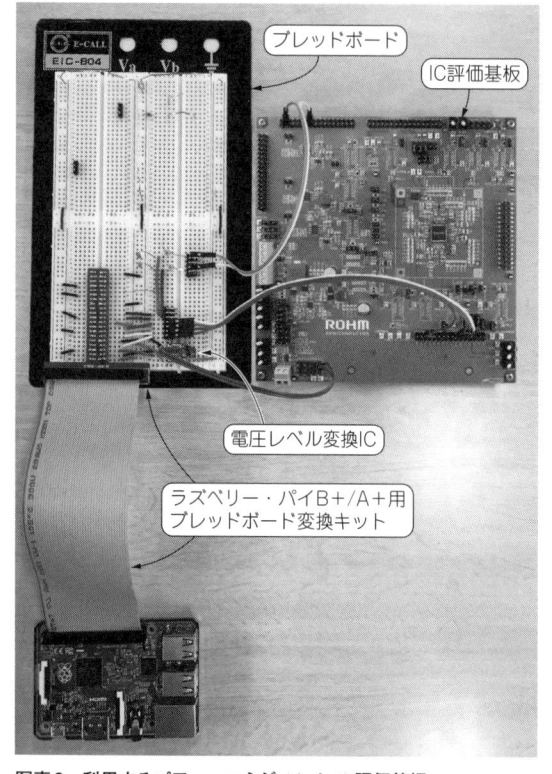

図3 ハードウェアの構成

写真2 利用するパワー・マネジメントIC評価基板

● GPIB-USB変換器でオシロスコープと接続する

ラズベリー・パイとオシロスコープは，GPIB-USB変換器であるGPIB-USB Controller（PROLOGIX社）を用いてGPIB接続します．

● 電圧レベル変換が必要

ラズベリー・パイはI²Cでパワー・マネジメントICを制御しますが，ラズベリー・パイは3.3V，パワー・マネジメントICは1.8Vと電圧レベルが異なります．よってI²C電圧レベル・シフタIC PCA9306を使って電圧レベルを変換しました．

● USBを使いまくると電力供給が足りなくなる

ラズベリー・パイ2 Model Bには四つのUSBポートがありますが，ディジタル・マルチメータ，オシロスコープを接続するときは，セルフ・パワーのUSBハブを使います．

ソフトウェア

● 開発で使ったソフトウェア&ライブラリ

ラズベリー・パイのOSは定番のRaspbianで，カーネルのバージョンは，3.18.11-v7+ #781 SMP PREEMPT

表2 パワー・マネジメントIC自動評価装置に使用したハードウェア

品 名	型 番	メーカ名	価 格	入手先
ラズベリー・パイ2	Raspberry Pi 2 Model B	ラズベリー・パイ財団	4,800円	RSコンポーネンツ，ケイエスワイ
GPIB-USB変換器	GPIB-USBコントローラ	PROLOGIX	18,000円	コンパス・ラブ
FT232 USB-シリアル変換ケーブル	VE488	Wiretek Int'l Investment	980円	秋月電子通商
ブレッドボード	EIC-804	E-CALL ENTERPRISE	600円	秋月電子通商
ラズベリー・パイB+/A+用ブレッドボード変換キット	K-08892	秋月電子通商	450円	秋月電子通商
I²Cバス用双方向電圧レベル変換モジュール	PCA9306	秋月電子通商	150円	秋月電子通商
セルフ・パワーUSBハブ	U2HS-T201SBK	エレコム	3,360円	家電量販店

第11章 I/Oコンピュータ活用事例オシロ&マルチメータ自動計測システム

表3 使用したアプリケーション&ライブラリ

(a) 種類

名称	内容
RPi.GPIO	Python用GPIOライブラリ
time	Python用時間データ・ライブラリ
datetime	Python用日付データ・ライブラリ
commands	Python用コマンド実行ユーティリティ・ライブラリ
math	Python用算術関数ライブラリ

表4 作成したプログラムは4種類

名称	内容
ROHM_pmic	PMIC制御ライブラリ
ROHM_reg_def	PMICレジスタのアドレス定義
hp_34401A	ディジタル・マルチメータ制御ライブラリ
tek_5104b	オシロスコープ制御ライブラリ

(b) インストール方法

名称	内容	インストール方法
python-smbus	Python用SMBusライブラリ	$sudo apt-get install python-smbus
i2c-tools	Python用I2Cライブラリ	$sudo apt-get install i2c-tools
pip	Python用のパッケージ・インストーラ	$sudo apt-get install python-pip
libftdi-dev	Python用FTDIライブラリ	$sudo apt-get install libftdi-dev $sudo pip install pylibftdi

です．I^{2}Cバスを使うので，i2c-toolsをapt-getでインストールします．また，python-smbusもインストールしました．GPIB-USB Controllerを使うために，インストール作業が必要です（後述）．表3にインポートしているモジュールの一覧を示します．

● 自作したプログラム

表4のROHM_pmicと，ROHM_reg_def，hp_34401A，tek_5104bは，今回の自動評価環境のために作ったものです．

ROHM_pmicはパワー・マネジメントIC制御ライブラリ，ROHM_reg_defはパワー・マネジメントICレジスタのアドレス定義，hp_34401A，tek_5104bはそれぞれディジタル・マルチメータとオシロスコープ制御用ライブラリです．

GPIO & I^{2}C制御プログラム

● ターゲットICの出力電圧を制御する

ラズベリー・パイ2から，GPIOを使って二つの信号CNTL0，CNTL1でパワー・マネジメントICのVCC0の電圧を制御します．IC側は割り込みIRQ信号を出力します．ラズベリー・パイ2は，I^{2}C（SCL，SDA）でパワー・マネジメントICのレジスタを読み書きします．

● GPIOの設定

GPIOの設定には，RPi.GPIOライブラリを使いました．設定をPythonで記述したものをリスト1に示します．

・GPIO04を割り込みIRQ，入力
・GPIO17をCNTL0，出力
・GPIO27をCNTL1，出力

と定義しています．

● 電源ICのレジスタをI^{2}Cで読み書きする

I^{2}Cの信号は，GPIO02をSDAに，GPIO03をSCLに割り当てます．RPi.GPIOとして定義する必要はありません．

リスト2のように，1バイトのデータをI^{2}Cで読み書きする関数を作りました．

▶ライト関数

ライト関数はi2c_write(arg1, arg2, arg3, arg4)です．引き数の意味を表5に示します．arg2に指定するレジスタのアドレスは，数値だとわかりにくいので，ファイルROHM_reg_def.pyにて，レジスタ名称からアドレスに変換されるようにしています（リスト3）．ライト動作は，Python用SMBusライブラリのwrite_byte_dataを使います．また，どのレジスタにどのような値がライトされたかをprint文で表示しています．

リスト1 GPIOを設定する

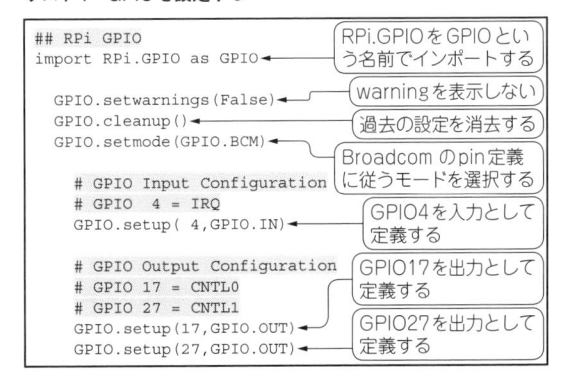

```
## RPi GPIO
import RPi.GPIO as GPIO    ← RPi.GPIOをGPIOという名前でインポートする

GPIO.setwarnings(False)    ← warningを表示しない
GPIO.cleanup()             ← 過去の設定を消去する
GPIO.setmode(GPIO.BCM)     ← Broadcomのpin定義に従うモードを選択する

# GPIO Input Configuration
# GPIO  4 = IRQ
GPIO.setup( 4,GPIO.IN)     ← GPIO04を入力として定義する

# GPIO Output Configuration
# GPIO 17 = CNTL0
# GPIO 27 = CNTL1
GPIO.setup(17,GPIO.OUT)    ← GPIO17を出力として定義する
GPIO.setup(27,GPIO.OUT)    ← GPIO27を出力として定義する
```

リスト2　I²Cのライト／リード関数

```
## --------- I2C functions ----------
def i2c_write(arg1, arg2, arg3, arg4):
  i2c.write_byte_data(arg1, arg2, arg4)
  print ("Write Register, " + arg3 +
                 " = " + str(hex(arg4)) )

def i2c_read(arg1, arg2, arg3, arg4):
  i2c_data = i2c.read_byte_data(arg1, arg2)
  if arg4 == i2c_data:
    print ( "PASS Register " + arg3 +
                 "= " + str(hex(arg4)) )
  else:

    print ( "FAIL Register " + arg3 +
                 "= Not " + str(hex(arg4)) )
    print ( "         Actual value = 
                 " + str(hex(i2c_data)) )
```
Ⓐ

リスト3　ターゲットICレジスタ・ライブラリROHM_reg_def.py

```
#!/usr/bin/env python
# I2C Device Address (7bit)
NORM_REG = 0x2C
# 2C register
MIRQ = 0x00
VCC0 = 0x01
```

▶リード関数

　リードする関数はi2c_read(arg1, arg2, arg3, arg4)です．引き数の意味を表5に示します．リスト2Ⓐの部分で，実際にリードした値が，期待値と同じか判定し，print文でPASS（成功）またはFAIL（失敗）を表示します．

● ターゲットICの評価で使う例

　IC評価は開発したものが仕様書通りに動作するかを確認，検証する作業です．ある測定条件を設定し，そのときの出力電圧を測定し，その測定電圧が期待値と一致しているかを判定していきます．例えば，アドレス0x23のレジスタに値を設定すれば，値に応じた電圧がDC/DC1から出力されるという仕様を検証するには，以下の手順で行います．

(1) 評価基板と測定器，信号発生器を接続
(2) アドレス0x23に0x00をライトして，DC/DC1か

表5　作成したI²Cのライト／リード関数

処理	関数	引き数
ライト	i2c_write (arg1, arg2, arg3, arg4)	arg1：I²Cのデバイス・アドレス arg2：レジスタのアドレス arg3：レジスタの名称 arg4：ライトするデータ
リード	i2c_read (arg1, arg2, arg3, arg4)	arg1：I²Cのデバイス・アドレス arg2：レジスタのアドレス arg3：レジスタの名称 arg4：リードされる値の期待値

ら1.75Vが出力されるか電圧測定する．
(3) アドレス0x23に0x01をライトして，DC/DC1から1.77Vが出力されるか電圧測定する．
(4) アドレス0x23に0x02をライトして，DC/DC1から1.80Vが出力されるか電圧測定する．
(5) アドレス0x23に0x03をライトして，DC/DC1から1.83Vが出力されるか電圧測定する．

　測定電圧が期待値と一致していたら合格，不一致ならば不合格と判定していきます．評価に使ったICのレジスタ例を表6に示します．

　なお，パワー・マネジメントICの評価には，内蔵しているPower Railsそれぞれの特性（効率，リップル，負荷応答など）を正確に評価することも含まれますが，今回のラズベリー・パイを用いたIC自動評価環境では，対象外です．Power Railsの詳細評価は，別の評価環境で実施しています．

RS-232-C制御プログラム

　ディジタル・マルチメータ34401Aは，GPIBとRS-232-Cの両方で通信ができますが，今回はRS-232-Cで接続しました．あらかじめ34401AをRS-232-Cで通信できるように設定しておきます．

● 制御用Pythonライブラリ

　ディジタル・マルチメータの制御用Pythonライブラリ，hp_34401A.py（リスト4）を作成します．ラズベリー・パイからはディジタル・マルチメータがシ

表6　パワー・マネジメントICのレジスタ例

(a) レジスタ

レジスタ名	D7	D6	D5	D4	D3	D2	D1	D0	初期値	アドレス
DCDC1_CTRL	—	—	—	—	—	—	V_DCDC1 [1:0]		0x02	0x23

(b) ビットの意味

ビット	名称	機能	初期値
D[7:2]	RSVD	Reserved	0
D[1:0]	V_DCDC1 [1:0]	DC/DC1の電圧をセット 00 = 1.75V, 01 = 1.77V, 10 = 1.8V, 11 = 1.83V.	10

第11章　I/Oコンピュータ活用事例オシロ&マルチメータ自動計測システム

リスト4　ディジタル・マルチメータ制御プログラム hp_34401A.py

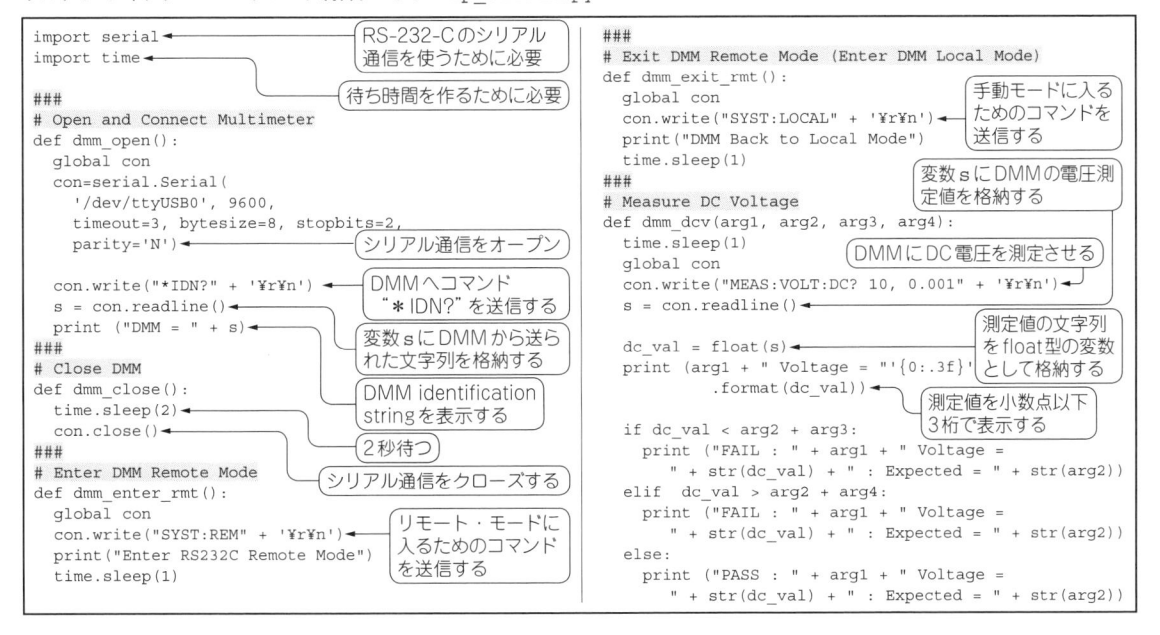

```python
import serial        ← RS-232-Cのシリアル通信を使うために必要
import time          ← 待ち時間を作るために必要
###
# Open and Connect Multimeter
def dmm_open():
    global con
    con=serial.Serial(
        '/dev/ttyUSB0', 9600,
        timeout=3, bytesize=8, stopbits=2,
        parity='N')                      ← シリアル通信をオープン
    con.write("*IDN?" + '\r\n')          ← DMMへコマンド "*IDN?" を送信する
    s = con.readline()                   ← 変数sにDMMから送られた文字列を格納する
    print ("DMM = " + s)                 ← DMM identification stringを表示する
###
# Close DMM
def dmm_close():
    time.sleep(2)     ← 2秒待つ
    con.close()       ← シリアル通信をクローズする
###
# Enter DMM Remote Mode
def dmm_enter_rmt():
    global con
    con.write("SYST:REM" + '\r\n')       ← リモート・モードに入るためのコマンドを送信する
    print("Enter RS232C Remote Mode")
    time.sleep(1)

###
# Exit DMM Remote Mode (Enter DMM Local Mode)
def dmm_exit_rmt():
    global con
    con.write("SYST:LOCAL" + '\r\n')     ← 手動モードに入るためのコマンドを送信する
    print("DMM Back to Local Mode")
    time.sleep(1)
###
# Measure DC Voltage
def dmm_dcv(arg1, arg2, arg3, arg4):
    time.sleep(1)
    global con
    con.write("MEAS:VOLT:DC? 10, 0.001" + '\r\n')  ← DMMにDC電圧を測定させる
    s = con.readline()                   ← 変数sにDMMの電圧測定値を格納する

    dc_val = float(s)                    ← 測定値の文字列をfloat型の変数として格納する
    print (arg1 + " Voltage = "'{0:.3f}'
        .format(dc_val))                 ← 測定値を小数点以下3桁で表示する
    if dc_val < arg2 + arg3:
        print ("FAIL : " + arg1 + " Voltage = 
        " + str(dc_val) + " : Expected = " + str(arg2))
    elif dc_val > arg2 + arg4:
        print ("FAIL : " + arg1 + " Voltage = 
        " + str(dc_val) + " : Expected = " + str(arg2))
    else:
        print ("PASS : " + arg1 + " Voltage = 
        " + str(dc_val) + " : Expected = " + str(arg2))
```

表7　作成したディジタル・マルチメータ制御用関数一覧

関数名	内容
dmm_open()	/dev/ttyUSB0をオープンし、ディジタル・マルチメータを接続する
dmm_close()	/dev/ttyUSB0をクローズする
dmm_enter_rmt()	ディジタル・マルチメータをRS-232-C制御可能なリモート・モードにする
dmm_exit_rmt()	ディジタル・マルチメータをリモート・モードから通常の手動モードへ変更する
dmm_dcv(arg1, arg2, arg3, arg4)	DC電圧測定する arg1は、測定点を示すためのラベル（文字列） 測定電圧が（arg2＋arg3）以上かつ（arg2＋arg4）以下ならPASSと判定する

(a) 各関数の役割

引き数	意味
arg1	測定電圧のラベル
arg2	測定電圧の期待値
arg3	期待値の下限許容誤差電圧（負の数）
arg4	期待値の上限許容誤差電圧

(b) dmm_dcv()の引き数

リアル・デバイスとして見えるので、importserialとしています。また、待ち時間を作るために、import timeとしています。

● ディジタル・マルチメータ制御用の関数

定義した関数は、表7に示す五つです。

dmm_open()は、ラズベリー・パイのUSBデバイス/dev/ttyUSB0をオープンして、接続します。RS-232-Cの通信設定は、9600bps、データ長8ビット、ストップ・ビット2ビット、パリティ無しです。グローバル変数conを用いて、serialモジュールで/dev/ttyUSB0に割り当てて、オープンしています。

con.write("*IDN?" + '\r\n')は、ディジタル・マルチメータに*IDN?というコマンドを送っています。'\r\n'を最後に付加することが必要です。このコマンドを実行することで、ディジタル・マルチメータのidentification stringがラズベリー・パイ2へ送られます。これで、シリアル通信が確立されているかを確認できます。

ディジタル・マルチメータには、手動モードと、RS-232-CまたはGPIBで制御するリモート・モードが用意されています。dmm_enter_rmt()は、動作モードをリモートに設定します。

dmm_dcv()は、DC電圧を測定します。con.write("MEAS:VOLT:DC? 10, 0.001" + '\r\n')で、DC電圧を10Vレンジ、0.001Vの分解能で測定しろというコマンドをラズベリー・パイ2から送信します。ディジタル・マルチメータは、このコマンドを受信して、DC電圧を測定すると、測定電圧値を文字列でラズベリー・パイ2へ返信します。

135

$$\text{slew rate} = \frac{(V_2-V_1)}{(t_2-t_1)}$$

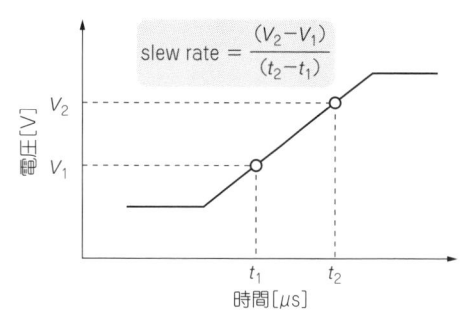

図4 判定処理に使うスルーレートを定義する

`s = con.readline()`
で，測定電圧値の文字列を変数sに格納します．
`dc_val = float(s)`
で，sをfloat型の数値に変換して，新たな変数dc_valに格納します．

ifからelseのところで，dc_valが，
`arg2 + arg3 ≦ dc_val ≦ arg2 + arg4`
であるかを判定し，結果をprint文で表示します．

GPIBによるオシロスコープ制御プログラム

GPIBでオシロスコープと接続します．あらかじめオシロスコープTDS5104BにGPIBアドレスを割り当てます．筆者の環境では，GPIBアドレスを3に設定しました．

● オシロスコープ制御用Pythonライブラリの作成

ラズベリー・パイとオシロスコープは，GPIB-USB Controller（PROLOGIX社）を用いて接続します．そのためにPython用FTDIライブラリが必要となるので，以下のようにインストールします．

```
$ sudo apt-get install python-pip
$ sudo apt-get install libftdi-dev
$ sudo pip install -U pylibftdi
```

利用するには，
`from pylibftdi import Device`
としてインポートします．これ以外にインポートが必要なモジュールは，以下の三つです．

```
import time
import commands
import math
```

● 作成した制御用関数

制御用ライブラリで15個の関数を表8に示すように定義しました．なお，GPIBの通信にかかる時間を考慮して，time.sleep()で待ち時間を設定しています．

● 判定処理

表8のoscillo_slewrate(time1, time2, spec, spec_min, spec_max)は，ターゲットICが出力する電圧のスルーレートをオシロスコープの波形から計算し，期待した値になっているか判定します．

スルーレートは，図4に示すように定義します．時刻t_1のときの電圧がV_1，時刻t_2のときの電圧がV_2としたとき，$(V_2-V_1)/(t_2-t_1)$をスルーレートとします．

このスルーレートをオシロスコープの二つのカーソルを使って計算し，その計算値が，spec_min以上かつspec_max以下ならば，PASSと判定します．冒頭で，二つのカーソルはチャネル2に付けています．

RS-232-CとGPIBを使うには事前準備が必要

● 使用したインターフェース変換ICはどちらもFTDI製

GPIB-USB Controllerと，FT232 USB-シリアル変換ケーブルには，FTDI社製のインターフェース変換ICが搭載されています．この両方をラズベリー・パイのUSBハブに接続して，Raspbianを起動し，lsusbコマンドをたたくと，最後の2行に示されるようにFT-232が二つ接続されています．

/dev/ttyUSB0にFT232 USB-シリアル変換ケーブルを割り当てたいとします．GPIB-USB ControllerとFT232 USB-シリアル変換ケーブルの両方をUSBハブに接続して，ラズベリー・パイを起動すると，必ずしも/dev/ttyUSB0にシリアル変換ケーブルを割り当てられません．そこで，以下の手順で接続しています．

● RS-232-CとGPIBの接続順序

(1) FT232 USB-シリアル変換ケーブルだけをUSBハブに挿入する
(2) ラズベリー・パイを起動する
(3) 起動後，$ lsusbとする

すると，FT-232が一つだけ見えます．さらに$ ls /devとすると，ttyUSB0だけが見えて，ttyUSB1は見えないはずです．

(4) (3) の状態で，GPIB-USB ControllerをUSBハブに挿す．

しばらくしてから，$ lsusbとするとFTDI社が二つ見え，$ ls /devとするとttyUSB0とttyUSB1の両方が見えます．

なお，Prolific社のインターフェース変換ICを搭載するUSB-シリアル変換ケーブルでは，上記の方法でもラズベリー・パイにうまく認識されません．

表8 作成したオシロスコープ制御用関数一覧

関数名	引き数	内容
oscillo_open(arg1)	arg1：GPIBアドレス	指定したGPIBアドレスでオシロスコープと接続する
oscillo_init()	なし	オシロスコープの初期設定を行う
oscillo_label(ch,label, x_pos,y_pos)	ch：オシロスコープのチャネル label：付けたいラベル名，文字列 x_pos：水平方向のラベルの座標．左端から右へ何divかを指定する y_pos：各チャネルの電圧GNDレベル基準で，単位はdiv	波形にラベルを付ける．ラベル名とその位置座標を指定する
oscillo_hscale(h_div)	h_div：水平方向の1divの時間[s]	水平方向の1divの時間を設定する
oscillo_vscale(ch,v_div)	ch：オシロスコープのチャネル v_div：垂直方向の1divの電圧[V]	各チャネルの垂直方向の1divの電圧を設定する
oscillo_vpos(ch,v_pos)	ch：オシロスコープのチャネル v_pos：水平中央からの上下の位置 上なら正の数，下なら負の数で単位はdiv	各チャネルの垂直方向の位置を指定する
oscillo_trig_pos(pos)	pos：トリガをかける水平方向の位置を指定．画面左端を0，画面右端を100として，0〜100の数値で指定する	水平方向のトリガ位置を指定する
oscillo_trig_set (ch,edge,level)	ch：トリガをかけるチャネル edge：RISEまたはFALLに設定 level：トリガ電圧[V]	トリガの設定
oscillo_ch_couple(ch,coupl)	ch：オシロスコープのチャネル coupl：カップリングをAC，DC，GNDから指定	各チャネルのカップリングを設定
oscillo_ch_offset(ch,offset)	ch：オシロスコープのチャネル offset：オフセット電圧を指定[V]	各チャネルのオフセット電圧を設定
oscillo_slewrate(time1,time2, spec,spec_min,spec_max)	time1：カーソル1を当てる時刻[s] time2：カーソル2を当てる時刻[s] spec：slew_rateの期待値[mv/μs] spec_min：slew_rateの許容下限値[mv/μs] spec_max：slew_rateの許容上限値[mv/μs]	カーソル1，2を用いてスルーレートを計算し，それがspec_min以上かつspec_max以下に入っているか判定する．time1，time2はoscillo_trig_pos(pos)で指定した時刻が基準になる
oscillo_export_set()	なし	波形を画像ファイルに保存するときにカラー，メニューなしでPNGファイルに保存する
oscillo_export_file (filename)	filename：画像ファイル名	波形を保存する画像ファイルの名前を指定
oscillo_export_get()	なし	実行すると，そのときの画面がPNGファイルに保存される
oscillo_acq_single()	なし	single acquisition modeでトリガ・イベントを待つ

評価用メイン・プログラムの作成

では，作成したディジタル・マルチメータとオシロスコープの制御用Pythonライブラリを使って，評価用Pythonプログラムを作ります．まずテスト用シナリオを作って，プログラム化します．

● テスト用シナリオを作る

次の評価シナリオを考えます．

(1) コントロール信号CNTL0，CNTL1を順番に1＝3.3Vにして，VCC0の出力電圧を0.4Vにする
(2) VCC0の出力電圧が0.4Vになっているか，ディジタル・マルチメータで測定して，期待通りの電圧が出ているか判定する
(3) パワー・マネジメントICからの割り込みIRQが出力されるように，I²Cでレジスタに0xFFをライトする
(4) (3)で0xFFがライトされたか確認するために，I²Cでレジスタをリードする
(5) 割り込みIRQが0であることを確認する．
(6) VCC0の電圧を1.28Vに変えるように，I²Cでレジスタに0x46をライトする
(7) VCC0の電圧が0.4Vから1.28Vに変化するときの傾きは，5mV/μsなので，オシロスコープで傾きを計算し，期待値5mV/μsになっているか判定する
(8) VCC0が0.4Vから1.28Vに変化するときの波形を

137

リスト5 作成した評価プログラム sample_sequence.py

```
#! /usr/bin/env python
## GPIO
import RPi.GPIO as GPIO
## PMIC function definition
import ROHM_pmic
## I2C Register Address Definition
import ROHM_reg_def
## I2C Setting
from smbus import SMBus
i2c_channel = 1
i2c = SMBus(i2c_channel)
## timer
import time
## datetime
import datetime
## HP 34401A Digital Multimeter
import hp_34401A
## Tektronix TDS5104B Digital Phosphor Oscilloscope
import tek_5104b

## --------- I2C write / read functions ----------
def i2c_read(arg1, arg2, arg3, arg4):
    i2c_data = i2c.read_byte_data(arg1, arg2)
    if arg4 == i2c_data:
        print ( "PASS Register " + arg3 + " = " +
                                    str(hex(arg4)) )
    else:
        print ( "FAIL Register " + arg3 + " = Not " +
                                    str(hex(arg4)) )
        print ( "            Actual value = " +
                                    str(hex(i2c_data)) )
def i2c_write(arg1, arg2, arg3, arg4):
    i2c.write_byte_data(arg1, arg2, arg4)
    print ("Write Register, " + arg3 + " = " +
                                    str(hex(arg4)) )

## --------- main -------------------
def main():
    # --- GPIO設定
    GPIO.setwarnings(False)
    GPIO.cleanup()
    GPIO.setmode(GPIO.BCM)
        # GPIO Input Configuration
        # GPIO  4 = IRQ
        GPIO.setup( 4,GPIO.IN)
        # GPIO Output Configuration
        # GPIO 17 = CNTL0
        # GPIO 27 = CNTL1
        GPIO.setup(17,GPIO.OUT)
        GPIO.setup(27,GPIO.OUT)
    print ("------ Evaliation Date --------------")
    d = datetime.datetime.today()
    print 'Today %s-%s-%s %s:%s:%s (year-month-day
          h:m:s) ' % (d.year, d.month, d.day, d.hour,
                                d.minute, d.second)
    print ("RPi.GPIO version = " + GPIO.VERSION)
    print ("-----------------------------------")
    # --- DMM 34401A Setting
    hp_34401A.dmm_open()
    hp_34401A.dmm_enter_rmt()
    # --- Oscilloscope TDS5104B Setting
    tek_5104b.oscillo_open(3)
    tek_5104b.oscillo_init()
    # --- VCC0 from 0V to 0.4V
    ROHM_pmic.SET_CNTL0(1)
    ROHM_pmic.SET_CNTL1(1)
    print "Cold Boot Completed"
    # --- Measure VCC0 voltage
    hp_34401A.dmm_dcv("VCC0", 0.4, -0.05, 0.05)
    # --- IRQ Setting
    i2c_write(ROHM_reg_def.NORM_REG,
                    ROHM_reg_def.MIRQ, "MIRQ", 0xFF)
    i2c_read(ROHM_reg_def.NORM_REG,
                    ROHM_reg_def.MIRQ, "MIRQ", 0xFF)
    # --- Check IRQ = 0
    ROHM_pmic.CHK_IRQ(0)
    # Oscilloscope TDS5104B Setting
    #tek_5104b.oscillo_label(ch, label, x_pos, y_pos)
    tek_5104b.oscillo_label(1, 'SCL', 0.5, +0.5)
                                            ◁ オシロスコープの設定
    # --- VDCDC1 from 0.4V to 1.28V
    i2c_write(ROHM_reg_def.NORM_REG, ROHM_reg_def.VCC0,
                                    "VCC0", 0x46)
    tek_5104b.oscillo_slewrate('-60E-6' , '60E-6', 5,
                                           4.5, 5.5)
            tek_5104b.oscillo_export_get()
    # --- Check IRQ = 1
    ROHM_pmic.CHK_IRQ(1)
    # --- DMM 34401A Setting
    hp_34401A.dmm_exit_rmt()
    hp_34401A.dmm_close()

####################
if __name__=='__main__':
    main()
```

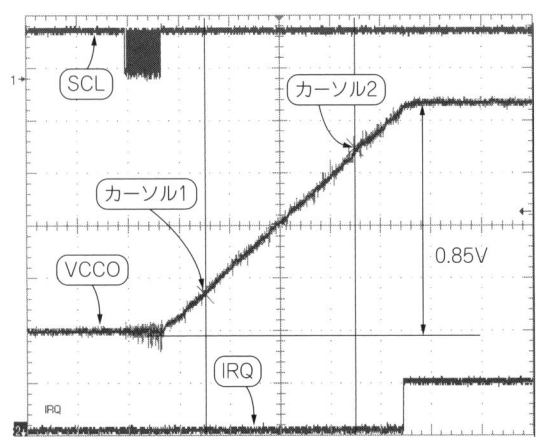

図5 プログラム実行！ きちんとパワー・マネジメントICは動作している

取得し，オシロスコープに画像データとして保存する

(9) VCC0の電圧が1.28Vに変化し終わると，割り込みIRQが1になるはずなので，それを確認する

● テスト用プログラムを作る

プログラム全体をリスト5に示します．また，この評価シナリオを実施したときのCNTL0，CNTL1，SCL，VCC0，IRQの波形を図5に示します．

それでは，def main():以降を説明していきます．

▶ プログラム冒頭部

GPIOの設定をし，評価した日時を表示させます．このためdatetimeモジュールをインポートします．また，RPi.GPIOのバージョンも表示させます．その後，ディジタル・マルチメータを接続し，リモート・モードとします．最後に，オシロスコープを接続し，初期化します．

第11章　I/Oコンピュータ活用事例オシロ&マルチメータ自動計測システム

リスト6　ターゲットIC制御プログラム ROHM_pmic.py

```python
#! /usr/bin/env python
## timer
import time
##### function definition
### Set CNTL0
def SET_CNTL0(val):
    '''
    Set CNTL0 value, val = 0 or 1
    '''
    time.sleep(2)
    if val == 1:
        GPIO.output(17,GPIO.HIGH)
        print "\nSet CNTL0 = 1"
    else:
        GPIO.output(17,GPIO.LOW)
        print "\nSet CNTL0 = 0"
### Set CNTL1
def SET_CNTL1(val):
    '''
    Set CNTL1 value, val = 0 or 1
    '''
    time.sleep(2)
    if val == 1:
        GPIO.output(27,GPIO.HIGH)
        print "\nSet CNTL1 = 1"
    else:
        GPIO.output(27,GPIO.LOW)
        print "\nSet CNTL1 = 0"
### Check IRQ
def CHK_IRQ(val):
    '''
    Check IRQ value
    '''
    IRQ_val = (GPIO.input(4))
    if val == IRQ_val:
        print ( "PASS IRQ = " + str(val) )
    else:
        print ( "FAIL IRQ = Not " + str(val) )
```

▶ (1) (2)

ROHM_pmic.py（リスト6）で定義されているSET_CNTL0関数とSET_CNTL1関数を使って，1にします．

▶ (3) (4)

i2c_write関数とi2c_read関数を使います．

▶ (5)

ROHM_pmic.py（リスト6）で定義されているCHK_IRQ関数を使って，0であるか確認します．

▶ (6) (7) (8)

オシロスコープは3チャネルを使います．チャネル1にSCLを，チャネル2にVCC0の電圧を，チャネル3にIRQを割り当てます．まず，オシロスコープの設定（ラベル名，水平，垂直方向のdiv設定，波形の位置，トリガ，波形ファイル名）をします．トリガは，`tek_5104b.oscillo_trig_set(2, 'RISE', '0.85')` と設定し，チャネル2で，RISE，トリガ電圧を0.85Vにしています．次に，`tek_5104b.oscillo_acq_single()` で，オシロスコープはVCC0が0.85Vになるのを待ちます．この状態で，`i2c_write(ROHM_reg_def.NORM_REG, ROHM_reg_def.VCC0, "VCC0", 0x46)` を実行すると，VCC0が0.85Vになり，トリガがかかり，波形が捉えられます．次に，`tek_5104b.oscillo_slewrate('-60E-6', '60E-6', 5, 4.5, 5.5)` を実行すると，カーソル1を $-60\mu s$ に，カーソル2を $60\mu s$ に当て，電圧値を読み出し，スルーレートを計算し，その値が $4.5 \sim 5.5 \mathrm{mV}/\mu s$ に入っているか判定します．

最後に，`tek_5104b.oscillo_export_get()` で，画面の波形を，wfm_VCC0.pngというファイル名で保存します．なお，画像ファイルは，C:\TekScope\imagesの下に保存されます．

▶ (9)

ROHM_pmic.pyで定義されているCHK_IRQ関数を使って，1であるか確認します．

実行する

プログラムを実行するには，sample_sequence.py，ROHM_pmic.py，ROHM_reg_def.py，hp_34401A.py，tek_5104b.pyを同一ディレクトリ下に置いて，

```
$ sudo python sample_sequence.py > sample_sequence.log
```

と入力し，sample_sequence.logに結果を保存します．取得できたオシロスコープの波形ファイルは図5をご覧ください．

◆参考文献◆

(1) http://www.rohm.co.jp/web/japan/groups/-/group/groupname/Power%20Management
(2) http://www.rohm.co.jp/web/japan/news-detail?news-title=2014-10-03_ad_pmic&defaultGroupId=false
(3) http://www.rohm.co.jp/web/japan/news-detail?news-title=2015-04-02_news_intel&defaultGroupId=false

いなだ・ひろふみ

第3部 ラズベリー・パイ2活用術

第12章 ラズベリー・パイで組み込みコンピュータは作れる!?

金属ケースとアースでノイズ・レス！ウォッチドッグ・タイマ＆追加UPS機能で急なシャットダウンも安心！

田中 博見

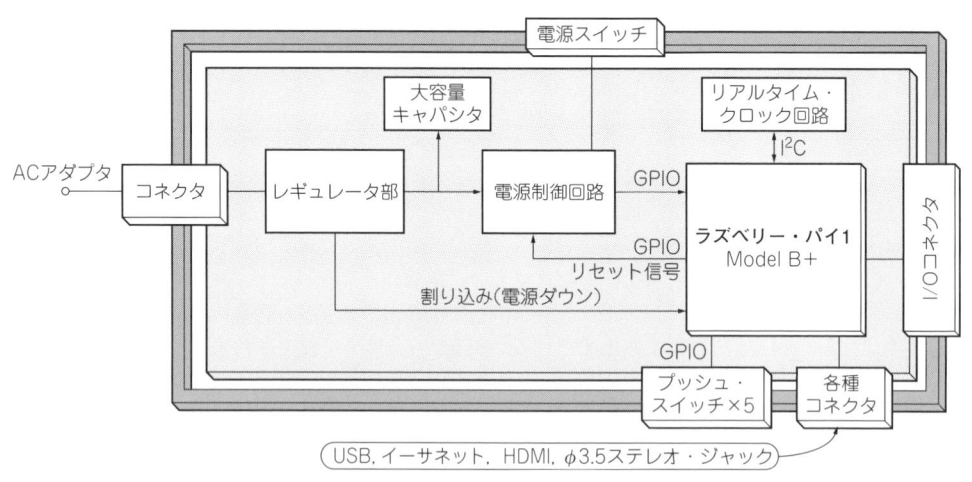

図1 ラズベリー・パイを組み込みBOX化！

　ラズベリー・パイは低価格で，LinuxOSが動作し，GPIOも使えるので，機器組み込み用途に利用できます．少量多品種にまさにうってつけです．そこで，筆者は図1の構成で，組み込み向けラズベリー・パイ・ボックスを製作しました．

　これが完成するまでに，電源ノイズやGPIOに生じるノイズ，シャットダウン時のトラブル，耐環境性能など，さまざまな問題に直面しました．そこで，本稿では，ラズベリー・パイを実際のフィールドで使うためのヒントを解説します．

　基本的には，ラズベリー・パイ1も2も同様です．

ラズベリー・パイと他のボードを比べる

● 画像出力が必要なら最強の選択肢

　機器組み込み用途では，オリジナルのボードを開発する場合を除けば，何かしらのワンボード・コンピュータやマイコン基板を利用する機会は少なくありません．多くのボードが入手できますが，ラズベリー・パイやArduino，mbedボード，BeagleBoneなど，いくつか選択肢があります．

　筆者は仕事でディジタル・サイネージ（電子看板）を開発しているため，

(1) HDMIでのハイビジョン動画，静止画出力が必須
(2) IP関係の開発が不可避

という視点で比較し，ラズベリー・パイを選びました．

ラズベリー・パイを使うメリット

　機器組み込み用途としてラズベリー・パイを見ると，以下のメリットがあります．

● その1…HDMI出力がある

　HDMI出力が用意されていて安価です．そこそこの性能のGPUを搭載しているため，動画再生や，ちょっとした画像アプリケーションならこなせます．この機能を備えるボードは意外と多くありません．しかも，ネット接続しながら，温度や発電量などをモニタに表示するというようなアプリケーションにも使えます．

● その2…導入ハードルが低い

　産業用組み込みボードと比べると導入のハードルは相当低いです．通販でラズベリー・パイを購入し，ウェブや書籍を参照して，数行のプログラムを書けば，すぐに試せます．

第12章 ラズベリー・パイで組み込みコンピュータは作れる!?

表1 ボード選定のために機能を比較する

項　目	ラズベリー・パイ	Arduinoやmbed	BeagleBone Black	産業用ボード・コンピュータ
CPU	BCM2835（ARM11, 700MHz）またはBCM2836（Cortex-A7×4, 900MHz）	AVR（Arduino），Cortex-M（mbed）	M3359AZCZ100（Cortex-A8, 1GHz）	機種による
OS	Linux, RISC OS	OSレス（モニタ程度）	Linux, Androidなど	機種による
周辺ハードウェア	○	△（外付け）	◎	○（外付けが多い）
汎用ディスプレイ出力	◎	×	◎	△（オプションが多い）
描画エンジン	◎	×	◎	△
情報, サポート, コミュニティ	◎	◎	△	△（メーカによる）
産業向けの動作保証	×	×	×	○（メーカによる）
IPへの親和性（開発難易度）	◎	△	◎	○
汎用デバイスの流用性	◎	×	◎	△
リアルタイム性	△	◎	△	○
試しやすさ	○	◎	○	△
開発言語の選択肢	◎	×	◎	○
主な開発スタイル	セルフ, クロス	セルフ, クロス	セルフ, クロス	クロス
価格	◎	◎	○	△
他OSの対応	△（Windows10なども対応見込み）	×	△（Windows10なども対応見込み）	○（メーカによる）
ケースなど	△	△	×	○（メーカによる）

● その3…ウォッチドッグ・タイマを標準装備

　フィールド用途では，万が一暴走したときに自らリブートできるかどうかが重要です．そこで注目は，ハードウェア・ウォッチドッグ・タイマ（WDT）がSoCに搭載されていることです．WDTはCPUが一定時間アクセス（通常はタイマのリセットと同義）してこない場合，CPUが暴走していると判断し，CPUを強制的にリセットします．最近ではソフトウェアによるWDTも見られますが，タスク・スケジューリングが行われないような状況下，例えば割り込みを禁止したドライバ層などでソフトウェアがデッドループしてしまえば無力です．

● その4…ハードウェア乱数発生器を使える

　SoCにハードウェア乱数発生器を備えています．ソフトウェアだけで性能の良い乱数を発生することは極めて難しく，暗号処理を考えるとハードウェアなら処理速度が速くなります．
　今後ネットワーク機能付きの端末が増え，それらがIP通信をするようになると，セキュリティが脆弱な端末は乗っ取られる可能性があります．プロトコル自体が乗っ取られると，社会的にも脅威となります．暗号鍵の生成など，強いセキュリティには質の良い，速度の速い乱数発生機能が欲しくなります．

● その5…デバイス・ドライバが豊富

　公式LinuxディストリビューションRaspbianのLinuxカーネルのバージョンが3.2と新しく，コミュニティも活発なので，さまざまなデバイス・ドライバが標準で用意されています．Wi-FiやBlueToothのUSBドングル用の標準ドライバが数多くありますし，その情報も豊富です．また，ウェブ上にドライバが公開されていたり，コンフィグレーションの情報が比較的簡単に得られたりして，ドライバを追加インストールすることもできます．

● その6…ライセンス料がかからない

　産業用のシングルボード・コンピュータの場合，モジュールの使用料などが発生します．ラズベリー・パイでは，使用料が必要になるケースは多くありません．

ラズベリー・パイを使うデメリット

　続いて，ラズベリー・パイのフィールド利用での問題点を考えてみます．

● その1…基板むき出し

　ラズベリー・パイは，基板以外の付属物はありませんが，フィールドで使うときは，基板を裸で動かすわけにはいきません．汎用の樹脂ケースで充分な場合もあるでしょうが，後述する耐環境の問題などを加味すると，もう少しまともなケースが欲しくなります．

● その2…リアルタイム・クロックICがない

　バッテリでバックアップされたリアルタイム・クロックIC（RTC）がないため，時刻を保持するしくみ

がありません．そのため，内部の時刻はブートのたびに同じ時刻に設定されます．

ネットワークへの接続が前提のシステムであれば，NTP（ネットワーク・タイム・プロトコル）などでサーバから時刻を取得できます．しかし，オフラインで，かつ，曜日や時刻が重要なアプリケーションはリアルタイム・クロックICなしでは使えません．例えば，温度のデータ・ロガーとして動作し，SDカードにデータを保存するような場合，時刻を単独で保持する必要があります．

● その3…電源（リセット）スイッチがない

先述したケースや，後述の電源問題とも関係しますが，ラズベリー・パイ自体には電源スイッチもリセット・ボタンもありません．機器組み込み用途は電源を入れっぱなしの場合が多いことは確かですが，万が一の暴走時のリセットなど，必要になる場面もあります．

● その4…電源容量に余裕がない

ラズベリー・パイはマイクロUSBコネクタ経由で電源を供給します．実験レベルではこれで十分ですが，フィールドを考慮すると問題があります．まず，コネクタは非常に抜けやすく，ストレスにも弱いということです．また，リセッタブル・ヒューズ（ポリスイッチ）が実装されており，約1Aでこれが動作します．Wi-Fiドングルなどやや消費電力が多い周辺機器を接続すると，このヒューズが動作してしまい，動作が不安定になります．

● その5…電源断時の正しくシャットダウンできない

ラズベリー・パイには電源スイッチも無ければ，バックアップ機能もありません．物理的にUSBコネクタを抜くか，電源が遮断されれば即座にダウンします．OSレスなら問題ありませんが，Linuxが動作しているので，正常なシャットダウン・プロセスを行わない突然の電源断は，ファイル・システムがクラッシュする原因となります．運が悪いと，OSからリブートできなくなります．これは機器組み込みでは致命的です．

● その6…GPIOピンを指で触ると誤認識する

通常何らかのスイッチなどを構成する場合は，GPIOを入力モードに設定，プルアップ・モードにし（内部抵抗が33kΩ程度），スイッチが押されたらGNDに落として，ソフトウェア的には"L"で読み取る，というのが一般的だと思います．しかし，電源パターンや，GNDパターン，そのほかの要因が重なって，このGPIOを手で触るだけで"L"と読み込んでしまうノイズが発生します．なお，このような問題を確実にクリアするには，フォト・カプラを使用するのが定番です．

● 静電気対策が不十分

ケースや電源，GNDパターンなど要因は多々ありますが，標準ではサージ・キラーやバリスタなどは一切搭載されていません．先述のように電源周りも貧弱なため，汎用の樹脂ケースにそのまま収納してフィールドで運用するにはサージ，静電気などへの耐性は決して十分とはいえないでしょう．SDカードもこの問題には非常に脆弱です．

● 温度対策がとられていない

機器組み込み用途では密閉空間に設置されることが多く，温度に対する耐久性も重要ですが，ラズベリー・パイにはそのような保証はありません．組み込みコン

コラム　ラズベリー・パイのSoCで温度や電圧を読み取る方法

ラズベリー・パイにはBCM2835（2はBCM2836）というSoCが採用されています．ラズベリー・パイの公式情報としては得られませんが，使えそうな機能がいくつかあります．https://www.archlinux.org/に詳しいことが多いので参考にしてみてください．

▶CPUの温度を測る

SoC内に温度センサが搭載されており，CPUの温度を取得できます．

```
$ cat /sys/class/thermal/thermal_zone0/temp
```

とすると温度が表示されます．

▶デバイス電圧読み取り

CPUコアや，SDRAMなどのデバイス電圧を読み取ることができます（使い道はあまり思いつきませんが）．

```
$ /opt/vc/bin/vcgencmd measure_volts パラメータ
```

パラメータにはcore（コア電圧），sdram_c（SDRAM電圧），sdram_i（SDRAMのI/O電圧）などを指定します．

▶CPUクロック設定関連

CPUのクロック周波数やスケーリング・ガバナーなどの設定ができます．

第12章 ラズベリー・パイで組み込みコンピュータは作れる!?

写真1 ラズベリー・パイ1 Model B+のGPIO出力波形をオシロスコープで測定する

ピュータであれば，上記のさまざまなデメリットはメーカが一定の保証をするなり，検査性能を提示します．つまりフィールドで利用には，この対策を行い，何かしらの性能保証，性能提示をする必要があります．

実用化へのアプローチ

上記を踏まえて，ラズベリー・パイを組み込みコンピュータで使うための工夫を行いました．

● その1…GPIOノイズ対策
▶デフォルトのノイズは60mVpp

何の対策もしていないラズベリー・パイをブートし，GPIOのポートをオシロスコープで測定しました．その様子を写真1に示します．入力モードに指定してプルアップにしています．測定すると，図2のように約60mVppのノイズが生じています．筆者の経験では，GPIOのセットアップ，プログラムの動作やハードウェアの状況によっては最大300〜500mVppくらいのノイズがポートに生じています．

また，先述したように，GPIOを入力に指定，プルアップ・モードにして，スイッチを経由してGNDに落とす回路にして，プログラムを動作させました．このポートを指で触れるだけで，"L"と判断されてしまいました．オシロスコープで測定しても，"L"と判断されるような電圧に落ちていることは確認できませんでしたが，プログラムは誤動作しました．

このとき，図3のように，V_{CC}からのプルアップ抵抗をGPIOポートにさらに10kΩ接続してみました．内部プルアップ抵抗がおよそ33kΩなので，約8kΩくらいまでインピーダンスは下がっているはずです．しかし，手で触ってローレベルと判断されてしまう問題は改善されませんでした．

▶アースを取ってUSB給電をやめると4mVppに下がる

図4は，ノイズ対策を行ったときのGPIO波形です．測定の様子を写真2に示します．スチールのケースでケーシングし，かつ電源はUSBのポート経由ではなくGPIOのコネクタ部分から供給しています．また GNDもケースへ接続しています．ノイズは4mVpp程

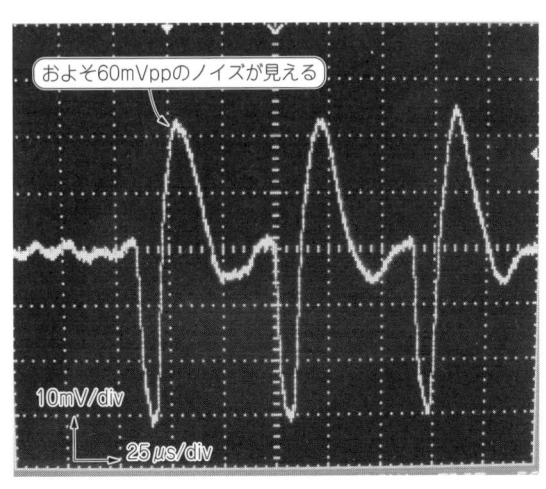

図2 ラズベリー・パイ1のGPIOピンでは60mVppのノイズが生じている

第3部　ラズベリー・パイ2活用術

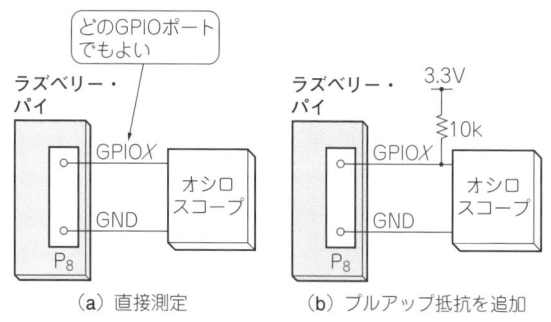

図3　GPIOポートにプルアップ抵抗を追加して測定する

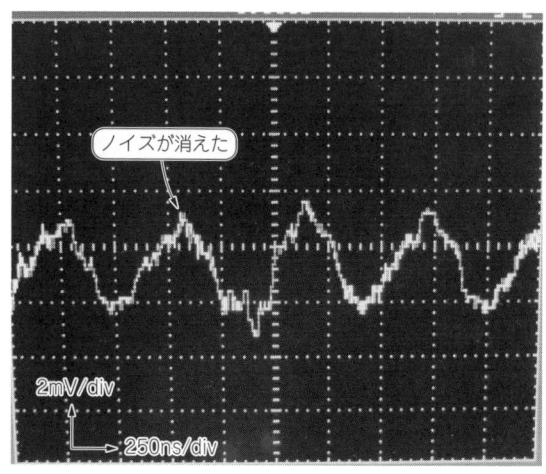

（a）直接測定
（b）プルアップ抵抗を追加

どのGPIOポートでもよい

ラズベリー・パイ
GPIO*x*
GND
オシロスコープ

ラズベリー・パイ
3.3V
10k
GPIO*x*
GND
オシロスコープ

ノイズが消えた

2mV/div
250ns/div

図4　ノイズ対策を行ったあとのGPIO出力波形

度まで抑えられています．
　この状態では，指でポートに触っても"L"に判断されることはありませんでした．電源強化や，ケーシングなど，どの部分が一番効いているかは正確にはわかりませんが，こういった対策を行わずにフィールドでラズベリー・パイを利用するのはちょっと危険です．

● その2…リアルタイム・クロックICを外付け

　リアルタイム・クロックICはDS3231（マキシム）を採用しました．図5のように接続します．I²C接続なのでGPIOをムダにしないことと，実績があるようなので選択しました．ちなみに精度は±2ppm（0℃～+40℃），±3.5ppm（-40℃～+85℃）で，極めて高精度です．スタンバイ時の消費電力は最高でも3.0μA（3.6V，ちなみにTypは0.84μA）程度なので，CR2032でバックアップした場合，理論的には8年くらい持ちます．

● その3…簡易UPS機能を追加

　電源ダウン時にOS（SDカード）をクラッシュさせないようにするには，ソフトウェアで行うものと，ハードウェアで行うものがあります．
　ソフトウェアで行う場合は，ファイル・システムの工夫をしたり，動作させるアプリケーションでSDカードへの書き込みを行わないfsprotectを利用したりします．しかし，すべてのアプリケーションがSDカードへの記録を一切しないで済むとは限りませんし，何よりフィールドでは動作ログを取っている（記録している）ことが多いものです．

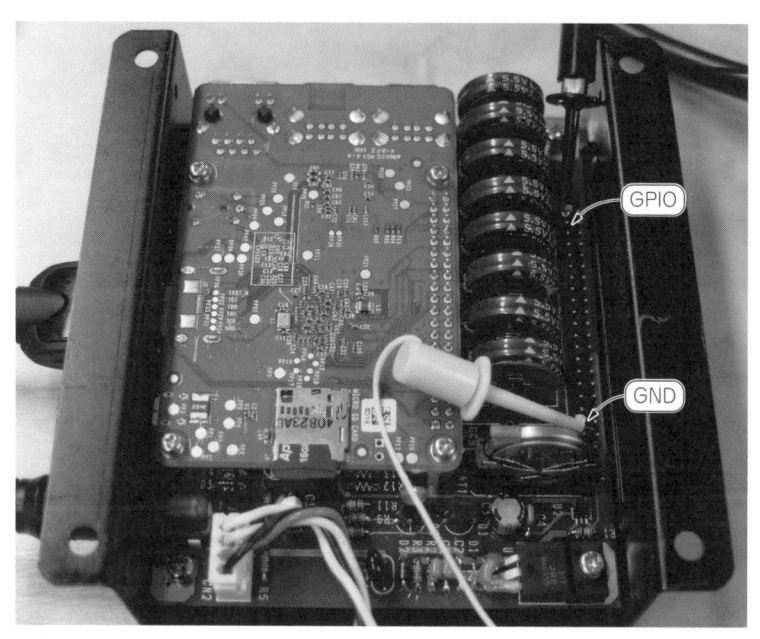

写真2　ノイズ対策を施した基板のGPIOポートをオシロスコープで測定する

第12章 ラズベリー・パイで組み込みコンピュータは作れる!?

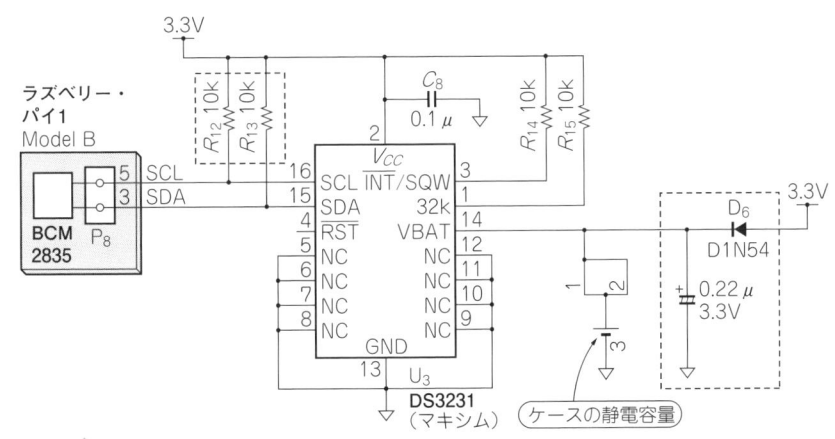

図5 リアルタイム・クロックICをラズベリー・パイと接続する

そこで，ハードウェアで電源ダウン時の対策を行いました．大容量の電気二重層コンデンサを搭載し，急な電源遮断時にも，およそ30秒程度CPUを動作できるようにしました．つまり，簡易UPS機能です．

電源断をハードウェアで認識し，GPIOポートに割り込み信号として発生させます．割り込みを監視しているデーモンが，これをほかのアプリケーションに通知することにより，例えばデータを保護するなどの必要な処理を行ったあと，シャットダウンを行います．実際には，できるだけ早く，安全にシャットダウンするために，最初にUSBなど周辺の電源供給をカットするなど，いくつかの処理を行います．

● ウォッチドッグ・タイマを有効化

SoC内蔵のウォッチドッグ・タイマ機能は，ソフトウェア・モジュールのインストールだけで使えます．ラズベリー・パイ1に搭載しているBCM2835の正式マニュアルにはWDTの存在は書かれていますが，イネーブル方法は記述されていません．使いかたを図6に示します[1]．

少し乱暴ですが，基板のいくつかの端子をショートさせてみて，実際に暴走させてみると，しばらくするとリブートします．

● 熱・ノイズ対策

CPUの熱をケースに逃がす処理などを施しています．またノイズ対策のために，PCB上にバリスタなどの実装も行っています．

耐環境性能を測ってみた

● 静電気試験＆放電試験

静電気接触4kV，放電8kVが目標でしたが，それ

```
●ステップ1…インストール
$ sudo apt-get install watchdog
$ sudo update-rc.d watchdog enable
$ sudo modprobe bcm2708_wdog

●ステップ2…設定ファイルの修正
$ sudo /etc/watchdog.conf
以下の行のコメントを外します．
#max-load-1= 24
#watchdog-device = /dev/watchdog
→ watchdog-device = /dev/watchdog
  max-load-1= 24

●ステップ3…/etc/modules の変更
  最終行にbcm2708_wdogを追加します．OS起動時に
bcm2708_wdogモジュールをロードします．
  /etc/modulesファイルの最終行に以下を追加します．
bcm2708_wdog
$ sudo vim /etc/default/watchdog
noneをbcm2708_wdogに変更します．
watchdog_module="bcm2708_wdog"
```

図6 ウォッチドッグ・タイマを有効にする手順

ぞれ，8kV，15kVをクリアできました．また雷サージについてはACライン，1kVでの動作をクリアできました．

● 温度試験

0℃と50℃で，それぞれ24時間動作試験をパスしています．ラズベリー・パイ B+では消費電力（発熱のもととなる）はあまり問題ではありませんでした．

◆参考文献◆
(1) http://binerry.de/post/28263824530/raspberry-pi-watchdog-timer

たなか・ひろみ

第13章 I/Oコンピュータ電子工作の素

スイッチ/入出力/A-Dコンバータ/D-Aコンバータ/センサ…拡張自在

江崎 徳秀

定番シリアルSPI/I²Cを使うための設定

● root権限で設定が必要

Raspbian上でプログラムからSPI，I²Cインターフェースを制御するには，あらかじめ各インターフェースを利用できるように設定しておく必要があります．そのためにはroot権限でraspi-configコマンドを実行します．

```
sudo raspi-config
```

設定メニュー画面については，第2章を参考にしてください．

● SPIの設定手順

SPIをイネーブルにする設定を行ったら，再起動を行います．

設定メニュー画面が表示されたら，「8 Advanced Options」を選択します．「A6 SPI」を選択します．その後に表示される画面では[はい]と[了解]を選択します．設定が終わると最初のメニュー画面に戻るので[Finish]を選択し，再起動するかどうか尋ねられたら再起動します．SPIの設定は以上で終了です．

● I²Cの設定手順

SPIと同様に，設定メニューで選択しますが，メニュー設定直後に再起動せずに，/etc/modulesファイルを編集します．手順を以下に示します．

メニュー画面が表示されたら「8 Advanced Options」を選択します．「A7 I2C」を選択します．その後に表示される画面では[はい]と[了解]を選択します．設定が終わると最初のメニュー画面に戻るので[Finish]を選択し，再起動するかどうか尋ねられたら再起動しないようにします．続いて，以下のコマンドを実行して/etc/modulesファイルを編集します．

```
sudo nano /etc/modules
```

編集画面が開いたらファイルの最後に以下の行を追加します．

```
i2cdev
```

追加したらファイルを保存(Ctrl+o)し，編集を終了(Ctrl+x)します．その後ラズベリー・パイを再起動します．I²Cの設定は以上で終了です．

制御ライブラリあれこれ

拡張コネクタに外付けの電子回路を接続し，プログラムで制御するにはライブラリを利用すると便利です．ライブラリには，表1のようなものがあります．

SPIやI²Cを使うときに定番となっているのはC，C++言語用のライブラリWiringPiです．

表1 ラズベリー・パイのGPIOを制御するライブラリ

名 称	特 徴	参考ホームページ
RPi.GPIO	Python用のライブラリ．現バージョンではGPIOの制御とソフトウェアPWMに対応．将来的にはハードウェアPWM，SPI，I²C，1-wireインターフェースに対応予定とのこと．Raspbianにはあらかじめインストールされている．現時点でSPI，I²CをPythonで利用するにはspidev，python-smbusを別途インストールが必要	http://sourceforge.net/p/raspberry-gpio-python/wiki/Home/
WiringPi	C，C++用のライブラリ．SPI，I²C，PWMにも対応．有志によりPython，Ruby，PHP，Javaの各言語で使用するためのラッパーが開発されている	http://wiringpi.com/（本家）https://github.com/WiringPi/（各言語用ラッパー）http://pi4j.com/（Java用ラッパー）
pigpio	C，C++，Python用のライブラリ．pigpiodというデーモンを動作させ，そのデーモンを通じて各ピンを制御するという方式をとる	http://abyz.co.uk/rpi/pigpio/
WebIOPi	ライブラリというよりはフレームワークのようなもの．デーモンとして起動し，ブラウザからラズベリー・パイにアクセスすることでGPIOを制御できる．Python，Javaのライブラリが用意されており，このライブラリを利用したプログラムもブラウザからアクセスして動作させる	https://code.google.com/p/webiopi/

C言語用定番制御ライブラリWiringPiの使い方

以下では，C，C++用のライブラリのWiringPiを使って外付け回路を制御します．

● インストール

以下のコマンドを実行してWiringPiをインストールします．

```
git clone git://git.drogon.net/wiringPi
cd wiringPi
./build
```

● 動作確認

コマンドの処理が終わったら，図1のgpio -vコマンドを実行して正しくインストールされているか確認します．このコマンドはWiringPiに含まれているgpioコマンドのバージョンを表示します．

● WiringPiでのピン番号は基板上のピン番号と異なる

WiringPiで定義されているピン番号は，図2に示すように拡張コネクタのピン番号（Physical）とも，信号名（BCM）についてる番号とも異なります．この図は以下のコマンドを実行すると表示されます．

```
gpio readall
```

```
gpio -v          ◀────────（コマンド入力）
gpio version: 2.26
Copyright (c) 2012-2015 Gordon Henderson
This is free software with ABSOLUTELY NO WARRANTY.
For details type: gpio -warranty

Raspberry Pi Details:
  Type: Model 2, Revision: 1.1, Memory: 1024MB, Maker: Sony
```

図1 バージョン表示コマンドで動作確認を行う

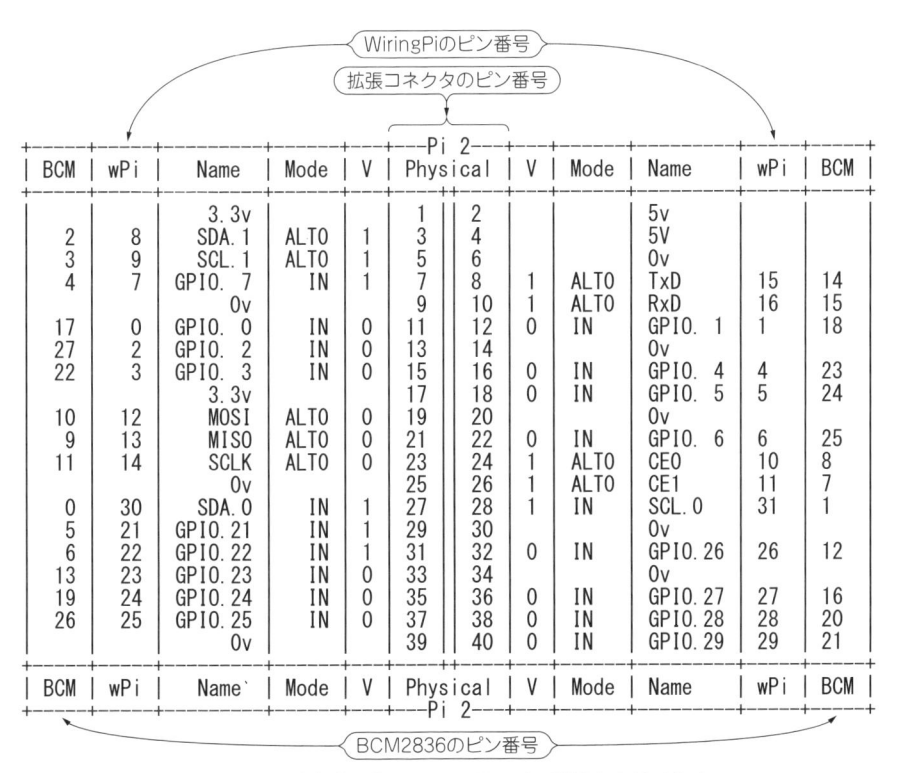

```
                    ┌──WiringPiのピン番号──┐
                     ┌─拡張コネクタのピン番号─┐
                         ----Pi 2----
 | BCM | wPi |  Name  | Mode | V | Physical | V | Mode |  Name  | wPi | BCM |
                           1 |  2                        5v
    2 |  8  | SDA. 1  | ALTO | 1 |  3 |  4                        5v
    3 |  9  | SCL. 1  | ALTO | 1 |  5 |  6                        0v
    4 |  7  | GPIO. 7 |  IN  | 1 |  7 |  8  | 1 | ALTO |  TxD  | 15 | 14
                            |     |  9 | 10  | 1 | ALTO |  RxD  | 16 | 15
   17 |  0  | GPIO. 0 |  IN  | 0 | 11 | 12  | 0 |  IN  | GPIO. 1 |  1 | 18
   27 |  2  | GPIO. 2 |  IN  | 0 | 13 | 14                        0v
   22 |  3  | GPIO. 3 |  IN  | 0 | 15 | 16  | 0 |  IN  | GPIO. 4 |  4 | 23
                3.3v            | 17 | 18  | 0 |  IN  | GPIO. 5 |  5 | 24
   10 | 12  |  MOSI   | ALTO | 0 | 19 | 20                        0v
    9 | 13  |  MISO   | ALTO | 0 | 21 | 22  | 0 |  IN  | GPIO. 6 |  6 | 25
   11 | 14  |  SCLK   | ALTO | 0 | 23 | 24  | 1 | ALTO |   CE0   | 10 |  8
                 0v             | 25 | 26  | 1 | ALTO |   CE1   | 11 |  7
    0 | 30  | SDA. 0  |  IN  | 1 | 27 | 28  | 1 |  IN  | SCL. 0  | 31 |  1
    5 | 21  | GPIO.21 |  IN  | 1 | 29 | 30                        0v
    6 | 22  | GPIO.22 |  IN  | 1 | 31 | 32  | 0 |  IN  | GPIO.26 | 26 | 12
   13 | 23  | GPIO.23 |  IN  | 0 | 33 | 34                        0v
   19 | 24  | GPIO.24 |  IN  | 0 | 35 | 36  | 0 |  IN  | GPIO.27 | 27 | 16
   26 | 25  | GPIO.25 |  IN  | 0 | 37 | 38  | 0 |  IN  | GPIO.28 | 28 | 20
                 0v             | 39 | 40  | 0 |  IN  | GPIO.29 | 29 | 21
 | BCM | wPi |  Name  | Mode | V | Physical | V | Mode |  Name  | wPi | BCM |
                         ----Pi 2----
                    └────（BCM2836のピン番号）────┘
```

図2 gpio readallコマンドを実行するとWiringPi用のピン番号を表示できる

ピン番号を指定するときは，このコマンドを実行するか，この表を見て確認するようにしてください．

● コンパイルの方法
WiringPiライブラリを使用するプログラムをコンパイルするには，gccを利用します．ソース・ファイルをsource.cとすると，以下のようなコマンドを実行します．

```
gcc -Wall -o source source.c
-lwiringPi
```

エラー・メッセージが表示されなければコンパイルは成功です．

● プログラムの実行
以下のようにしてプログラムを実行します．実行には，管理者権限が必要なので頭にsudoを付けてコマンドを入力します．

```
sudo ./source
```

LEDのPWM調光

● 主な電子部品
LED（Light Emitting Diode）は順方向に電流を流すと点灯する半導体です（写真1）．例として，赤色LED OSDR5113Aの主な仕様を表2に示します．

● 回路
ラズベリー・パイとの接続は図3のようになります．GPIO端子とLEDの間に470Ω程度の抵抗を接続します．

● プログラム例
LEDを点灯するサンプル・プログラム（led.c）をリスト1に示します．WiringPiのライブラリをインクルードした後，WiringPiの初期化，使用するピンの設定，PWM信号の出力処理を行います．

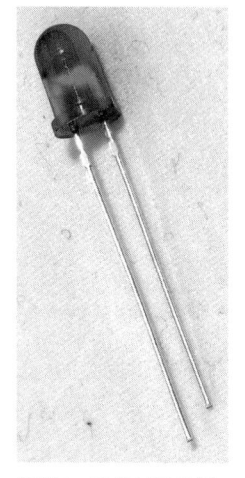

写真1 赤色LEDの例
OSDR5113A（OptoSupply）

表2 赤色LED OSDR5113Aの主な仕様
T_A＝25℃．V_F，光度，主波長，照射角はI_F＝20mAにおける標準値．秋月電子通商のWebサイトより引用

項　目	仕　様
種類	赤色LED
型名	OSDR5113A
メーカ名	OptoSupply
発光色	赤
直径	5mm
V_F	2.0V
最大電流	30mA
光度	1500mcd
主波長	640nm
照射角	15°
逆方向耐電圧	5V
消費電力	72mW
入手先	秋月電子通商など

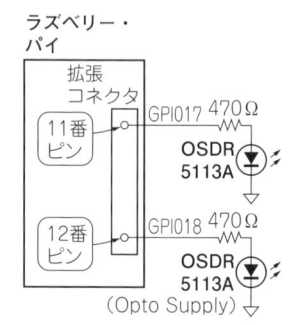

図3 LEDを点灯するための回路

リスト1 LEDをPWMで点灯させるプログラムの例

```
#include <stdio.h>
#include <wiringPi.h>

int main(void) {
    int cnt = 0, blink = 0;
// wiringPiの初期化
    wiringPiSetup();

// 0番ピン(コネクタの11番ピン)を出力に設定
    pinMode(0, OUTPUT);
// 1番ピン(コネクタの11番ピン)をPWM出力に設定
    pinMode(1, PWM_OUTPUT);
// 1番ピン(コネクタの12番ピン)にPWM信号を出力
    pwmWrite(1, 0);

    printf("Raspberry Pi - LED Test¥n");

    while(1) {
// 0番ピン(コネクタの11番ピン)にblinkの値を出力
        digitalWrite(0, blink);
// 1番ピン(コネクタの12番ピン)にPWM信号を出力
        pwmWrite(1, cnt << 6);

        blink = ~blink & 0x1;
        cnt++;
        if ( cnt > 7 ) cnt = 0;

// 500msウェイト
        delay(500);
    }

    return 0 ;
}
```

第13章 I/Oコンピュータ電子工作の素

このプログラムを実行するとコネクタの11番ピンに接続したLEDが点滅し，12番ピンに接続したLEDが徐々に明るくなります．なお，ハードウェアPWMを出力できるピンは，この12番ピンのみとなりますので注意してください．

スイッチを接続する

● 主な電子部品

スイッチは，大きさ，形状，機構の違いにより，さまざまな種類があります．ここでは一般的なタクト・スイッチを使います（**写真2**）．使用するスイッチはSKRGAAD010（アルプス電気）です．SKRGAAD010の仕様を**表3**に示します．

● 回路

ラズベリー・パイとの接続を**図4**に示します．40番ピンとスイッチをつなぐだけですが，ON/OFFの様子を確認するためのLEDも11番ピンに接続しています．

● プログラム例

スイッチを使ったサンプル・プログラム（switch.c）を**リスト2**に示します．このプログラムを実行すると，タクト・スイッチを押したときだけLEDが点灯します．

初期化はLEDのサンプル・プログラムと同様ですが，40番ピンのプルアップ抵抗をイネーブルにする処理と，40番ピンの入力値を反転して11番ピンに出力します．

出力ピンを増やす

● 主な電子部品

出力ピンを増やしたいときに使用するシフト・レジスタICを使います．汎用ロジックICの74HC595です（**写真3**）．シリアル入力パラレル出力タイプのシフト・レジスタです．**表4**に，使用したSN74HC595（テキサス・インスツルメンツ）の仕様を示します．

● 回路

ラズベリー・パイとの接続を**図5**に示します．11

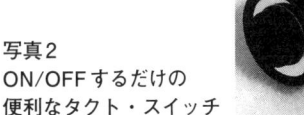

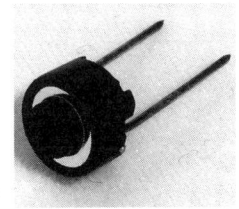

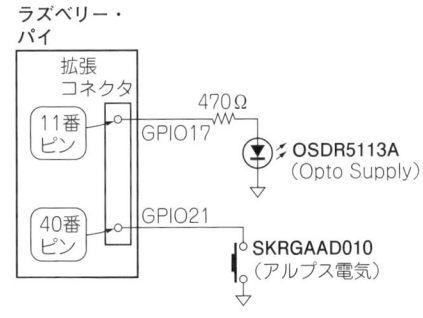

写真2
ON/OFFするだけの便利なタクト・スイッチ

図4　タクト・スイッチとラズベリー・パイの接続

表3　タクト・スイッチSKRGAAD010の主な仕様

項目	仕様
型名	SKRGAAD010
メーカ名	アルプス電気
最大定格	50mA，12V DC
最小定格	10μA，1V DC
電気的性能　絶縁抵抗	100MΩ（最小，100V DC，1分間）
電気的性能　耐電圧	250V AC（1分間）
初期接触抵抗	500mΩ max.
タイプ	ラジアル
作動力	1.27N
移動量	0.25mm
動作寿命	500,000回（5mA，5V使用時）
ボタン高さ	$h=4.3$mm
感触	シャープフィーリング・タイプ
入手先	千石電商など

リスト2　スイッチをONしたときのみLEDが点灯するサンプル・プログラム

```c
#include <stdio.h>
#include <wiringPi.h>

int main(void) {
// wiringPiの初期化
    wiringPiSetup();

// 0番ピン(コネクタの11番ピン)を出力に設定
    pinMode(0, OUTPUT);
// 29番ピン(コネクタの40番ピン)を入力に設定
    pinMode(29, INPUT);
// 29番ピン(コネクタの40番ピン)をプルアップ抵抗をイネーブル
    pullUpDnControl(29, PUD_UP);

    printf("Raspberry Pi - Switch Test\n");

    while(1) {
// 29番ピン(コネクタの40番ピン)の入力値を反転して0番ピン
//                              (コネクタの11番ピン)に出力
        digitalWrite(0, ( ~(digitalRead (29)) & 0x1 ));
// 100msウェイト
        delay(100);
    }

    return 0 ;
}
```

番，12番，13番ピンに接続します．出力に接続した8個のLEDは動作確認用です．

● プログラム例

74HC595を動かすサンプル・プログラム（sr74595.c）をリスト3に示します．このプログラムを実行するとカウント値の2進数に相当するLEDが点灯します．

`#include <sr595.h>`とあるように，74HC595用のライブラリが用意されています．ICの初期化はsr595Setup (100, 8, 0, 1, 2)で行いますが，ピン番号のベース値を100に，使用するピンを8本に設定，0，1，2は，WiringPiでのピン番号で，74HC595のSER，SRCLK，RCLKの接続に対応します．

このプログラムを実行するとカウント値の2進数に相当するLEDが点灯します．

I/Oピンを増やす

● 主な電子部品

I²C接続タイプのI/OエクスパンダIC MCP23017

写真3
出力ピンを増やせる
シフト・レジスタIC
74HC595

表4 シフト・レジスタIC 74HC595の主な仕様

項　目	仕　様
型名	SN74HC595N
メーカ名	テキサス・インスツルメンツ
種類	シフト・レジスタIC
機能	8ビット・シフト・レジスタ＋3ステート・バッファ
回路数	1
電源電圧	2～6V
動作速度	t_{pd} = 40ns（V_{CC} = 4.5V）
ドライブ電流	6mA（標準）
ピン数	16
入手先	秋月電子通商など

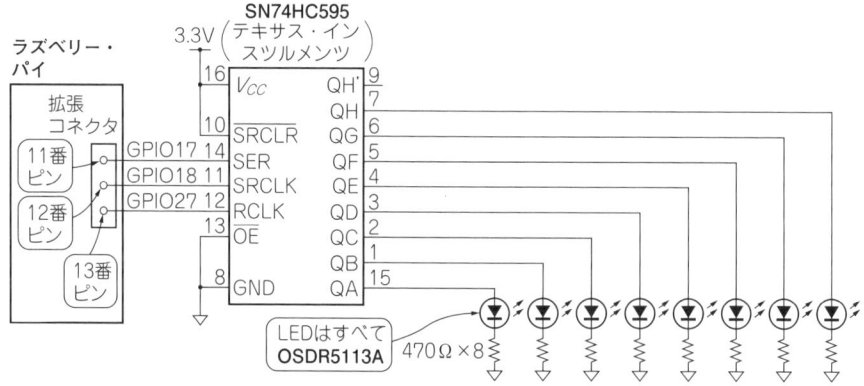

図5 シフト・レジスタICに接続したLEDを点灯してみる

リスト3 カウント値の2進数に相当するLEDを点灯するプログラム

```
#include <stdio.h>
#include <wiringPi.h>
#include <sr595.h>

int main (void)
{
    int i, bit ;
// wiringPiの初期化
    wiringPiSetup () ;
// 74HC595の初期化
// ピン番号のベース値を100に設定
// 使用するピンを8本に設定
// 0番ピン(コネクタの11番ピン)を74HC595のSER(14番ピン)に接続
// 1番ピン(コネクタの12番ピン)を74HC595のSRCLK(11番ピン)に接続
// 2番ピン(コネクタの13番ピン)を74HC595のRCLK(12番ピン)に接続
    sr595Setup (100, 8, 0, 1, 2) ;

    printf ("Raspberry Pi - Shift
                          Register Test\n") ;
    while(1)
    {
        for (i = 0 ; i < 256 ; ++i) {
            for (bit = 0 ; bit < 8 ; ++bit) {
// 74HC595の各ピンに出力
                digitalWrite (100 + bit, i & (1 << bit))
                    ;
            }
// 50msウェイト
            delay (50) ;
        }
    }

    return 0 ;
}
```

（マイクロチップ・テクノロジー）を使います（**写真4**）．16本の汎用入出力ポートを持っています．ラズベリー・パイのGPIOを増やしたいときに使用します．MCP23017の仕様を**表5**に示します．

● 回路

ラズベリー・パイとの接続を**図6**に示します．ラズベリー・パイとの接続はI²Cのため3番，5番，そして3.3Vとグラウンドの4本です．入力として素子のDIPスイッチを，出力として8個のLEDを接続しています．スイッチはDIPスイッチでも，タクト・スイッチでもかまいません．

● プログラム例

MCP23017を動かすサンプル・プログラム（mcp23017.c）を**リスト4**に示します．このプログラムを実行するとDIPスイッチの状態に合わせてLEDが点灯（DIPスイッチがOFFのとき），消灯（DIPスイッチがONのとき）します．

プログラムでは，#include <mcp23017.h>で，MCP23017のライブラリを呼び出しています．ICの初期化でmcp23017Setup(100, 0x20);として，ピン番号のベース値を100，I²Cアドレスを0x20に設定しています．

8ビットA-D/D-AコンバータICをつなぐ

● 主な電子部品

PCF8591（NXPセミコンダクターズ）は，I²C接続タイプの8ビットA-D/D-AコンバータICです（**写真5**）．4本のアナログ入力ポートと1本のアナログ出力ポートを持っています．主な仕様を**表6**に示します．

● 回路

ラズベリー・パイとの接続を**図7**に示します．拡張コネクタの3番，5番ピンをPCF8591に接続します．可変抵抗で入力電圧を調節し，その値を読み取るようにします．

写真4 I/OエキスパンダIC MCP23017の主な仕様

表5 I/OエキスパンダIC MCP23017の主な仕様

項　目	仕　様
品名	MCP23017
メーカ名	マイクロチップ・テクノロジー
種類	I²CエキスパンダIC
インターフェース	I²C
入出力	16本
動作電圧	1.8〜5.5V
入手先	共立エレショップ，マルツなど

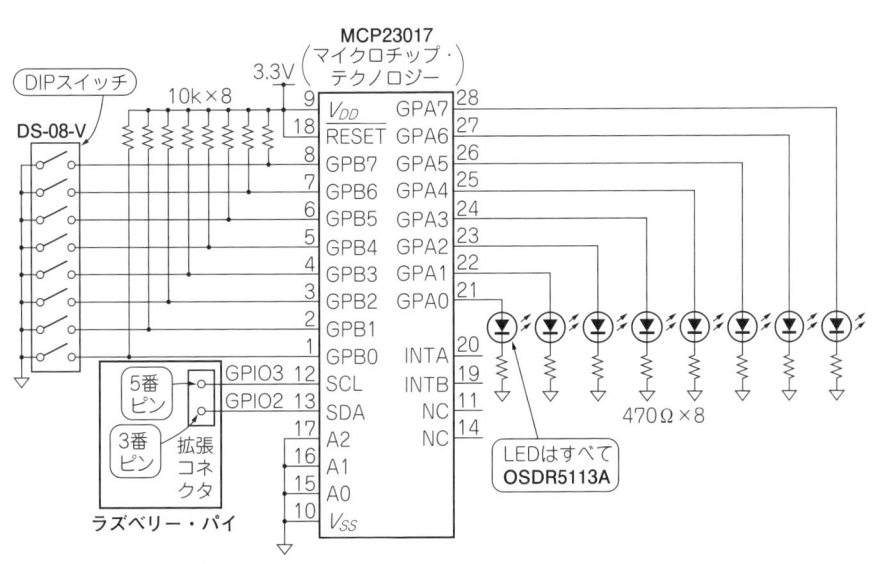

図6 ラズベリー・パイとの接続は4本のみ

リスト4 スイッチの状態に合わせてLEDをON/OFFするプログラム

```
#include <stdio.h>
#include <wiringPi.h>
#include <mcp23017.h>

int main(void) {
    int i, bit ;

// wiringPiの初期化
    wiringPiSetup();
// MCP23017の初期化
// ピン番号のベース値を100に設定
// I²Cアドレスを0x20に設定
    mcp23017Setup(100, 0x20);

    printf ("Raspberry Pi - MCP23017 Test\n") ;

    for (i = 0 ; i < 8 ; ++i) {
// 100～107番ピン(MCP23017のGPA0～7ピン)を出力に設定
        pinMode (100 + i, OUTPUT) ;
// 108～115番ピン(MCP23017のGPB0～7ピン)を入力に設定
        pinMode (108 + i, INPUT) ;
    }

    while(1) {
      for(bit = 0 ; bit < 8 ; ++bit) {
// 108～115番ピン(MCP23017のGPB0～7ピン)から入力した値を
// 100～107番ピン(MCP23017のGPA0～7ピン)に出力
        digitalWrite(100 + bit, digitalRead
                                    (108 + bit));
      }
// 50msウェイト
      delay (50) ;
    }

    return 0 ;
}
```

写真5 8ビットA-DコンバータIC PCF8591

表6 8ビットA-DコンバータIC PCF8591

項　目	仕　様
品名	PCF8591
メーカ名	NXPセミコンダクターズ
種類	A-D/D-Aコンバータ
分解能	8ビット(A-D/D-A)
アナログ入力	4チャネル
ディジタル出力	1チャネル
インターフェース	I²C
動作電圧	2.5V～6V
ピン数	16本
入手先	Digi-Keyなど

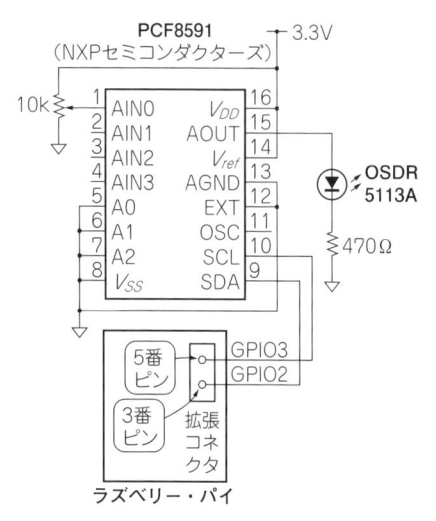

図7 PCF8591とラズベリー・パイをI²C接続して電圧値を読み取る

とアナログ入力ピン(AIN0)から入力した電圧値(V_{DD}の±0.5V)を読み取ってコンソールに出力し，入力した電圧値の1/2に127を加算した電圧をPCF8591のアナログ出力ピンに出力します．

`#include <pcf8591.h>`とあるように，PCF8591用のライブラリを使っています．

3軸加速度センサをつなぐ

● 主な電子部品

ADXL345(アナログ・デバイセズ)は，I²C/SPI接続の10ビット3軸加速度センサICです．面実装タイプのパッケージではんだ付けがやりづらいため，写真6のモジュール基板を使い，I²C接続で動かします．主な仕様を表7に示します．このモジュールは秋月電子通商で購入できます．

● 回路

ラズベリー・パイとの接続を図8に示します．I²CのSCL，SDA，そして3.3Vを接続するだけです．

● プログラム例

PCF8591を動かすサンプル・プログラム(pcf8591.c)をリスト5に示します．このプログラムを実行する

第13章 I/Oコンピュータ電子工作の素

リスト5 電圧値を読み取ってコンソールに出力するプログラム

```
#include <stdio.h>
#include <wiringPi.h>
#include <pcf8591.h>

int main(void) {
    int value ;
    float vIn;

// wiringPiの初期化
    wiringPiSetup();
// MCP23017の初期化
// ピン番号のベース値を120に設定
// I2Cアドレスを0x48に設定
    pcf8591Setup(120, 0x48);

    printf("Raspberry Pi - Analog Test\n");

    while(1) {
// 120番ピン(PCF8591のAIN0ピン)からアナログ値を入力
        value = analogRead(120);
        vIn = value * 3.3 / 255.0;
// 120番ピン(PCF8591のAOUTピン)にアナログ値を出力
        analogWrite(120, ((value >> 1) + 127));
        printf("Voltage = %2.2f\n", vIn);
// 100msウェイト
        delay(100);
    }

    return 0 ;
}
```

写真6
3軸加速度センサIC ADXL345はMEMSタイプなのでモジュール基板を使うと便利

表7 3軸加速度センサIC ADXL345の主な仕様

項 目	仕 様
型名	ADXL345
メーカ名	アナログ・デバイセズ
種類	3軸加速度センサ
インターフェース	I2C
分解能	10ビット
電源電圧	2.0〜3.6V
入手先	秋月電子通商など(モジュールとして販売)

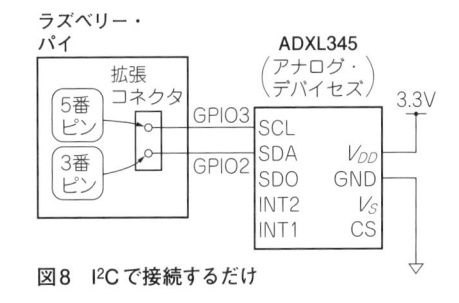

● プログラム例

ADXL345を動かすサンプル・プログラム(ADXL345.c)をリスト6に示します．このプログラムを実行するとコンソールにX軸，Y軸，Z軸の加速度値が表示されます．

このICは専用のライブラリ関数が用意されていません．そこで，WiringPiライブラリを使って動作させます．#include <wiringPi.h>でWiringPi自体を，#include <wiringPiI2C.h>でI2C用のライブラリをインクルードします．

図8 I2Cで接続するだけ

リスト6 専用のライブラリがない場合はWiringPiのI2Cライブラリを使って動かす

```
#include <stdio.h>
#include <wiringPi.h>
#include <wiringPiI2C.h>

int main(void) {
    int fd;
    short x, y, z;
    float x_acc, y_acc, z_acc;

// wiringPiの初期化
    wiringPiSetup();

// ADXL345の初期化
// I2Cアドレスを0x1Dに設定
    fd = wiringPiI2CSetup(0x1D);
// アドレス0x2Dのレジスタに0x08を書き込む(測定開始)
    wiringPiI2CWriteReg8(fd, 0x2D, 0x08);

    printf("Raspberry Pi - I2C 3Axis
            Accelerometer Test\n");

    while(1) {
// 加速度センサのレジスタから加速度値を16ビットで読み出す
        x = (short)wiringPiI2CReadReg16(fd, 0x32);
        y = (short)wiringPiI2CReadReg16(fd, 0x34);
        z = (short)wiringPiI2CReadReg16(fd, 0x36);

        x_acc = (float)x * 3.9 / 1000.0;
        y_acc = (float)y * 3.9 / 1000.0;
        z_acc = (float)z * 3.9 / 1000.0;

        printf("X = %2.2f[g] Y = %2.2f[g] Z
               = %2.2f[g]\n", x_acc, y_acc, z_acc);
// 500msウェイト
        delay(500);
    }

    return 0;
}
```

リスト7　WiringPiのSPI用ライブラリを使ってMCP3208を動かす

```
#include <stdio.h>
#include <wiringPi.h>
#include <wiringPiSPI.h>

int main (void)
{
    int value ;
    float vIn;
    unsigned char data[3];

// wiringPiの初期化
    wiringPiSetup();
// MCP3208の初期化
// SPIはチャネル0を使用
// クロックを1MHzに設定
    wiringPiSPISetup(0, 1000000);

    printf("Raspberry Pi - SPI Analog Test\n");

    while(1) {
      data[0] = 0x06;
      data[1] = 0x3F;
      data[2] = 0xFF;

// SPIはチャネル0に3バイトのデータを読み書きする
      wiringPiSPIDataRW(0, data, 3);
      value = ((int)data[1] << 8) + (int)data[2];
      vIn = value * 3.3 / 4095.0;
      printf("Voltage = %2.2f\n", vIn);
// 500msウェイト
      delay(500);
    }

    return 0 ;
}
```

写真7　SPI接続12ビットA-DコンバータIC MCP3208

表8　SPI接続12ビットA-DコンバータIC MCP3208の主な仕様

項　目	仕　様
型名	MCP3208
メーカ名	マイクロチップ・テクノロジー
種類	A-Dコンバータ
インターフェース	SPI
分解能	12ビット
アナログ入力	8チャネル
動作電圧	2.7〜5.5V
入手先	秋月電子通商など

100kSps/12ビット A-Dコンバータをつなぐ

● 主な電子部品

　MCP3208（マイクロチップ・テクノロジー）は，SPI接続タイプの12ビットA-DコンバータICです（写真7）．8本のアナログ入力ポートを持っています．インターフェースがSPIなので，I²C接続のA-Dコンバータと比較して高サンプリング・レート（100kSps）でA-D変換値を取り込めます．主な仕様を表8に示します．

● 回路

　ラズベリー・パイとの接続を図9に示します．SPIのため，信号線は4本で接続します．入力電圧を可変抵抗で調節した値を読み取るようにしています．

● プログラム例

　リスト7にMCP3208を動かすサンプル・プログラム（mcp3208.c）を示します．プログラムを実行すると，コンソールにアナログ入力ピン（CH0）から入力した電圧値を表示します．
　このICも専用のライブラリは用意されていないた

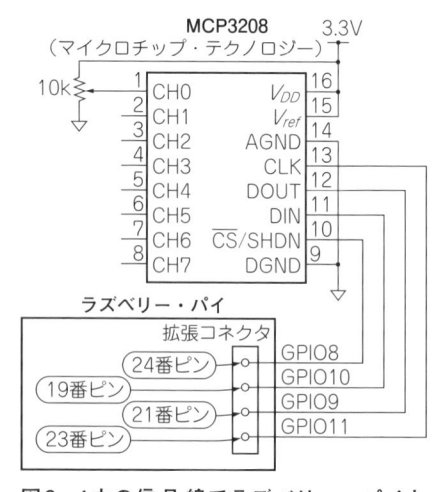

図9　4本の信号線でラズベリー・パイとMCP3208をSPI接続する

め，SPI用のWiringPiライブラリを使って動作させます．ライブラリは#include <wiringPiSPI.h>でインクルードします．サンプリング・レートは1MHzとしています．

えざき・のりひで

付録 ラズベリー・パイの拡張基板&ケース

カメラもディスプレイもI/Oもアナログもカチャッと挿すだけ

江崎 徳秀

表1 ラズベリー・パイ用の拡張ボード
筆者が動作確認済みのもの

種類	品名	メーカ名	対応モデル注	価格	入手先
タッチ・パネル付きLCD	4DPi-32	4Dシステムズ	A/A+/B/B+/2	6,480円	KSY
2.2インチLCD	PiTFT Mini Kit	Adafruit	A+/B+/2	34.95ドル	Adafruit, スイッチサイエンス
キャラクタLCD	RGB Negative 16×2 LCD+Keypad Kit for Raspberry Pi	Adafruit	A/A+/B/B+/2	24.95ドル	Adafruit, スイッチサイエンス
PWMサーボ・ドライバ	6-Channel PWM/Servo HAT for Raspberry Pi - Mini Kit	Adafruit	A/A+/B/B+/2	17.5ドル	Adafruit, スイッチサイエンス
モータ・ドライバ基板	Gertbot Robotics Board for Raspberry Pi	Gertbot	A/A+/B/B+/2	7,182円	RSコンポーネンツ, KSY
静電容量センサ	Capacitive Touch HAT for Raspberry Pi - Mini Kit - MPR121	Adafruit	A/A+/B/B+/2	14.95ドル	Adafruit, スイッチサイエンス
電源管理	RPi-PWR mini-DCJ：φ2.1mm DC Jack (Center +)	レディバグシステムズ	A/A+/B/B+/2	3,780円	レディバグシステムズ, スイッチサイエンス
RTCモジュール	Mini RTC Module	Seeed Technology	A/A+/B/B+/2	5.49ドル	スイッチサイエンス
変換基板	KSY-TB-002	KSY	A+/B+/2	1,350円	KSY
オーディオ用D-Aコンバータ	SabreBerry+	new_western_elec	A+/B+/2	6,480円	new_western_elec, スイッチサイエンス
	RaspyPlay4	MikroElektronika	A+/B+/2	6,480円	RSコンポーネンツ, KSY
RS-232-C/RS-485	PiComm	Amescon	A/A+/B/B+/2	5,490円	RSコンポーネンツ

注：A/A+/B/B+はラズベリー・パイ1の各Model，2はラズベリー・パイ2を示す

ラズベリー・パイ直結！拡張ボードあれこれ

ラズベリー・パイの拡張コネクタに接続する拡張ボードについて紹介します．以下の項目で取り上げている拡張ボードは，すべて日本国内で入手できるものです．**表1**に，紹介するボードの概要を示します．

なお，以下のホームページに拡張ボードについての詳しい情報があります．

`http://elinux.org/RPi_Expansion_Boards`

このホームページは主に海外で出回っている拡張ボードについて紹介されています．実際に日本国内で入手できるものは限られています．

純正モジュールRaspberry Piカメラ&赤外線カメラ PiNOIR

● こんなモジュール

ラズベリー・パイには，純正カメラ・モジュールが用意されています．500万画素の画像が撮影でき，30フレーム/秒でハイビジョン動画も取り込めるカメラです．標準的なカメラ・モジュールRaspberry Piカメラと，赤外線カメラPiNOIRを選べますが，カメラとしての基本的な仕様はどちらも変わりありません．**写真1**にRaspberry Piカメラの外観を，**表2**に仕様を示します．

● ラズベリー・パイとの接続

ラズベリー・パイ本体には，付属のフレキシブル・ケーブルを使って**写真2**のように接続します．接続先は専用のカメラ・コネクタMIPI-CSIです．

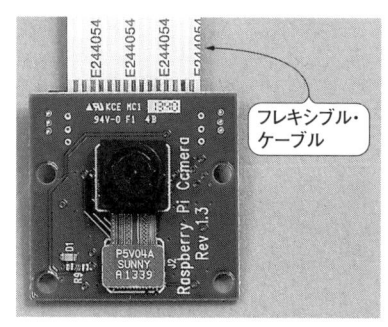

写真1 つなぐだけでサッと使える専用モジュール「Raspberry Piカメラ」

表2 500万画素専用カメラ・モジュールの仕様

項　目	仕　様
イメージ・センサ	OV5647（オムニビジョン）
イメージ・センサ・サイズ	1/4型
画素数	2592×1944（約504万画素）
画素サイズ	1.4×1.4 μm 裏面照射型
フレーム・レート	30fps：1080p 120fps：QVGA
出力フォーマット	8または10ビット，RGB RAW
出力インターフェース	MIPI CSI-2，2レーン

写真2 専用コネクタへ挿すだけ

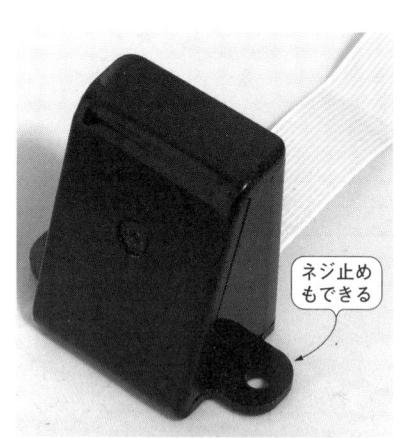

写真3 専用カメラ・ケースがあると取り回しが楽になる

▶カメラ・モジュール専用ケースを使うと安心

この製品は基板，レンズがむき出しの状態なので写真3のような専用のケースに入れ，不用意に部品やレンズを触らないようにした方がよいでしょう．

● 純正カメラ・モジュール制御用ライブラリ

カメラ・モジュールを使うときはコマンドも便利ですが，プログラムで動かしたいときに便利なライブラリも用意されています．カメラ・モジュール用のライブラリには表3のようなものがあります．Raspbianに標準で用意されているのはpycameraです．

以下のホームページにカメラ・モジュールについての詳しい情報が掲載されています．

`https://www.raspberrypi.org/help/camera-module-setup/`
`http://elinux.org/Rpi_Camera_Module`

■ 純正カメラ・モジュールの使い方

● 使う前の準備

カメラ・モジュールを接続したら，raspi-configコマンドを実行してカメラを使用可能にする設定を行います．次のコマンドをターミナルで入力し，設定画面を呼び出します．

`sudo raspi-config`

メニューが表示されたら「5 Enable Camera」を選択します．次の画面で[Enable]を選択します．最初のメニュー画面で[Finished]を選択し，ラズベリー・パイを再起動します．

● 動かし方

カメラ・モジュールで写真や動画を取り込むためのコマンドには表4のようなものがあります．静止画用の`RaspiStill`コマンド，動画用の`RaspiVid`コマンド，簡単な動体認識を行える`Motion`コマンドを主に使います．

コマンドライン・ターミナルから以下のように実行すると，静止画，動画の撮影を行えます．

▶静止画の撮影

`raspistill -o cam.jpg`

cam.jpgというファイル名で静止画を撮影します．

▶動画の撮影

`raspivid -o vid.h264`

vid.h264というファイル名でH.264フォーマットの

ラズベリー・パイの拡張基板＆ケース

表3 カメラ・モジュール用のライブラリは各言語用が作られている

名称	特徴	参考ホームページ
pycamera	Python用のライブラリ．静止画，動画の撮影ができる．Raspbianにはあらかじめインストールされている	https://picamera.readthedocs.org/en/release-1.10/
OpenCV	画像処理，画像解析のためのライブラリ．C，C++，Python，Javaに対応している	http://opencv.org/
RaspiCam	C++用のライブラリ	http://www.uco.es/investiga/grupos/ava/node/40
PiCam	C++用のライブラリ	http://robotblogging.blogspot.jp/2013/10/an-efficient-and-simple-c-api-for.html

表4 専用カメラ・モジュール用の主なコマンド

名称	特徴	参考ホームページ
RaspiVid	カメラの出力をディスプレイに表示する．また，H264フォーマットで取り込んだ動画を保存する．Raspbianにはあらかじめインストールされている	https://www.raspberrypi.org/documentation/usage/camera/raspicam/raspivid.md
RaspiStill	JPEGフォーマットで画像を取り込む．Raspbianにはあらかじめインストールされている	https://www.raspberrypi.org/documentation/usage/camera/raspicam/raspistill.md
Motion	カメラからの信号をモニタし，取り込んだ静止画の差分から動体検知を行う	http://www.lavrsen.dk/foswiki/bin/view/Motion/WebHome

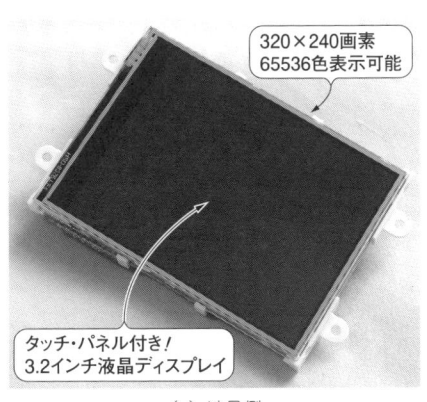

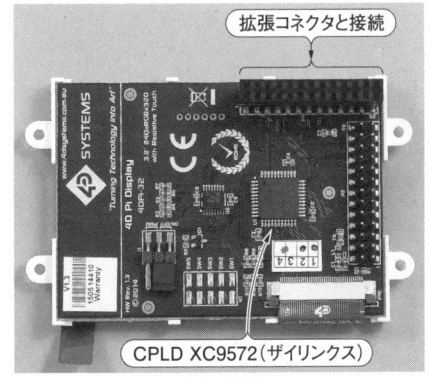

(a) 液晶側　　(b) 裏側

写真4 タッチ・パネル搭載3.2インチ・カラー液晶ディスプレイ4DPi-32の主な仕様

動画を保存します．上のように撮影時間のオプションを付けないときは，5秒の撮影を行います．撮影時間を指定するときは-tオプションでms単位で設定します．1分撮影するときは以下のようになります．

```
raspivid -o vid.h264 -t 60000
```

タッチ・パネル付き3.5インチ・カラー液晶ディスプレイ4DPi-32

● こんな基板

この基板は解像度320×240の16ビット・カラーで表示できる3.2インチ・ディスプレイです（**写真4**）．4線式抵抗膜タッチ・パネルを搭載しています．仕様を**表5**に示します．

● 使い方

この基板は完成品なのではんだ付けなどの組み立て

表5 タッチ・パネル搭載3.2インチ・カラー液晶ディスプレイ4DPi-32の主な仕様

項目	仕様
品名	4DPi-32
メーカ名	4D systems
画面サイズ	3.2インチ
解像度	320×240画素（QVGA），65536色
フレーム・レート	25フレーム/s
インターフェース	SPI
価格	6,480円
購入先	KSY

作業はありません．メーカ・4D Systems社のホームページに使い方が掲載されています．

http://www.4dsystems.com.au/product/4DPi_32/

ラズベリー・パイ1のModel A/A+/B/B+，ラズベリー・パイ2に対応します．

157

付録　1＆2対応！ラズベリー・パイ便利アイテム

写真5　2.2インチTFTのキットPiTFT Mini Kit

表6　PiTFT Mini Kitの主な仕様

項目	仕様
品名	PiTFT Mini Kit
メーカ名	Adafruit
画面サイズ	2.2インチ
解像度	320×240ピクセル
インターフェース	SPI
価格	34.95ドル
入手先	Adafruit，スイッチサイエンス

2.2インチ小型カラー液晶ディスプレイ・キット PiTFT Mini Kit

● こんな基板

この基板は，解像度が320×240で16ビット・カラー表示ができる2.2インチTFT液晶ディスプレイのキットです（写真5）．ラズベリー・パイとはSPIで接続します．主な仕様を表6に示します．

● 使い方

この製品は半完成品のキットで，コネクタをはんだ付けする必要があります．Adafruit社のホームページに使い方が掲載されています．

```
https://learn.adafruit.com/
adafruit-2-2-pitft-hat-320-240-
primary-display-for-raspberry-pi
```

ドライバのインストール方法なども同社のホームページに紹介されています．

```
https://learn.adafruit.com/
adafruit-2-2-pitft-hat-320-240-
primary-display-for-raspberry-pi/
detailed-installation
```

ラズベリー・パイ1のModel A+/B+，ラズベリー・パイ2に対応しますが，ラズベリー・パイ1のModel A/Bには対応しません．

キャラクタLCD＆スイッチ基板

キャラクタLCD＆スイッチ基板Adafruit RGB Negative 16×2 LCD+Keypad Kit for Raspberry Piを使うと，16文字×2行のキャラクタLCDモジュールと五つのプッシュ・スイッチをラズベリー・パイで利用できます（写真6）．サンプル・プログラムが用意されているので，すぐに使えます．主な仕様を表7に示します．

● 使い方

この製品はキットのため，はんだ付け作業が必要です．以下のホームページに組み立て方法，Pythonスクリプトのダウンロードなどが掲載されています．

```
https://learn.adafruit.com/adafruit-
16x2-character-lcd-plus-keypad-for-
raspberry-pi
```

ラズベリー・パイ1のModel A/A+/B/B+，ラズベリー・パイ2に対応します．Model A+/B+やラズベリー・パイ2の場合，基板に実装した抵抗のリードとUSBコネクタが接触し，ショートしてしまうため，USBコネクタ側に絶縁テープを貼るなどの対策が必要です．

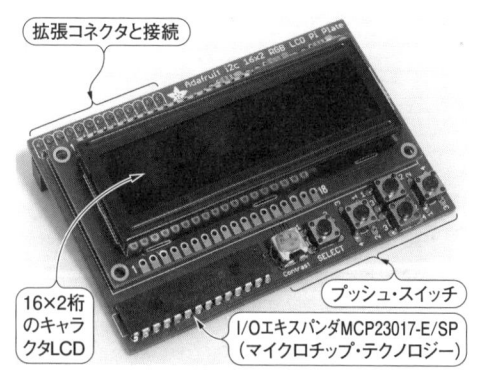

写真6　16×2で表示できるキャラクタLCD基板
Adafruit RGB Negative 16x2 LCD+Keypad Kit for Raspberry Pi

表7　キャラクタLCD＆スイッチ基板Adafruit RGB Negative 16×2 LCD＋Keypad Kit for Raspberry Piの主な仕様

項目	仕様
品名（メーカ名）	RGB Negative 16×2 LCD + Keypad Kit for Raspberry Pi（Adafruit）
大きさ	2.2インチ×3.35インチ（約5.6×8.5cm）
表示文字数	16文字×2段
接続	I²C（拡張ピン・ヘッダのSDA/SDLに直接接続）
I²Cアドレス	0×20（7ビット・アドレス）
価格	24.95ドル
購入先	Adafruit，スイッチサイエンス

ラズベリー・パイの拡張基板&ケース

写真7　Adafruit 16チャネル PWM/サーボ HAT for Raspberry Pi

16チャネルPWM出力/サーボモータ制御向け拡張基板
Adafruit 16チャネル PWM/サーボ HAT for Raspberry Pi

この基板は16チャネルのPWM信号出力を出力し，サーボモータを制御できます（**写真7**，**表8**）．16チャネルの12ビットPWM出力ができるIC CPCA9685（NXPセミコンダクターズ）を搭載しています．ラズベリー・パイからI²Cで制御します．

● 使い方

この製品は半完成品のキットのため，端子台やピン・ヘッダ，コネクタのはんだ付け作業が必要です．以下のホームページに組み立て方法が紹介されています．Pythonスクリプトのダウンロードもできます．

```
https://learn.adafruit.com/
adafruit-16-channel-pwm-servo-hat-
for-raspberry-pi/overview
```

ラズベリー・パイ1のModel A/A+/B/B+，ラズ

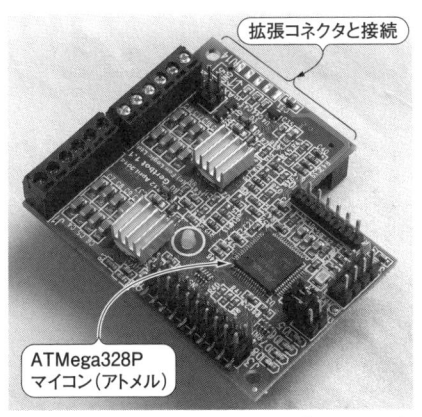

写真8　DCモータもステッピング・モータも回せる! DC&ステップ・モータ制御基板 Gertbot

表8　12ビットPWMを出力できるCPCA9685を搭載している

項目	仕様
品名	6-Channel PWM / Servo HAT for Raspberry Pi - Mini Kit
メーカ名	Adafruit
搭載IC	PCA9685（NXPセミコンダクターズ）
電源電圧	5～6V
インターフェース	I²C（アドレス選択可能）
出力信号	12ビットPWM×16チャネル
価格	17.5ドル
購入先	Adafruit，スイッチサイエンス

リー・パイ2に対応します．Model A/Bで使用する場合は，ボックス・ヘッダ2×13(26P)を利用します．

DCモータ&ステップ・モータ制御基板 Gertbot

● こんな基板

この基板はDCモータまたはステッピング・モータを制御することができます（**写真8**）．仕様を**表9**に示します．

● 使い方

この基板は完成品なのではんだ付けなどの組み立て作業はありません．以下のホームページに使い方が掲載されています．

`http://www.gertbot.com/index.html`

この基板はマイコンを搭載しており，このマイコンとラズベリー・パイがシリアル通信でコマンドをやりとりすることでモータを制御します．ラズベリー・パイをマイコンと通信するように変更するために上記のホームページからenable_uartコマンドをダウンロードし，以下のように実行します．

`sudo enable_uart cf`

コマンド実行後，再起動すると基板上のマイコンとシリアル通信できるようになります．

ラズベリー・パイ1のModel A/A+/B/B+，ラズベリー・パイ2に対応します．

表9　モータ・ドライバ基板Gertbotの主な仕様

項目	仕様
品名	Gertbot
メーカ名	GertBoard
モータ・ドライバIC	BD6220（ローム）
搭載インターフェース	RS-232-C，GPIO
接続インターフェース	UART
搭載マイコン	ATmega328P（Cortex-M3, 64MHz動作）
ファームウェア	書き込み済み
価格	7,182円
購入先	RSコンポーネンツ，KSY

静電容量タッチ・センサ基板 Adafruit静電容量センサHATキット

● こんな基板
12チャネル対応静電容量センサIC MPR121（フリースケール・セミコンダクタ）を搭載した基板です（写真9）．仕様を表10に示します．

● 使い方
この製品は半完成品で，コネクタをはんだ付けする必要があります．また，基板とセンサとなる電極を接続するためのワニ口クリップ付き電線などが必要です．以下のホームページに使い方やPythonスクリプトのダウンロード方法などが掲載されています．

https://learn.adafruit.com/mpr121-capacitive-touch-sensor-on-raspberry-pi-and-beaglebone-black/raspberry-pi-virtual-keyboard

ラズベリー・パイ1のModel A/A+/B/B+，ラズベリー・パイ2に対応しますが，Model A/Bで使用する場合は，ボックス・ヘッダ2×13（26P）を利用します．

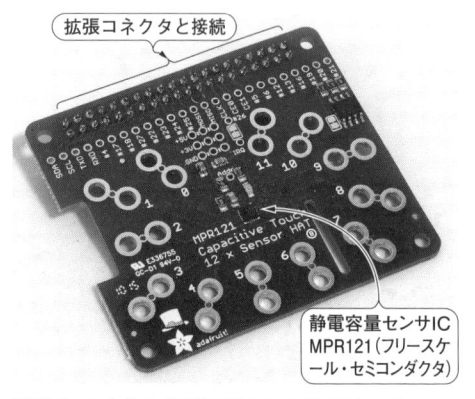

写真9 Adafruit 静電容量センサHATキット

ラズベリー・パイの電源管理モジュール RPi-PWR mini-DCJ

● こんな基板
この基板はラズベリー・パイの電源を管理します（写真10）．プッシュ・スイッチを押すと電源ONし，シャットダウン・コマンドの実行もしくはプッシュ・スイッチを押すことによる電源OFFができます．また，いくつかのポートがユーザ用に用意されているので，ここにLEDやスイッチなどをつなぐこともできます．主な仕様を表11に示します．

同じシリーズにRPi-PWR mini-USBがあり，こちらはDCジャックの代わりにmicroUSBコネクタが実装されています．

● 使い方
基板上のDCジャックに+5VのACアダプタを接続し，基板上のUSB-Aコネクタとラズベリー・パイのmicroUSBコネクタをUSBケーブルで接続します．この基板は完成品なので，はんだ付けなどの組み立て作業は必要ありません．

以下のホームページに接続方法や，サンプル・スクリプトなどが紹介されています．

表10 12チャネルの静電容量をセンシングできるMPR121を搭載する

項目	仕様
品名	Capacitive Touch HAT for Raspberry Pi - Mini Kit - MPR121
メーカ名	Adafruit
搭載センサ	MPR121（フリースケール・セミコンダクタ）
入力	12チャネル
インターフェース	I²C
大きさ	57×65×3mm
価格	14.95ドル
購入先	Adafruit，スイッチサイエンス

表11 電源管理モジュールRPi-PWR mini-DCJの主な仕様

項目	仕様
品名	RPi-PWR mini-DCJ：φ2.1mm DC Jack（Center +）
メーカ名	レディバグシステムズ
搭載IC	PIC12F629，P-CH MOSFET
インターフェース	GPIO
入力電圧	+5V
出力電圧	5V
定格電流	700mA
最大電流	1000mA
入力コネクタ	φ2.1mm DCジャック
出力コネクタ	USB標準Aメス
価格	3,780円
購入先	レディバグシステムズ，スイッチサイエンス

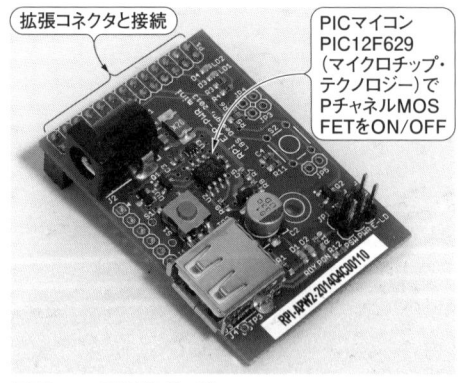

写真10 電源管理モジュールRPi-PWR mini-DCJ

```
http://www.ladybugsystems.com/wiki/
doku.php?id=jp:rpi:rpi-pwr
```
　スクリプトをダウンロードする際は，ユーザ名とパスワードが必要です．同梱されている「はじめにお読み下さい」に記載されていますので，そちらを入力します．

小型リアルタイム・クロック・モジュール ミニRTCモジュール

● こんな基板
　リアルタイム・クロックIC DS3231（マキシム）を搭載したモジュールです（写真11）．ラズベリー・パイがネットワークに接続されていない場合でも正確な時刻を保持できます．モジュールの主な仕様を表12に示します．

● 使い方
　この基板は完成品なのではんだ付けなどの組み立て作業はありません．モジュールの＋端子をラズベリー・パイの拡張コネクタの1番ピンに合わせて差し込むことで接続します．
　このモジュールを接続後，Raspbianで以下のように設定します．なお，Raspbianのバージョンは2015-05-05とします．

▶ステップ1…最新の状態までアップデートします．
```
sudo apt-get update
sudo apt-get upgrade
sudo rpi-update
sudo reboot
```

▶ステップ2…/boot/config.txtを編集します．
```
sudo nano /boot/config.txt
```
　ファイルの最後に以下の行を追加します．
```
dtoverlay=i2c-rtc,ds3231
```

写真11　時刻同期はおまかせ！ミニRTCモジュール

▶ステップ3…fake-hwclockパッケージとその設定を削除します．
```
sudo apt-get remove fake-hwclock -y
sudo dpkg --purge fake-hwclock
```

▶ステップ4…/lib/udev/hwclock-setを編集します．
```
sudo nano /lib/udev/hwclock-set
```
　このファイルの「--systz」と書かれている個所をすべて「--hctosys」に変更します．

▶ステップ5…/etc/adjtimeを削除します．
```
sudo rm -rf /etc/adjtime
```
　もし，このファイルが存在していなければ，この作業は必要ありません．

▶ステップ6…再起動
```
sudo reboot
```

▶ステップ7…日付を更新し，rtcモジュールに書き込みます．
```
sudo ntpd -gq
sudo hwclock -w
sudo hwclock -r
```
　以上で設定は終了です．

▶ステップ8…動作確認
　ラズベリー・パイの電源を落とし，ネットワーク・ケーブルを抜いて数分後に再起動します．ターミナルでdateコマンドを実行し，時刻が正確であれば動作OKです．
　ラズベリー・パイ1のModel A/A+/B/B+，ラズベリー・パイ2に対応します．

ブレッドボード直挿しOK！GPIO接続基板KSY-TB-002

● こんな基板
　この基板はラズベリー・パイの拡張コネクタとブレッドボードを，フラットケーブルを使って接続できるようにします（写真12）．仕様を表13に示します．

表12　ミニRTCモジュールの主な仕様

項目	仕様
品名	Mini RTC Module
メーカ名	Seeed Technology
搭載IC	DS3231（マキシム）
動作電圧	3.3V/5V
インターフェース	GPIO
価格	5.49ドル
購入先	Seeed Technology，スイッチサイエンス

● 使い方

この基板は完成品なのではんだ付けなどの組み立て作業はありません．以下のホームページに使い方が掲載されています．

```
https://raspberry-pi.ksyic.com/
main/index/pdp.id/67
```

ラズベリー・パイ1のModel A+/B+，ラズベリー・パイ2に対応します．

24ビット/192kHzハイレゾ対応オーディオ用 D-Aコンバータ基板 SabreBerry+

● こんな基板

SabreBerry+（写真13）は，24ビット192kHzサンプリングのハイレゾ・オーディオが再生できるD-AコンバータIC PCM5122（テキサス・インスツルメンツ）を搭載しています．ラズベリー・パイをハイレゾ・オーディオ再生マシンにすることができます．基板の主な仕様を表14に示します．ラズベリー・パイとはI²Sで接続します．

● 使い方

基板上にすべての部品が実装されていますが，ヘッドホンやアンプを接続するためのコネクタをはんだ付けする必要があります．必要に応じてRCAジャックやφ3.5mmステレオ・ミニジャックなどを接続します．

以下のホームページに接続方法，使い方などが掲載されています．

```
http://nw-electric.way-nifty.com/
blog/sabreberryplusj.html
```

ラズベリー・パイ1のModel A+/B+，ラズベリー・パイ2に対応します．基本的には音楽再生用Linuxディストリビューションの Volmio や RuneAudio，piCorePlayer 1.19 などと組み合わせて利用します．

32ビット384K対応！オーディオ用 D-Aコンバータ基板 RaspyPlay4

● こんな基板

この基板は32ビット384K対応のD-AコンバータPCM5122（テキサス・インスツルメンツ）を搭載しています．ラズベリー・パイをハイレゾ・オーディオ・プレーヤにできます（写真14）．仕様を表15に示します．

● 使い方

この基板は完成品なのではんだ付けなどの組み立て

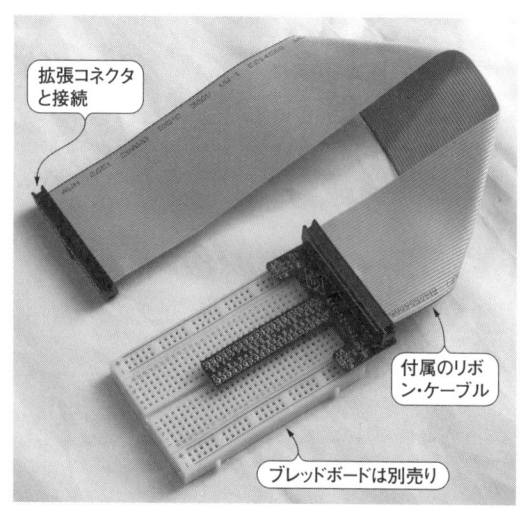

写真12 ブレッドボードに作った外付け回路を取り回ししやすくなるGPIO接続基板 KSY-TB-002

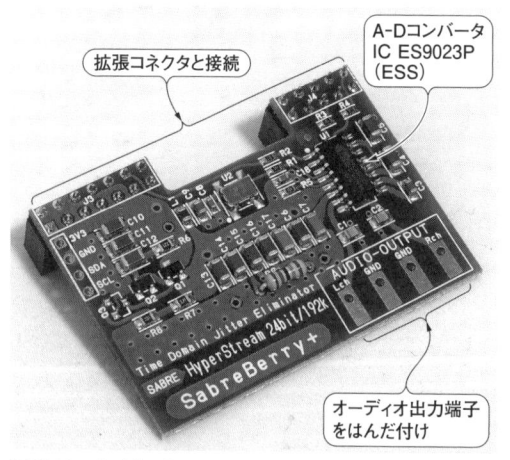

写真13 24ビット192kのD-Aコンバータ搭載！SabreBerry+

表13 PIO接続基板 KSY-TB-002の主な仕様

項目	仕様
品名	KSY-TB-002
メーカ名	KSY
基板	FR-4（ガラス・エポキシ積層板）多層基板
入力側端子	2.54mmピッチ，40（2×20列）ピン
出力側端子	2.54mmピッチ，20ピン×2列，列間隔：7.62mm
PWR LED	3.3V：赤，5.0V：青
付属品	両端圧接コネクタ（メス）付きフラット・ケーブル 30cm
価格	1,350円
購入先	KSY

表14 SabreBerry+の主な仕様

項目	仕様
品名	SabreBerry+
メーカ名	new_western_elec
搭載DAC IC	ES9023P（ESS）
インターフェース	I²C
出力電圧	2.0V$_{rms}$
価格	6,480円
購入先	new_western_elec，スイッチサイエンス

作業はありません．以下のホームページに使い方が掲載されています．

`http://www.mikroe.com/add-on-boards/audio-voice/raspyplay4/`

Raspbianのバージョン2015.5.5以降で使用する場合，/boot/config.txtの最後に以下の行を追加します．

`dtoverlay=iqaudio-dacplus`

修正後，再起動するとRaspbianのサウンド出力として動作します．

ラズベリー・パイ1のModel A+/B+，ラズベリー・パイ2に対応します．

RS-232-CもRS-485も！ レガシ・シリアル通信アダプタPiComm

● こんな基板

この基板はRS-232-CインターフェースとRS-485インターフェース，ジョイスティック，リアルタイム・クロックを搭載しています（**写真15**）．仕様を**表16**に示します．

● 使い方

この基板は完成品なのではんだ付けなどの組み立て作業はありません．以下のホームページに使い方が掲載されています．

`http://www.amescon.com/products/raspicomm.aspx`

メーカが提供しているセットアップ・スクリプト（rpc_stup.sh）を実行することで初期設定を行います．ただし，このスクリプトを実行してもリアルタイム・クロックは動作しません．手動でミニRTCモジュール（p.161）と同様の手順を行う必要があります．ただし，ステップ2の/boot/config.txtには以下の行を追加します．

`dtoverlay=i2c-rtc,ds1307`

ラズベリー・パイ1のModel A/A+/B/B+，ラズベリー・パイ2に対応します．

モデル別！ ラズベリー・パイ専用ケース

ラズベリー・パイには，公式ケースだけでなくサードパーティ製のさまざまなケースが用意されています．**表17**に比較的入手しやすいケースをまとめました．

写真16，**写真17**にラズベリー・パイ2＆ラズベリー・パイ1 Model B+用のケースを，**写真18**にラズベリー・パイ1 Model B/A用のケースの例を示します．

えざき・のりひで

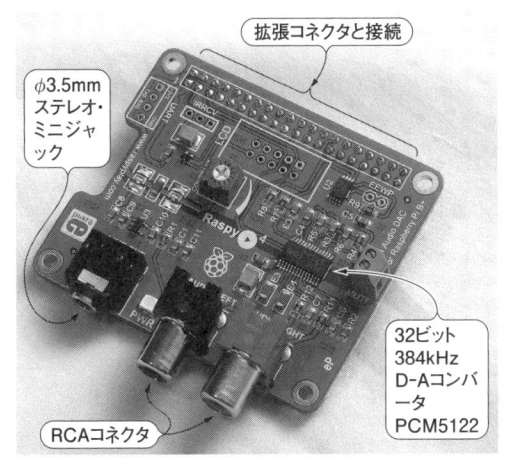

写真14 32ビット384K対応？！ ハイレゾ・オーディオ・マシンにできるD-Aコンバータ基板RaspyPlay4

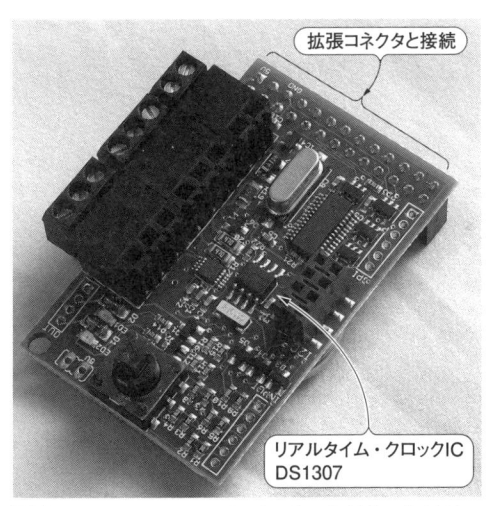

写真15 RS-232-C & RS-485でつながる！ シリアル通信アダプタ PiComm

表15 D-AコンバータRaspyPlay4の主な仕様

項目	仕様
品名	RaspyPlay4
メーカ名	MikroElektronika
搭載DAC IC	PCM5122（テキサス・インスツルメンツ）
インターフェース	I²S
価格	6,480円
購入先	RSコンポーネンツ，KSY

表16 レガシ・シリアル通信アダプタPiCommの仕様

項目	仕様
品名	RasPiComm
メーカ名	Amescom
インターフェース	RS-232-C，RS-485，I²C
リアルタイム・クロックIC	DS1307（マキシム）
価格	5,490円
購入先	RSコンポーネンツ

付録　1＆2対応！ラズベリー・パイ便利アイテム

写真16 ラズベリー・パイ2＆ラズベリー・パイ1 Model B+用ケースの例…Official Case Red/Wht

写真18 ラズベリー・パイ1 Model B/A対応の組み立て式ラズベリーパイ・ケース

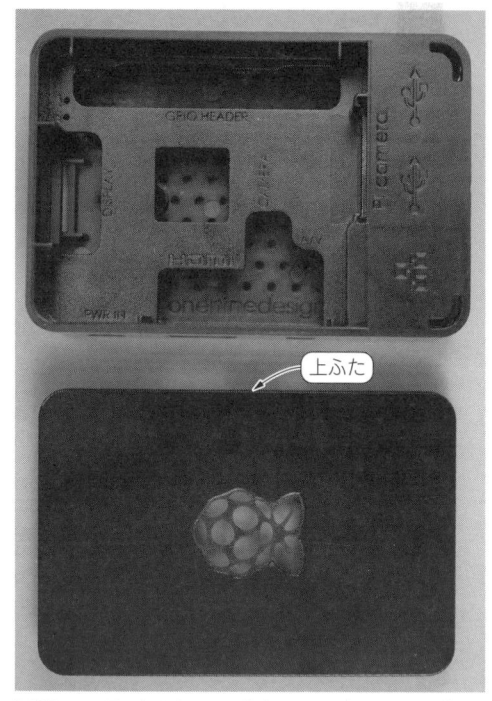

写真17 ラズベリー・パイ2＆ラズベリー・パイ1 Model B+用ケースの例…Raspberry Pi 2 Model B用エンクロージャ

表17 1,000円前後で買えるラズベリー・パイの専用ケース

対応[注1]モデル	品 名	特 徴	価 格[注2]	入手先
B+/2	Official Case Red/Wht	公式ケース．ベース，トップ，両サイド，ふたの5パーツで構成されている	875円	RSコンポーネンツ，KSY，スイッチサイエンス
	Pi Box（B+/2用）	透明アクリルをカットして作られたケース．A/B用もある	1,684円（B+/2用）	スイッチサイエンス
	ProjectBox for Raspberry Pi Model B+	透明アクリルをレーザーカットしたケース	1,944円	スイッチサイエンス
	Raspberry Pi 2 Model B用エンクロージャ	ベースと上蓋で構成．専用カメラのフレキ基板を通す穴が開いている．透明，黒がある	1,252円	スイッチサイエンス
	Raspberry Pi 2 Model B+専用ケース	工具なしで組み立てられる．天板が外せる．黒と透明モデルがある	1,296円	RSコンポーネンツ，KSY，スイッチサイエンス
	Raspberry Pi Model B+ / Pi2用ケースセット（GPIO Open型-Clear）	上下に分割するタイプのケース．透明，黒，青，緑がある	980円（透明）1,280円（透明以外）	Amazon
	Raspberry Pi 2対応ケース	ABS樹脂性の密閉型．カーボン柄，透明，黒がある	1,674円（カーボン）1,620円（透明）1,512円（黒）	RSコンポーネンツ，KSY
A/B	Adafruit Pi Case	ベースと上蓋で構成されている	1,393円	スイッチサイエンス
	Pi Box（A/B用）	Pi Box（B+/2用）同様，透明アクリルをカットして作られている	2,095円	スイッチサイエンス
	Pi Tin for the Raspberry Pi	上下に分割するタイプ．白，黒，黄，緑，透明がある	780円（透明）880円（透明以外）	テックシェア
	TuxCase	アルミ材から切り出した豪華ケース．天板はアクリル板	4,448円	スイッチサイエンス
	組み立て式ラズベリーパイ・ケース	透明と赤の2色のアクリル板を用途に合わせて組み換えて使う	3,780円	CQ出版社
A+	Adafruit Pi Protector for Raspberry Pi Model A+ (2281)	2枚のアクリル板で基板をはさむタイプ	1,480円	テックシェア
	Raspberry Pi A+専用ケース	A+専用のケース．カーボン柄	1,890円	RSコンポーネンツ，KSY

注1：A/A+/B/B+/2はラズベリー・パイ1のModel A，Model A+，Model B，Model B+，ラズベリー・パイ2のModel B
注2：2015年7月執筆時の価格

著者略歴

山本 隆一郎(やまもと・りゅういちろう)
幼少期より電子工作やプログラミングを始め，それ以来，人生のほとんどをモノ作りをして過ごすメカも回路も好きなソフトウェア・エンジニア．専門分野は，人工知能，画像処理，音声認識，ロボット，組み込みシステムなど．
株式会社トラスト・テクノロジー代表かつエンジニアとして日夜先端分野の開発を行っている．休日は子供とすごす二児の父．

江崎 徳秀(えさき・のりひで)
電気系技術者出身．PIC，Arduino，mbed，Raspberry Piなど，はやっていたり，そうでもなかったりするマイコン，マイコン基板を手当たり次第にいじっています．
「かわいい電子工作(http://kawaii-ele.com/)にて，電子工作をかわいくするための試行錯誤を行っています．

石井 モルナ(いしい・もるな)
「かわいけりゃそれでいい」電子工作を目指して日々精進中です！
↓100いいね！募集中です｡｡｡(｡´・ω・)｡´_ _)ﾍﾟｺﾘ
www.facebook.com/KAWAII.electronics/kawaii-ele.com/

中田 宏(なかた・ひろし)
昭和生まれの職人気質エンジニア．最初の専門分野はコンピュータのソフトウェアだった．TVゲームから，金融，FA，国防，科学研究など様々な分野を担当し，今ではハードウェアにも少し手を出している．世界初の仕組みを考案して，つくり上げるのが大好き．他のエンジニアが予想もしていなかった仕組みが動くところを見せて，驚かすのが大好き．

三好 健文(みよし・たけふみ)
熊本県生まれのひよっこエンジニア．新しいものが好きなわさもんのつもり．最近はFPGAを使った仕事に関係することが多い．その一方で，既存のプロセッサアーキテクチャの素晴らしさに感心する日々．好きなARMプロセッサの命令はDSB．

野尻 尚稔(のじり・なおとし)
1971年神奈川県生まれ．学生時代にX68000でアセンブリ言語プログラミングの楽しさを知る．DSP，コンフィギュラブル・プロセッサ，ESLツールのベンダを経て，現在はアーム株式会社にてフィールド・アプリケーション・エンジニアとして勤務．NEONのプログラミングを再びしてみたいと思っている．

石井 康雄(いしい・やすお)
1981年東京都生まれ．東京大学理学部情報科学科卒業，同大学情報理工学系研究科コンピュータ科学専攻修了．情報理工学博士．大学では高性能プロセッサのマイクロアーキテクチャに関する研究に従事．現在はARMにて高性能プロセッサのIP開発に従事．

中森 章(なかもり・あきら)
岡山の平凡な学生が何の因果か東京の大学に入学．そこで計算機の魅力に取りつかれ，計算機センターに入りびたりの生活．各種コンピュータ言語と戯れる．ソフトが得意なはずが，計算機の内部構造に興味が湧くようになり，CPU設計というハード屋の道を歩み始める．CPU設計と並行し，車載関連のSoCを幾つか設計後，約30年の会社生活を終える．現在はマイコン関連の契約社員として慎しく生きている．

著者略歴（つづき）

矢野 越夫（やの・えつお）
京都に生まれ，以後大阪で育つ．1976年防災設備の設備施工に従事．1978年情報処理，主にマイコン関係の仕事に従事．1981年特種情報処理技術者．現在，㈱オーク代表取締役．

松岡 洋（まつおか・ひろし）
学生時代から，数々の破綻したもしくは破綻寸前のプロジェクトを救ってきた．自称技術シェルパ．依頼者が目指す山の頂上まで共に荷を担いで登頂を成功に導くシェルパ族にちなむ．技術的な突破口を拓くのが好きで，画像関連の最適化やGPUでの実時間処理などを行っている．兼業で「ねとらぼ」の寄稿記者を務め，黒猫が大好き．

納富 昭（のうどみ・あきら）
中1の時に父親が持っていた「BASICの基本」という本を読んで以来，コンピュータというものに目覚める．パソコンが"マイコン"と呼ばれていた当時，もの珍しい"マイコン"を触りに電器屋に通い詰め，店員の目を盗んでプログラミングに夢中に．以後，大学でも会社でもコンピュータ漬けの毎日．現在も，オスカーテクノロジー社にて，コンピュータの新しい可能性を追求中．

笠野 英松（かさの・ひでまつ）
1950年生まれ．静岡大学理学部数学科卒業後，日本電気株式会社，日本NCR株式会社，日本ヒューレット・パッカード株式会社などで基本ソフトウェア，OS，スパコンからモバイルまで幅広いシステム開発に携わる．ネットワーク技術に深く精通．情報通信技術委員会，日本フレームリレーフォーラム，日本情報処理開発協会などの標準化委員を歴任．専門は，通信ネットワークおよびOS．現在，ネットワークのコンサルティングや構築，技術サポートを手がける．

松本 信幸（まつもと・のぶゆき）
東海道新幹線と同期の関西人．近畿大学電子工学科卒．回路設計現役時代，つけられたあだ名が「フリップフロップの魔術師」．いまでも隙あらば半田ごてを握ろうとしては「後進を育てろ」と怒られている．データを集めて状況の解析を行うことが得意なため，上流工程より障害解析にまわされることが多々あり，ヘボシステムの解析に食傷気味．上司に愛想が尽きると3年の猶予の後に会社ごと見捨てる性癖あり．現在4社目．

稲田 洋文（いなだ・ひろふみ）
小学4年で「子供の科学」と出会い，電子工作，天文，紙ヒコーキに目覚め，「初歩のラジオ」で電子工作，CB，BCL，ハムへと進んだ．高円寺の環七沿いのパーツ屋さん（名前が思い出せない…）には，大変お世話になりました．学生時代は，太陽電池を作る物性屋だったが，就職すると，配属先はLSI設計で，コンピューター大嫌い人間が，UNIX，CADで回路を作ることになった．やってみると結構おもしろく，つくづく，人生は出会いだと思う．なーんて思っている．（多分）ちびまるこちゃんと同い年のオッサンです．最近はデジタル一眼レフを買ったので，星の撮影を試行錯誤中．JG1NBZ．

田中 博見（たなか・ひろみ）
1962（昭和37）年北海道出身．㈱ビズライト・テクノロジー 代表取締役．今は現役ではないので，とか，よく知らないけど，と前置きをしながら，技術の細かいことを聞く（チェックとも言う）ので，かなり社員に煙たがられている．物づくりを重視する日本に戻って欲しいと心から願っている．ネコ科．

初出一覧

- プロローグ，イントロダクション，第4章，第5章，第6章，第7章，第8章，Appendix 1，Appendix 2，第9章，Appendix 3，第10章，Appendix 4…インターフェース2015年10月号 特集「900MHzマルチコア・コンピュータ ラズパイ2大解剖」
- 第11章…インターフェース2015年10月号「ラズパイ・コントロール！オシロ＆マルチメータ自動計測システム」
- 第1章，第2章，第3章，第13章，付録…インターフェース2015年10月号別冊付録「ラズベリー・パイ便利帳2015」

CQ出版社の月刊誌

コンピュータ・サイエンス＆テクノロジ専門誌
Interface
毎月25日発売

マイコン／プロセッサはハードウェアとソフトウェアが両方わからないとちゃんと動かせません．どちらかだけの知識では足りませんし，教科書でCPUアーキテクチャやC言語を学んだからといって，実際に電子回路を制御できるようにはなりません．

月刊インターフェースは，現場で活躍するエンジニアが，日ごろ使っているマイコン／プロセッサの種類や特徴，周辺回路，外付けモジュール，プログラミング技術，開発環境，応用方法などのコンピュータ技術を，実験・試作を通じてハード面とソフト面ともに解説していきます．

役にたつエレクトロニクスの総合誌
トランジスタ技術
毎月10日発売

『トランジスタ技術』は，実用性を重視したエレクトロニクス技術の専門書です．現場で通用する，電子回路技術，パソコン周辺技術，マイコン応用技術，半導体技術，計測／制御技術を具体的かつ実践的な内容で，実験や製作を通して解説します．

大きな特徴の一つは，毎号80ページ以上の特集記事です．もう一つの特徴は，基礎に重点をおいた連載記事と最新技術を具体的に解説する特設記事です．重要なテーマには十分なページを割いて，理解しやすく解説しています．このほか，製作／実験記事，最新デバイスの評価記事など，役立つ実用的な情報を満載しています．

CQ出版社 http://shop.cqpub.co.jp/

本書で解説している各種サンプル・プログラムは，本書サポート・ページからダウンロードできます．
URL は以下の通りです．

http://shop.cqpub.co.jp/hanbai/books/MIF/MIFZ201604.html

ダウンロード・ファイルは zip アーカイブ形式です．

- ●**本書記載の社名，製品名について** ── 本書に記載されている社名および製品名は，一般に開発メーカーの登録商標です．なお，本文中では ™，®，© の各表示を明記していません．
- ●**本書掲載記事の利用についてのご注意** ── 本書掲載記事は著作権法により保護され，また産業財産権が確立されている場合があります．したがって，記事として掲載された技術情報をもとに製品化をするには，著作権者および産業財産権者の許可が必要です．また，掲載された技術情報を利用することにより発生した損害などに関して，CQ 出版社および著作権者ならびに産業財産権者は責任を負いかねますのでご了承ください．
- ●**本書に関するご質問について** ── 文章，数式などの記述上の不明点についてのご質問は，必ず往復はがきか返信用封筒を同封した封書でお願いいたします．勝手ながら，電話での質問にはお答えできません．ご質問は著者に回送し直接回答していただきますので，多少時間がかかります．また，本書の記載範囲を越えるご質問には応じられませんので，ご了承ください．
- ●**本書の複製等について** ── 本書のコピー，スキャン，デジタル化等の無断複製は著作権法上での例外を除き禁じられています．本書を代行業者等の第三者に依頼してスキャンやデジタル化することは，たとえ個人や家庭内の利用でも認められておりません．

JCOPY 〈（社）出版者著作権管理機構委託出版物〉
本書の全部または一部を無断で複写複製（コピー）することは，著作権法上での例外を除き，禁じられています．本書からの複製を希望される場合は，（社）出版者著作権管理機構（TEL：03-3513-6969）にご連絡ください．

コンピュータ電子工作の素 ラズベリー・パイ 解体新書

2016 年 4 月 1 日　発行　　　　　　　　　　　　　　　　　　　　　　　　　　　©CQ 出版株式会社　2016
　　　　　　　　　　　　　　　　　　　　　　　　　　　　　　　　　　　　　　　（無断転載を禁じます）

　　　　　　　　　　　　　　　　　　　　　　　編　集　　インターフェース編集部
　　　　　　　　　　　　　　　　　　　　　　　発行人　　寺　前　裕　司
　　　　　　　　　　　　　　　　　　　　　　　発行所　　ＣＱ出版株式会社
　　　　　　　　　　　　　　　　　　　　　　　（〒112-8619）東京都文京区千石 4-29-14
　　　　　　　　　　　　　　　　　　　　　　　　電話　編集　03-5395-2122
　　　　　　　　　　　　　　　　　　　　　　　　　　　広告　03-5395-2131
　　　　　　　　　　　　　　　　　　　　　　　　　　　営業　03-5395-2141
　　　　　　　　　　　　　　　　　　　　　　　　　　　振替　00100-7-10665

定価は表四に表示してあります　　　　　　　　　　　　　　編集担当　五月女 祐輔／及川 健
乱丁，落丁本はお取り替えします　　　　　　　　　　　　　DTP　　　クニメディア株式会社
　　　　　　　　　　　　　　　　　　　　　　　　　　　　印刷・製本　三晃印刷株式会社
　　　　　　　　　　　　　　　　　　　　　　　　　　　　表紙デザイン　株式会社コイグラフィー
　　　　　　　　　　　　　　　　　　　　　　　　　　　　イラスト　神崎 真理子
　　　　　　　　　　　　　　　　　　　　　　　　　　　　Printed in Japan